目と心の気になる関係

小林洋美 著

東京大学出版会

The Moai's Eye

Hiromi KOBAYASHI

University of Tokyo Press, 2019
ISBN 978-4-13-013313-5

はじめに

調べてみたら二〇〇九年一月だった。『眼科ケア』（メディカ出版）という雑誌の編集者の池田信孝さんからメールが届いたのだ。その後、お会いして、二〇一〇年一月号からエッセイを連載することになった。当初、一年間という話、だから一二回だったので、目に関する論文は世の中にたくさんあると思い、「目の論文縛り」という制約でエッセイを書くことにした。縛りがあるほうが書きやすいだろうと思ったからだが、一〇年目に入った今も連載が続いている。一〇年続けていると、紹介する論文を見つけられないまま締め切り日が過ぎてしまったこともある。論文の出てこない回がいくつかあるのはそういうときだ。編集室の方にはいつもご迷惑をおかけしている。

長く続けているといいことがあるもので、この度、二〇一〇年一月号から二〇一七年一二月号の『眼科ケア』掲載分を、東京大学出版会の編集者の小室まどかさんがまとめて本にしてくださった。書籍化にあたり、目の存在、視線、白目、顔、アイコンタクト、視覚、進化といったキーワードで七つの部に構成し直し、文章にも全体に手を入れ、いくつかの写真を追加・変更した。

メディカ出版と東京大学出版会のみなさん、本当にありがとうございます。

『モアイの白目』というタイトルは、うちの夫が考えたもので、実は、私はそれまでモアイに白目があったことを知らなかった。モアイについて勉強しなくてはいけないなと思っていたら、トール・ヘイエルダールの『アク・アク』を夫が買ってきた。便利な夫である。ありがとうございます。『アク・アク』を読んでから、いつかモアイの白目について書きたいと思い続けていた。この思いが叶ったのが、二〇一三年だった。モアイに関するすばらしい論文が発表されたからだ（第Ⅲ部「モアイの開眼」）。

もともと論文を読むのが好きで、日々楽しく読んでいる。その中から、面白いなあと思った論文を紹介している。大抵はニヤニヤしながら読んだ論文だ。例えば、想像を超えたローテク実験のもの（第Ⅵ部「鼻の穴はなぜ二つ?」、第Ⅶ部「アリさんがアリさんを抱っこ」）や、ここまで掘り下げましたかと驚いたもの（第Ⅵ部「青ざめるサル」、第Ⅶ部「睫毛は三分の一」）、実験風景を想像してにやけてしまったもの（第Ⅱ部「リアル見ザル」、第Ⅶ部「これは目なの?」）などである。目ではないのに、書きたくて書いてしまったのが、第Ⅵ部「鼻の穴はなぜ二つ?」だ。第Ⅶ部「これは目なの?」では、パンダが実験している様子をどうしても見たくて、論文の著者に実験風景写真を使わせてくださいとお願いした。ほかにも多くの著者の方々に写真の提供をお願いした。どの方もすぐに送ってくださった。研究者って、なんて親切なのだろうと毎回思いながら、それらの写真に助けられて書いてきた。写真を送ってくださった論文著者の方々に、この場をお借りしてお礼を述べさせてください。ほんとうにありがとうございました。

表紙と各部の扉の絵は、とり・みきさんに描いていただいた。アイコンは、とみさわ昭仁さんの『人喰い映画祭［満腹版］』（辰巳出版）を真似させていただいた。とりさんとみさわさん（全部ひらがな！）と初めてお会いしたのは、たぶん二五年くらい前だ。最近は、二年とか三年とかに一度お会いするぐらいのつきあいだが、『モアイの白目』の書籍化が決まったとき、表紙は、とりさんしかいないと思い、どうしても描いてもらいたくて、しかも表紙だけではなくて中までお願いしてしまった。とりさん、ありがとうございました。とみさわさんの『人喰い映画祭』のアイコンは笑ってしまうのだけれど素敵で、この場をお借りして、とみさわさん、真似させていただきました。ありがとうございました。

引用した論文はどれも面白いので、みなさんもニヤニヤしながら、ぜひお読みください。

二〇一九年七月

小林洋美

＊　なお、本書をまとめるにあたり、以下の科学研究費からの援助を受けました。
19H04431 / 17KT0139 / 18H04200 / 25118003

＊凡例：アイコン表示について

目に関する話

顔そのものや目以外の部位（耳・鼻・口など）の話

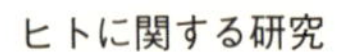

ヒトに関する研究

ヒト以外の生物や物体、おばけが出てくる

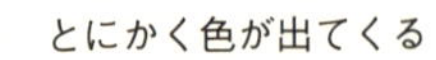

とにかく色が出てくる

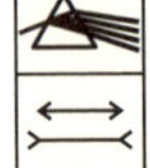

錯覚の話

親愛、求愛などLoveにまつわる話

目次

III　白目と黒目　95

IV　目と顔　141

V　目と目　171

本文イラスト　とり・みき

I

「目」があると

誰かに見られている

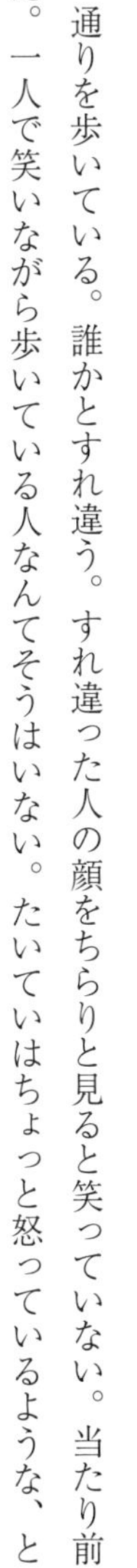

通りを歩いている。誰かとすれ違う。すれ違った人の顔をちらりと見ると笑っていない。当たり前だ。一人で笑いながら歩いている人なんてそうはいない。たいていはちょっと怒っているような、といって怒り顔というわけでもなく、何というか生気のないというか、そんな顔をしている。こういう顔が一人でいるときの顔なのだろう。でも誰かがいたら、ああいう顔じゃない。誰かがいたらちょっと良い顔になる。

イギリスの、とある大学の喫茶室で調査が行われた[1]。喫茶室はその大学の心理学部門の方、四八名が日々利用しているという。喫茶室といっても、部屋の隅にコーヒー、紅茶、ミルクが用意されているだけで、それを自分で入れて飲むという非常に簡素なものだ。でもそれらはただではない、有料だ。隅に用意されたお茶セットの後ろの壁の、ちょうど目の高さに貼られた用紙に値段が書かれている。「コーヒー五〇ペンス、紅茶三〇ペンス、ミルク一〇ペンス」。そしてお茶セットの隣には、「正直箱」が置かれている。この正直箱に正直に料金を入れるのだ。つまり、喫茶室の隅に用意されているお茶セットの前に行き、自分でコーヒーとミルクをカップに注ぎ、正直箱に六〇ペンス（一一〇円ぐらい）を自分で入れるというわけだ。さらにていねいに、利用者には半年ごとに喫茶料金と利用方法を知らせるメールが届くことになっているそうだ。

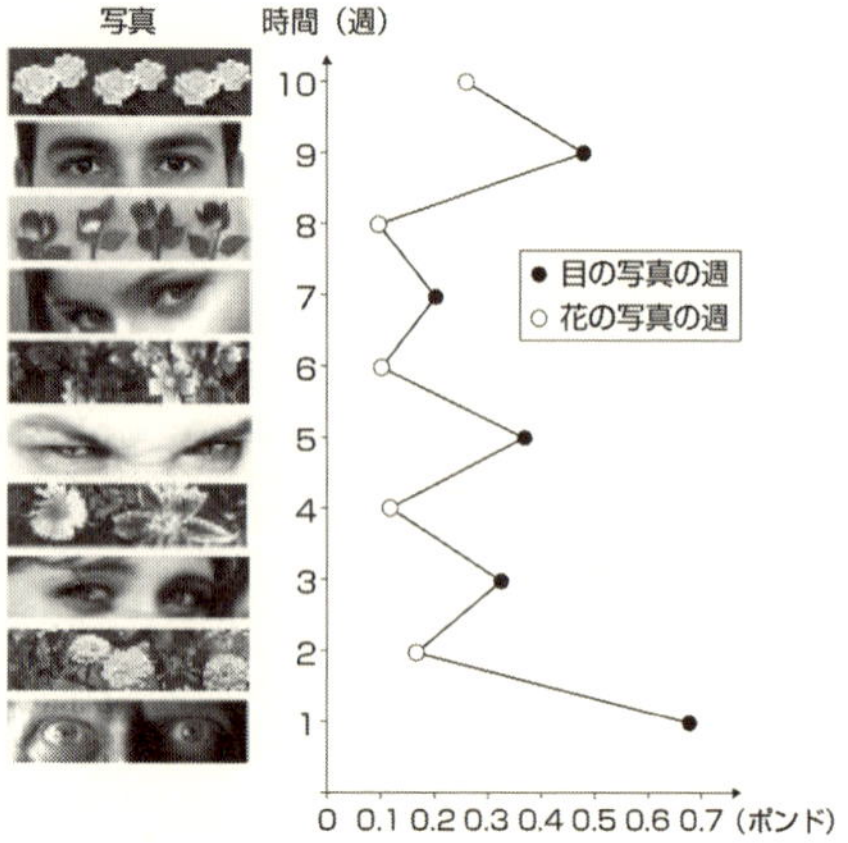

図1　週替わりに貼られた写真とミルク1リットルあたりに支払われた金額[(1)]

喫茶室の隅なので、ほかの人からは見えにくい。でも正直箱に正直にお金を入れる。もしかしたら部屋には自分一人のときだってある。それでも正直箱に正直にお金を入れる、だろうか。小銭がないことだってあるかもしれない。それでも正直箱に正直にお金を入れる、だろうか。そりゃ入れないだろう。毎回毎回は正直に支払ったりはしないよ、と思うわけだが、そのとおり、どうもあまり支払われていないようなのだ。まあそんなものだろう。だからこそ、ごていねいに料金を知らせるメールが半年ごとに届くようになっているのだ。

ただ飲みされているこの喫茶室を利用して、Bateson[(1)]らが行ったのは、「コーヒー五〇ペンス、紅茶三〇ペンス、ミルク一〇ペンス」と書かれたその上に、写真を貼るというものだった。写真とは、こちらをじっと見ているヒトの目の写真だ。こちらをじっと見ているヒトの目の写真を貼ったら、正直にお金を払うかもしれないと考えたわけだ。目の写真との比較のために花の写真も用意された。これらの写真を、目、花、目、花、と一週間ごとに替え、一〇週間調査を行った（図1の左の写真を下から参照）。図1を見ると「目」の週の黒丸が、「花」の週の白丸よりも右にある。右であればあるほど正直箱に正直に料金を払っているということになる。「目」の写真を貼っただけで、つまり利用者は「目」の写真を見ただけで、正直に払ったのだ。実際に誰かに見られているわけではなくて、ただの写真なのに、である。

「目の写真があるから料金表に気がついて、それで料金を払ったのではないか」という考え方もできそうだけど、それはない。なぜなら、もうずっと以前から喫茶室はこの方法で運営されていて、半年ごとにメールでも知らせている。利用者は皆このシステムを知っているからだ。喫茶料金も支払い方法も皆知っているはずなので、目の写真があるから料金表に気がついて支払ったということではない。そうではなくて、こちらを見ている目の写真が「誰かに見られている!」という錯覚を起こさせ、正直箱にお金を入れる行動を促進したのだろう。誰かに見られているとちょっと良い顔になるように、この実験では、誰かに見られていると錯覚させることによって、ちょっと良い行動を引き出したということのようだ。

福岡の町を歩いていると、泥棒よけとして猿田彦神社の猿面を玄関先に掛けているお宅を見かける。「厄・災難がサル」ということらしい。猿面にはもちろん目がある。ちょっと地味な目だけれどもあることはあるので、もしかしたらこの実験のような目の効果を期待できるのかもしれない。

引用文献

(1) Bateson, M. *et al.* (2006). Cues of being watched enhance cooperation in a real-world setting. *Biology Letters*, *2*, 412–414.

目玉模様

目玉というと「ゲゲゲの鬼太郎」の目玉おやじを思い出す。子どものころよく見ていた番組の一つだが、当時、目玉おやじの目玉というか体の上の部分は、顔の表面が目玉の模様で、その後ろは頭、そしてその中には脳が入っていると何となく思っていた。でもよく考えてみると目玉おやじの頭の部分は眼球なのだから、あの中は硝子体で満たされているはずだと今なら思う。しかし、さらによくよく考えてみれば目玉おやじは妖怪で人間ではないのだから、そういう構造もヒトとは違うのかもしれない。でもまあそもそも水木しげるが編み出した妖怪なのだから、考えても始まらないのだ。

そういえば先日、NHKの連続テレビ小説の「ゲゲゲの女房」について隣に住んでいるおばあちゃんが話しはじめ、「面白いからあんたも見るとよか」とおっしゃった。私の研究が目に関係していることなど知らないはずなのに何でだろうと思いながら話を聞いていたら、おばあちゃんは「ゲゲゲ」というのを「下の下の下」だと思っていて、だから「下の下の下の女房」の話だと勘違いしていたことがわかった。その番組を勧められたということはどういうことだ?と考えるとちょっと不安になった。

目玉模様というとBlest の実験を思い出す。Blest は半透明のガラススクリーン上に鳥の好物であるミールワームを置き、鳥が近づいて餌をついばもうとした瞬間に、スクリーンの下に設置したライトをつけると、＋＋や＝＝や〇〇などの図形が映し出されるという仕組みを作った(2)（図2）。鳥は＋＋や＝

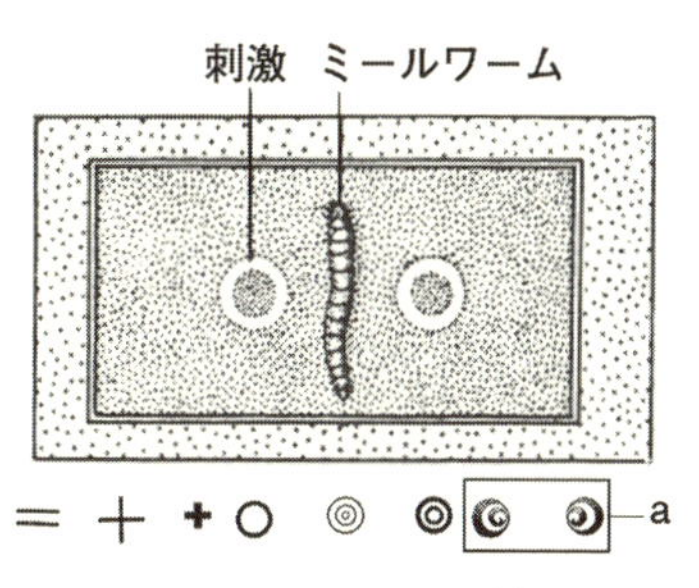

図2 Blestの実験[2]

図3 田んぼの案山子

＝が映し出されても餌を食べ続けたが、○や◎が出たら飛びのいてしまったのだ。とくに図2ａの自分がにらまれているかのような図形でその効果は大きかったという。目玉模様を回避する行動はカラス、ヒヒ、ヒヨコ、ベニガオサル、チンパンジーでも見られ、ある程度の大きさを持った目玉模様は、潜在的な捕食者に対するのと同じ回避行動を誘発していると解釈されている。

鳥からの被害を防ぐために巨大な目玉模様を田んぼや畑に設置するのも、同様の効果を狙ってのことだ。目玉模様の鳥よけはいつごろからあるのだろう。私が子どものころ田んぼで見たのはヒトの姿に似せた案山子だった。五年ほど前の夏、郡上八幡への道中の長良川鉄道から眺めた田んぼにマネキンの頭部だけが立っていた（図3）。マネキンというより美容師さんが練習用に使ったお古のようだけれど、田んぼの中に頭だけが立ち並んでいる風景はちょっと不気味だった。鳥は頭だけでも回避反応をするということだろうか。鳥にとっては、マネキンの頭とヒトの姿や案山子は大して変わらないのだろうか、それとも得体の知れない妖怪や新種の生物に見えるのだろうか。どのくらい効果があるのだろう。

効果と言えば、鳥よけに使われる目玉模様に鳥たちは最初警戒して近寄らないが、慣れてしまえば平気で稲穂に寄ってくる。あの目玉模様の物体はずっと目を見開いたまま同じところにいて何もしないから効果がなくなるのだろう。羽に目玉模様がある蝶や蛾は動き回りながら絶えず羽を動かしているし、鳥が近づいてきたら羽をさっと広げて目玉模様を見せたりもする。そういう仕組みだから鳥は蝶の羽の目玉模様に慣れることはない。目玉模様のある蝶より目玉模様のない蝶を鳥が好んで食べるのはそういう理由からだそうだ[3]。

今年（二〇一〇年）の始めに和歌山県で生まれた子犬のまぶたが、ヒトの目のような白目と黒目模様になっていて話題になった。飼い主さんは産まれたばかりのその子犬を見て、「目が開いてる」と驚いたそうだ。この子犬が庭で寝ていたら、きょうだい犬よりカラスに襲われることは少ないかもしれない。

引用文献

（2）Blest, A. D.（1957）. The function of eyespot patterns in the Lepidoptera. *Behaviour, 11*, 209–256.

（3）Kodandaramaiah, U. *et al.*（2009）. Fixed eyespot display in a butterfly thwarts attacking birds. *Animal Behaviour, 77*, 1415–1419.

Attention Getter

昔からヒトは、目に対して畏怖の念を抱いていたようだ。たとえばトルコのナザールボンジュー、エジプトのホルスの目、イスラムのファティマの手など、目をモチーフとしたお守りがそれを象徴している。この中でもとくに古いのがホルスの目の護符のようだ。古代エジプトのホルスは天空の神で、その右目は太陽、左目は月を象徴しているのだそうだ。神話の中で、ホルスは目を二回失いながらも（失っても再生するのだが）王になる。そういうことからも、このホルスの目を護符として当時の人々は身につけていたのだろう。その一つがこれ（図4）だよ、と知り合いの骨董屋さんに見せてもらった。エジプト新王国時代のものだという。ということは約三〇〇〇年前のものになるが、そのころから目のお守りがあったのだ。

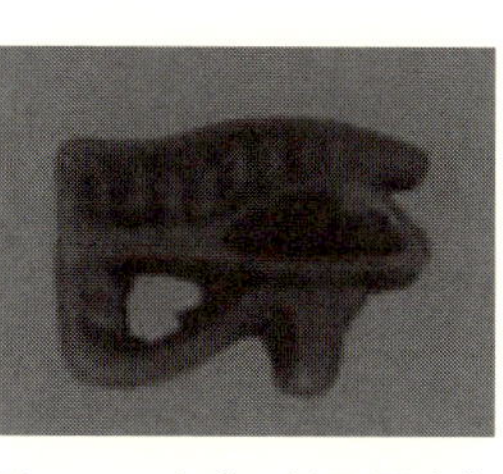

図4　エジプト新王国時代のホルスの目

ホルスの右目と左目の話を聞いていて、日本の古事記を思い出した。イザナギが、死んでしまった妻イザナミを連れ戻すために黄泉の国へ行く。そこでイザナミから「黄泉の国の神と相談する間、外で待っていてください。決して御殿の中の自分を見ないでください」と言われるのだが、長いこと待たされたイザナギは待ちきれず御殿に入ってしまい、腐敗したイザナミの姿を見てしまう。その姿が恐ろしくて、イザナギは逃げ帰るのだ。イザナ

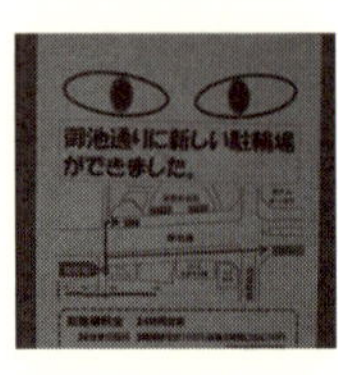

図6　京都のポスター

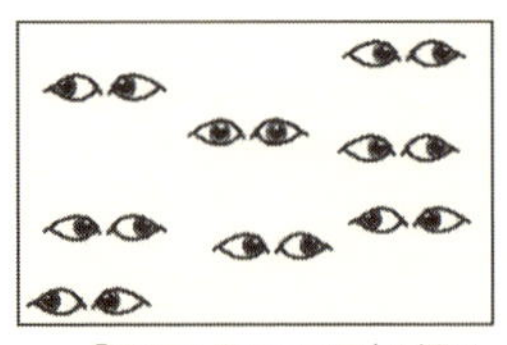

a　「正面を見ている目」を探せ

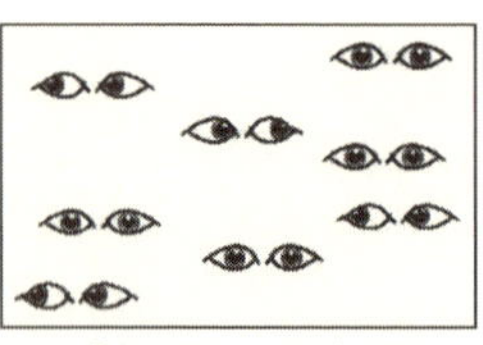

b　「右を見ている目」を探せ

図5　視覚探索課題(4)

ギは黄泉の国の穢（けが）れを落とすため川に入り、体の各部位を清める。そのたびに神が生まれる。左目を洗ったとき生まれたのが天照大御神（あまてらすおおみかみ）で、右目を洗ったとき生まれたのが月読命（つくよみのみこと）。つまり左目から太陽、右目から月の神が生まれたということになり、ホルスと左右は逆だが同じ太陽と月であることに驚く。偶然の一致だろうけれど、感動してしまった。何千年、もしかしたらもっとずっと昔に、目に対する畏怖の念がすでに存在していたのだ。今日の、ヒトの目に対する異常なまでの敏感さは不思議でも何でもないのかもしれない。

　目に対する敏感さを実感できる実験がある。図5のaは、標的図形である「正面を見ている目」を、妨害図形である「左や右を見ている目」の中から探し出すという課題だ(4)。その逆がbで、「右を見ている目」を「正面と左を見ている目」から探し出す課題である。「できるだけ速く正確に答えてください」と言われてやってみると、aはすぐに答えられるが、bはちょっと時間がかかってしまうのだ。aの「正面を見ている目」を見つけるとき、探すぞと思った直後にはもう「正面を見ている目」と目が合っている。すごいぞ自分。いや、すごいのは自分ではなくて、目がすごいというか脳がすごいというか生物がすごいというか進化がすごいというか。何がすごいのかよくわからなくなってきたけれど、この処理スピードはとにかくすごい。

図5は正面／右／左の三種類の目図形を使っているが、これを正面と右の二種類だけにして、標的図形を「正面を見ている目」、妨害図形を「右を見ている目」にしてもすぐに見つけることができるし、その逆の標的図形を「右を見ている目」、妨害図形を「正面を見ている目」にするとやっぱり難しい。物理的には同じ差異であるにもかかわらず、どちらが標的かによって探し出す難しさが異なる現象を探索非対称性というそうだ。標的と妨害図形との差異を見つけ出すのだから、どちらが標的になったところで、難しさに変わりはないはずなのにそうではない。ヒトは「自分を見つめる目」に敏感なのだなと実感させられる。

年の暮れに京都を歩いていて、つい見てしまったのが図6のポスターだ。京都のどこかに駐車場ができるなんてことは、私には全く関係ないのに、その詳細まで読み込んでしまった。ポスター作成者の思うつぼだ。

引用文献

（4）von Grünau, M. *et al.*（1995）. The detection of gaze direction: A stareinthecrowd effect. *Perception, 24*, 1297–1313.

目は持っている

二〇一〇年に流行した「オレ、持っている」は、本田選手、斎藤選手、いやいや元をたどればイチロー選手の発言だとか、お笑い芸人が使っていたのだとか、いろいろ言われているようだが、まあとにかく以前から使われていたということなのだろう。でもだったらなぜ流行ったのか不思議なのだが、何を持っているかを言わなかったことがよかったのだろう。「オレ、〇〇を持っている」ではないところに、謎めいた新鮮さがあり、いったい何を持っているの？と知りたくなる。

けれどそれよりももっとずっと頻繁に目にするのが（もっとも、私がよく目にするということなのでその情報源は相当に偏っているかもしれないけれど）、「The eyes have it（目は持っている）」だ。たとえば、ディズニーのアニメのタイトルになっていたり、テレビ版スーパーマンのタイトルにもなっていたりする。とくに、視線関係の論文や記事のタイトルとして、「あ、またこれだ」というぐらい目にするのが「The eyes have it」で、つまりそれぐらい目は何かを持っているということなのだろう。気になったので「The eyes have it」でちょっと論文を検索してみたら、何と一二本も見つかった。いったい目は何を持っているというのだろう？と知りたくなるのでついつい読んでしまう。

先日も雑誌の論文紹介記事(5)のタイトルが「The eyes have it」となっていて、ああまたかと思いながらも読まずにはいられなかった。その論文(6)は、ヒトが顔を見たとき、「生物／無生物」という判断を瞬時

図7　ヒト（左）から人形（右）へと変形していく顔[6]

に、しかも敏感に行うということ、さらにその基準は何かを調べようとした研究だった。

図7が実験に使用された画像の一部で、左端が本物のヒト一〇〇パーセント顔で、右端が人形一〇〇パーセント顔となっている。その間にある四つの顔は、これらを混ぜ合わせた顔で、左からヒト八〇パーセント人形二〇パーセント、ヒト六〇パーセント人形四〇パーセント、ヒト四〇パーセント人形六〇パーセント、ヒト二〇パーセント人形八〇パーセントの混ぜ合わせ顔となっている。これらを眺めてどのあたりまでがヒトらしくてどこから人形かなぁとちょっと考えてみると、左二つはヒトらしいけど、三つ目の顔（ヒト六〇パーセント）は微妙だ。そして四つ目（ヒト四〇パーセント）になると、これはもう人形だ、となるのではないだろうか。この図は二〇パーセント刻みに作成されているが、実験ではもっと細かに一〇パーセントや二パーセント刻みで混ぜ合わされた二〇人のさまざまな年齢や性別の顔が、ランダムに呈示された。その結果、左から二つ目と三つ目の間、平均してヒト六五パーセントあたりが境界となったのだそうだ。境界を挟んだ二つの画像（たとえばヒト七四パーセントとヒト五六パーセント）が呈示されると、この二つの顔を瞬時に違うと判断するのに、境界を挟まない二つの画像（たとえばヒト〇パーセン

トとヒト一八パーセント）ではそれらの顔の違いの判断に時間がかかったらしい。同じ一八パーセント差なのに不思議だ。境界を挟んだ二つの顔の場合、「一方はヒト（生物）、もう一方は人形（無生物）」ということになり、ヒトは「生物／無生物」の違いに敏感であるから容易に顔の差異を見つけられたということのようだ。

この「生物／無生物」の判断に顔のどの部分が重要かを調べるため、目だけ、口だけ、鼻だけ、皮膚だけの画像で参加者にヒトか人形かを判断してもらうと、結果はご想像のとおりで、鼻や皮膚だけではヒトか人形かの判断がとても難しかったのだが、口だけは少し、そして目だけはとてもよく判断でき、顔全体のときの結果とも一致した。生物かどうかの判断に、目が重要な要因になっているのだ。

先日、鳥取のお土産でいただいたモアイ像は砂でできていて、白目や黒目はなかった。白い紙を目の形に切ってサインペンで黒目を書き、このモアイに糊で貼り付けたとたん、今にも話しかけてきそうな、男性に変身したのだ。そう、目は持っている。

引用文献

（5）Science's Online Daily News Site（2011）. The eyes have it. *Science*, *331*, 19.
（6）Looser, C. E. *et al.*（2011）. The tipping point of animacy: How, when, and where we perceive life in a face. *Psychological Science*, *21*, 1854–1862.

目を持っていると

最近では自らの判断で動き回るお掃除ロボットというのがだいぶ普及しているようだ。まだ間近で見たことがないので想像でしかないのだけれど、このロボットに目を付けたら生きもののように見えるのだろうか。そんなことを考えていたら、動いているお掃除ロボットを見たくなり、それなら電気屋にと思ったのだが、こういうのは動画サイトにありそうだと思い直し、調べてみたらあった。しかしそれらを見て、すぐにがっかりしてしまった。動いているときのヴィ〜ンヴィ〜ンという音が、考えてみれば掃除機なのだから当たり前だったのだけれど、「私は機械です」と言っていて、あれに目が付いたところでやはり機械にしか見えないだろうと思えてきたからだ。けれどそう思いながらも、ひょっとするとある瞬間だけでも生きているように見えたりしないだろうかと、わずかばかりの可能性も捨てきれなくて、さらに映像を探していたら、お掃除ロボットとネコやイヌやヒト乳児がやりとりしている映像を見つけた。それらを眺めながら、ネコやイヌや乳児たちにとってあのロボットは生物なのか、それとも単なる動く物体なのか考えてみたけれどわからなかった。

そもそも乳児は物体と生物の動きの違いを理解しているのだろうか。一九九三年にWoodwardたち(7)がそれを調べるために考えた方法が図8だ。①は、画面左から物体Aが現れ壁に隠れ、しばらくすると物体B（円柱）が右へと動き去る。図にはここまでしか描いてないが、実際の映像では、今度は逆に物

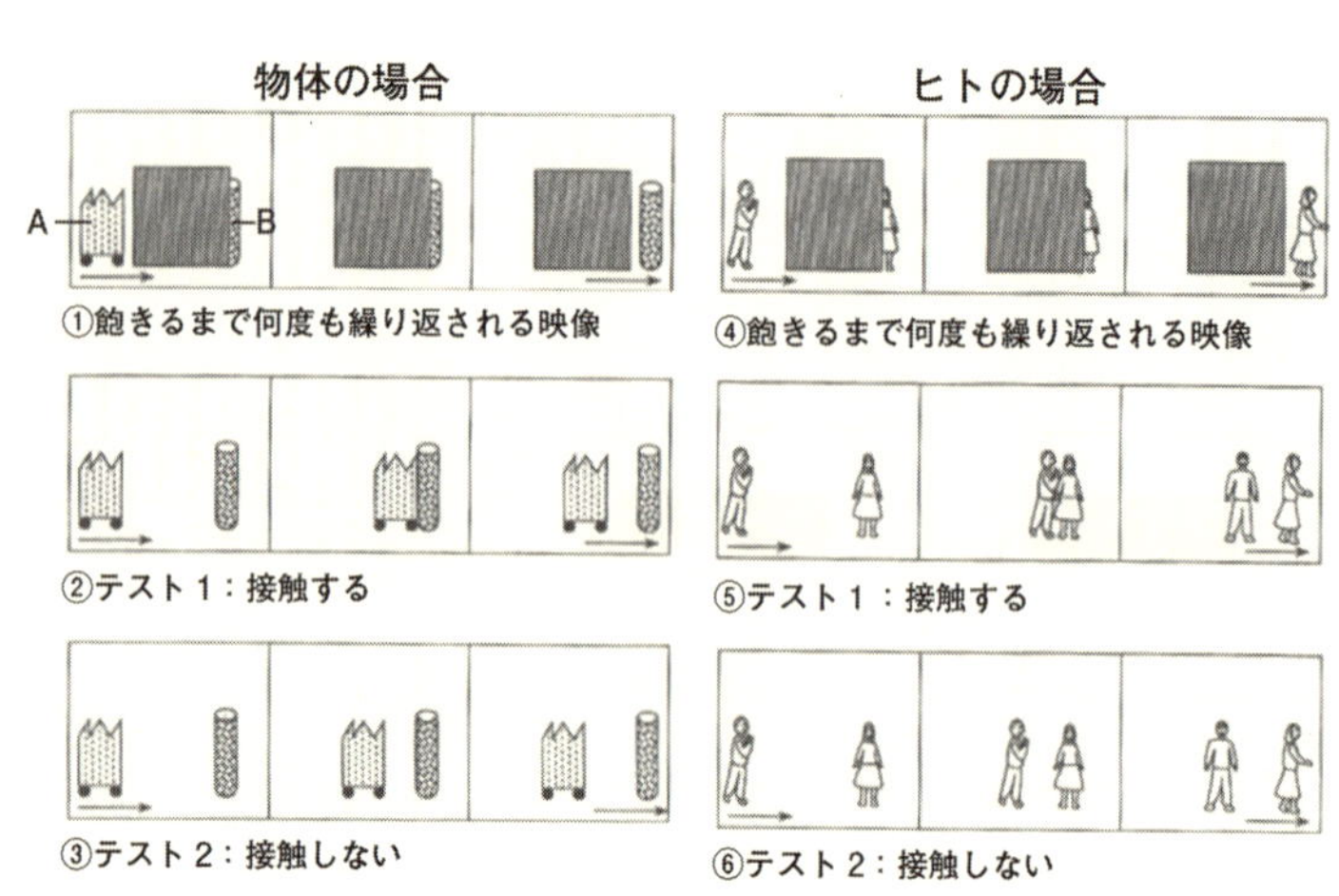

図８　Woodward らが実験に使用した映像[8]

体Bが画面右から現れ壁に半分隠れ、しばらくすると先ほど壁の裏に隠れた物体Aが壁の左から出てきて画面左へと去っていく、そしてまた物体Aが画面左から現れ……と物体ABが左右に行ったり来たりする映像となっている。大人がこの映像を見れば、壁の向こう側では物体AとBがぶつかっているのだなと思うだろう。では乳児は？

生後七カ月児に①の映像を飽きるまで見せ、その後②あるいは③を示す。②は物体AとBがぶつかって動くという映像で、③はぶつからないのに物体Bが動いていくという映像だ。飽きるまで見せられた①の映像で、物体ABが壁の後ろでぶつかっているとイメージしたならば、②の映像は①と同じなので乳児はすでに見飽きているから見ないだろう。しかし③はイメージしなかった事態なので、乳児はその映像に見入ってしまうだろう、という仮説を立て乳児の反応を調べたのである。その結果、仮説どおり、乳児は③の映像を②

より長い時間見たのだ。次に④～⑥。今度は物体ではなくヒトの形が歩く。それ以外は物体と同様だ。物体ではなくヒトであるから、ぶつからないのに動くということがあっても不思議ではない。つまり、乳児が④の映像をヒトの動きとして見たならば、⑤も⑥もありうる事態となり、どちらかをより長く見るということは起こらないだろう。そして結果、そのとおりとなった。

それなら物体ＡＢに目を付けたら、お掃除ロボットに目を付けたら生物に見えるのだろうかと再び疑問がわくけれど、まだ誰も実験していないので答えはわからない。もちろん、目を付けたところで①～③もお掃除ロボットも物体だ。けれど生物に見えるのではないかと思えるのだ。

ヒトが持っている物体らしいあるいは生物らしい形や動きのイメージは、それが物体であってもそこに生物らしい何かしらの特徴を見出したとたん、生物になってしまうのではないだろうか。ヒトの知覚なんて、案外あやういものだ。

引用文献
(7) Woodward, A. L. *et al.* (1993). Infants' expectations about the motions of inanimate vs. animate objects. In *Proceedings of the Cognitive Science Society* (pp.1087–1091). New Jersey: Erlbaum.
(8) Spelke, E. S. *et al.* (1995). Infants' knowledge of object motion and human action. In *Causal cognition: A multidisciplinary debate* (pp.44–78). Oxford: Clarendon Press.

あれも eye これも eye たぶん eye きっと eye

ネコの顔とヒトの顔はずいぶん違うし、ヤモリの顔とヒトの顔もずいぶん違う。ましてやクワガタの顔とヒトの顔となると、まったく別物ではないかというぐらい違うのだけれど、私はそれらの顔を顔、口を口、目を目だと瞬時に認識する。そんなの当たり前なことだと思っていたけれど、数日前から突然不思議でたまらなくなった。なぜって、だって全然顔が違うじゃない。子どものころに、ゾウの目はこれ、アリの目はこれ、鳥の目はこれと大人からすべての生物について逐一教えられたわけではないのに、なぜわかるのか。もちろん間違うこともあるかもしれないけれど、そういうことではなくて初めて見る生物の目を目だと思えることが不思議なのだ。

これはいつごろから可能なのだろうか、自分はどうだったかと幼いころの記憶をたどりつつ、この種の研究を探してみたけれど、近いようで違うなというものしかない。たとえば図9の大人が示した表情を新生児がまねるという研究[9]がそれで、「新生児がまねしている！」と驚く。が、新生児は大人の目や口を自身の目や口と同じものだと思ってまねしているのではない。ただ見たままに自動的に顔が動いてしまうという現象のようだ。目にした他者の口の動きを自動的に自身の口で再現するメカニズムは、その後、他者の口と自身の口が共通したものであると認識するようになることにつながっていくのだろうか？　だとしたらどのようにつながっていくのか、あるいはつながっていないのか、知りたいのだけれどそこがわかっていない。

二、三歳児が人形で遊んでいるとき、その人形にご飯を食べさせることがあるが、幼児たちはきちんと人形の口にご飯を持っていく。ということはお人形ごっこをしている幼児たちにとって人形の口は口で、顔は顔で、手は手なのだ。そして同じように人形の目は目だった記憶が私にもある。二歳のころ、立たせると目が開き寝かせると目が閉じる人形を寝かせ、閉じた目を無理矢理こじ開けようとして壊してしまったとき、人形の目を目だと思っていたような気がする。

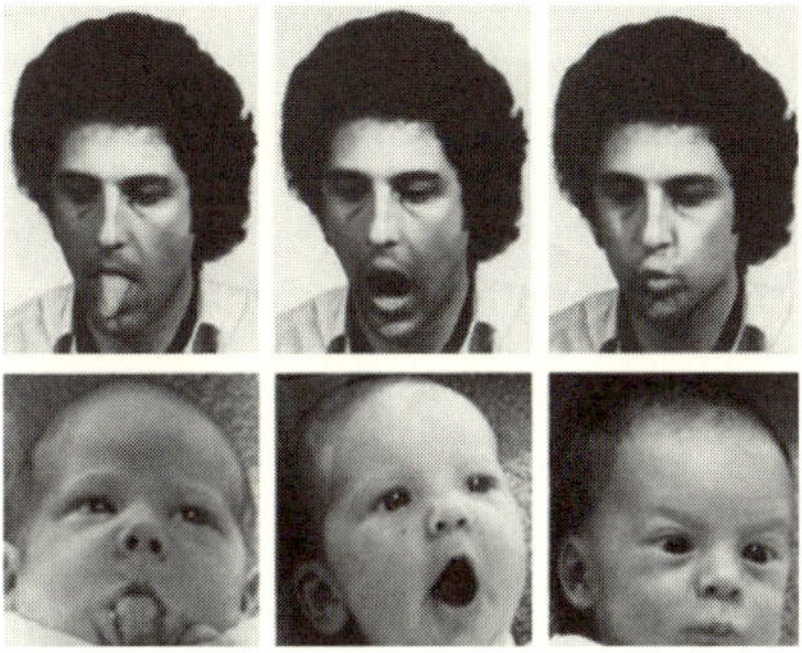

図9 大人の表情をまねる新生児[9]

人形の目が目だと二歳児の私にもわかったのは、人形の顔がヒトの顔とよく似ていたからで、より難しかったのはシラスの小さい銀色の目だった。これが目だと気づいたのはもう少し後のことだったと思う。なぜこんなことを覚えているかというと、気づいたその日から銀色の目が気味悪くなり、食べられなくなったからだ。それだけならまだしも、姿形が似ているからだと思うが、ある日「ヒジキの目」まで検出してしまい、当然のことながらヒジキに目はないのだが、シラスの仲間だと思い込み、怖いので再びヒジキをじっと見ることもできず、そうして改めて目の存在を確認しないままヒジキも食べられなくなった。すべてが解決するのは中学のころだったろうか、スーパーでオカヒジキというものが売られているのを見つけ「魚じゃないヒジキがある」と母に言ったことから、大豆と煮て食べるヒジキを魚だと思い込んでいることがばれたのである。それでめでたく私のヒジキに対する誤解が解け、それ以後食べられるようになったのだが、なぜかシラスも、こういうのを憑き物が落ちるというのかもしれないが、同時に食べられるようになった。

シラスの銀色の点が目であることに気づいたように、ヒトは目を見つけるのが得意だ。得意すぎてヒジキにも、あるいは風景写真の中にも、本来存在しないはずのところにまでも目を見つけてしまい、あれもこれもたぶんきっと目だと思い込んでしまうのである。

引用文献

（9）Meltzoff, A. N. *et al.*(1977). Imitation of facial and manual gestures by human neonates. *Science*, 198, 75-78.

目玉のあるほうが頭です

以前、ニホンザルの眼球や虹彩の径などを計測していたときのことだ。一つめの眼球を計測し、その値をノートに書く。次の眼球を計測し、これもノートに書く。そしてまた次、とやっていた。六回ほど繰り返したころ「あれっ?」と気づいてノートを見直したのだ。すると、そこには同じ数字が並んでいた。つまり、眼球の計測値がすべての個体でほぼ一緒だったのだ。これは何かミスをしたなと思い、もう一度やり直したのだが値は変わらなかった。そんなことは当たり前のことだと専門家の方に笑われそうだが、ほかの体の部位、たとえば口とか鼻の穴とか歯とかの大きさは個体によって異なる。だから眼球もそうだろうと何となく思って測定していたのだ。しかし、ニホンザルの大人の眼球の大きさはどれもほぼ一緒だった。どんな種類の生物も、眼球の大きさはほぼ一緒なのだろうか。それとも、ある種類に限ったことなのだろうか。

生物の擬態の中でも、目玉模様は、チョウやガやイモムシやカエルやサカナなどに広く存在する。これらの目玉模様には、小さいものから大きいものまでさまざまな大きさがある。もし、生物種によって目玉の大きさがある程度決まっているのなら、生物の目を擬態している目玉模様の大きさは、擬態の対象の生物の目の大きさと同じかもしれない。たとえば、図10のスズメガの大きい目玉模様が突然現れると、スズメガを狙っていた鳥は驚いて逃げていく。この大きい目玉模様はスズメガを狙っていた鳥の

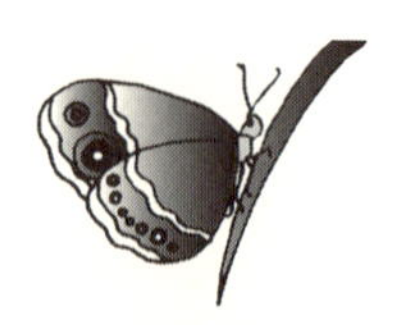

図 11　羽の縁に目玉模様がある Squinting Bush Brown Butterfly（ジャノメチョウの仲間）

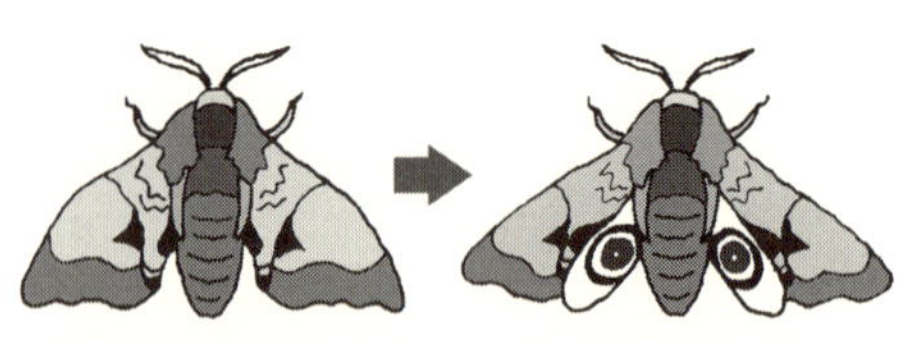

図 10　Eyed Hawk Moth（スズメガの仲間）
触れられると右のように目玉模様を示す。

天敵であるタカやネコやフクロウなどの目の擬態と考えられている。[10] それなら、この目玉模様はタカやネコの目と大きさも同じなのだろうか？　色は似ているような気もしなくもないが、大きさはどうなのだろう。今度測定してみようか。

図11のジャノメチョウの小さい目玉模様はスズメガの目玉模様とは機能が異なる。一九二六年、Swynnerton は目玉模様のないフタオチョウの羽の縁に小さい目玉模様、あるいは線を描いた。その後チョウを放し、しばらくしてまた捕まえたところ、目玉模様を描かれたチョウは線を描かれたチョウよりもより多く生き残っていたのだ。生き残ったチョウの、描かれた目玉模様部分はちぎれていたという。[10] 一九五七年、Blest は目玉模様のないミールワームの頭か尾のどちらかに目玉模様を描き、それをキアオジという鳥に与えた。するとキアオジは目玉模様のあるほうを八〇パーセントの確率でつついたのだそうだ。[10] 一九四〇年、フォーアイバタフライフィッシュ（チョウチョウウオの仲間）というサカナの尾びれには実際の目よりも目立つ目玉模様がある。このサカナが速く泳いでいるときは、敵に頭を攻撃されるのだが、ゆっくり泳いでいるときは尾を攻撃されると Cott が報告している。[10] これらが示しているのは、目玉模様には、その生物の本来の頭ではな

いほう、たとえばチョウの羽の後縁部や魚の尾部へ捕食者を導き、そこを攻撃させる機能があるということだ。尾部に小さな傷はつくが致命傷とはならない。さらに尾部への攻撃なら、前進して逃げることが可能だ。

図10のタカの目に似た目玉模様には、タカを恐れている鳥を驚かせる機能がある。目玉模様に驚かない敵や頭部を攻撃する敵に対しては、図11のような目玉模様によって頭部であるかのように偽装した尾部を攻撃させる。どちらも対捕食者装置として働いている。さらには、ジャノメチョウやクジャクの目玉模様には、繁殖相手にアピールする装置としての機能だってある。

ヒトの目は威嚇や信頼や悲しみや愛情表現など、さまざまに使われるが、生物の目玉模様だって負けてはいない。その機能は実に多様だ。

引用文献

(10) Tinbergen, N. (1968). *Curious naturalists* (Natural History Library edition). p.301.

見られると動く物体

「ふんっ」と力を込めながらテーブルの上のコインに両手をかざし、真剣な目付きでコインを凝視するとコインが動くというマジックがあるが、これのどこが不思議なのかといえば、コインが物体だからだ。当たり前ですと、読者からつっこまれそうだが、あえて書こう。物体は誰かに見つめられたからといって反応するわけはないのに、それが反応したとなるから一大事なのだ。これが物体ではなくて、ヒトやイヌなどの生き物だったら驚かない。ヒトやイヌを見つめたら、彼らは見つめ返す、目をそらす、吠えるといった何らかの反応をする。そういうものだと誰もが知っているから驚かない。しかし、あらためて考えてみると、「見るという動作」は、触れるといった動作とは異なり、見られたことを知覚し、そこに意味を見出す生物だけに反応を促す。

図12ａの中央の物体（３Ｄ図形）は、どこからどう見ても物体である。誰もこれを生き物だとは思わないだろう。しかし、Deligianni[11]らはこの物体にある操作をすることで、生後八カ月児がこの物体を単なる物体としてではなく、伝達や指示をする何か、視線知覚能力を持つ何かとして解釈することを示した。彼らが行った操作とは、乳児が中央の物体を見ると、中央の物体が動くという、それだけのことだった。まず乳児に図12ａが示される。乳児は画面全体をあちこち眺めるだろう。そして乳児が中央の物体をたまたま見たそのとき、中央の物体が動くのだ。四隅にある物体は乳児の視線と関係なくと

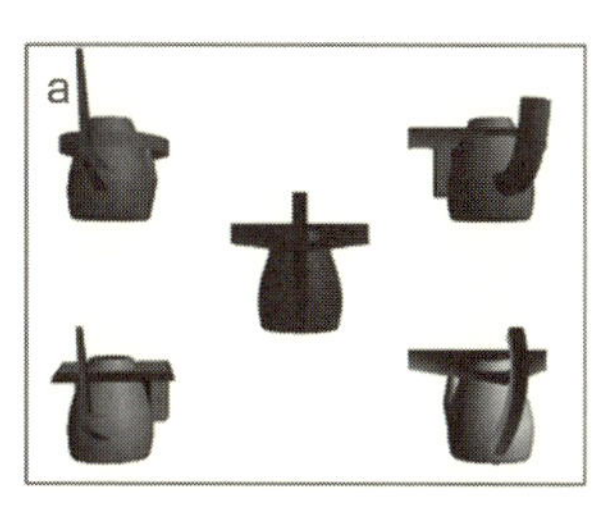

図 12 Deligianni らが実験に使用した図形(11)

乳児は a の画面を呈示され、五つの物体の動きや形を経験する。その後、b の画面となり、a の四隅の物体のうち二つの物体だけが画面下に、中央には a と同じものが示される。

きおり動くのだが、中央の物体だけは乳児の視線に連動する。これら五つの物体に乳児がなじんだところで、図12 b のテスト課題に移る。ここでも、乳児が図12 b の中央の物体を見るとその物体が動く、乳児の視線がその物体からそれると動きは止まり、再び中央の物体に視線が向くとまた動く、さらにもう一度見ると動く、と三回の「見ると動く」が繰り返されたのち、中央の物体は図12 b のような向きで静止した。このテスト課題中の画面上で起こった物体の動きをすべて録画しておき、別の乳児にはそれを見せた（コントロール課題）。こうすれば、両課題の乳児が眺めた画面上の物体の動きは同じになる。違いはただ一つ、テスト課題の乳児は自分が中央の物体を見るとその物体が動くという経験をするが、コントロール課題の乳児はそのような経験をしないということだ。この結果、最後に中央の物体が図12 b の姿で静止すると、テスト課題の乳児は左下の物体に視線を向けたが、コントロールの乳児はそうしなかった。

コントロール課題の乳児たちは中央の物体が図12 b の姿で止まったからといって、左下の物体を見たりはしなかった。そりゃそうだ、中央の物体はどこからどう見ても単なる物体なのだから、何かを指し示すなんてことはしない。だから左下などを指しているはずはなく、乳児も左下など見ない。ところが、テスト課題の乳児たちは左下を見たのだ。テスト課題の乳児とコントロール課題の乳児との違いは、中央の物体とのやりとりがあったかどうかだ。やりとりといっても乳児が物体を見ると動く、というたったそれだけのやりとりだ。けれども、この「見ると動く」というのは日常に存在する物体ではありえない。そこで中央で動いているのは物体ではない何か、それは視線知覚能力を持つ何か、伝達や指示をする何かだということになり、左下の物体を乳児は見たのだと著者らは解釈した。

近い将来、ボタンを押すとお掃除ロボットが動く、ではなく、ロボットを見つめて「掃除して」と言うとロボットが掃除を始めるということになるかもしれない。技術的にはすでに可能だろう。しかし、そうなったら、あんな形のロボットでさえも単なる物体と思えなくなってしまい、いろいろややこしいことになるかもしれない。

引用文献

(11) Deligianni, F. *et al.* (2011). Automated gaze-contingent objects elicit orientation following in 8-months-old infants. *Developmental Psychology, 47 (6)*, 1499–1503.

お天道さんが見ている

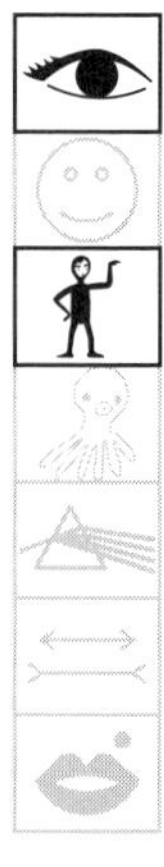

三代目桂三木助の「芝浜」という落語を聞いた。主人公の魚屋が朝まだ暗いうちに浜に出かけるのだが、魚問屋がまだ開いてない。うっかり二時間ほど早く来てしまったのだ。仕方ないので海を眺めて時間をつぶす。しばらくするとお天道さんが昇ってくる。魚屋はお天道さんに手を合わせ、「おはようございます」と挨拶をする。なんとも美しい情景だ。かつて、お天道さんはもっと身近で、神々しくて、いつでも私たちを空から見守っている、そういう存在だった。太陽と呼び捨てではなくて、お天道さんという呼び名もいい。「さん」が付いているのがいい。私もたまにはお天道さんに挨拶をすることにしよう。

ヒトは幼少期から他者を助ける。Warneken らの報告[12][13]では、一歳半の子どもが、さっき初めて会ったばかりの大人が困っている（手の届かないところに洗濯バサミをうっかり落としてしまう）とき、すぐにそれを拾って大人に手渡したというのだ。しかし、大人がわざと洗濯バサミを放り投げたときは拾わなかった。このような子どもが示す初期の利他行動は、生まれながらに備わっていると著者らは考えているようだ[13]。そして、この利他行動がヒトに備わった進化的要因の一つとして、自己や他者の評判を気にすることが関係しているのではないかとも言われている[13]。と言ってしまうとなんだか親切な行為を身もふたもないものにしてしまいそうなのだが、たしかに自己や他者の評判は気になるだろう。

図13　モニタ画面に呈示されていた目の模様[14]
ホルスの目をたれ目にしたような模様だ。

評判が良くないと誰からも助けてもらえなくなるし、評判の良い人と協力したいと思うものだ。だから「お天道さんに見られている」と言って、自らを制したりするのかもしれない。しかし、なぜ制することができるのだろう。

Haley[14]らはそれを実験的に証明しようと、参加者二四八名に独裁者ゲームを行った。二人一組で行うゲームだ。まず、どちらか一人に一〇ドルを与える。与えられた一〇ドルを相手とどう分配するかを決めるように言われる。もう一人は分配された金額に文句を言えない、ただもらうだけの役だ。つまり分配者は、一〇ドル全部自分のものにしてもいいし、相手に少し分けてもいい、それを勝手に決めることができるのだ。このゲームをコンピューター画面上で行ったので、相手が誰かはわからないし、自分がどのように分配したかも誰にもばれない。Haleyらはこのとき、コンピューターの画面に図13の目を呈示しておく場合としない場合とで、分配者の分配額に差が出るかを調べた。その結果、目がないときは平均二・四五ドルを相手に分けたが、目があるときは平均三・七九ドルを相手に渡した。なんと、目がなくても相手に分配し、さらに目の存在で分配額が増えたのだ。相手は見ず知らずの他人であり、もう二度と会うことなどない。お互いに相手を知ることもない。全額自分のものにしたとしても、それを誰にも知られることなどないのだ。それなのに、分配者は独り占めせずに相手に分け与え、さらに目があると、「誰かに見られている」と無意識に知覚し、増額したようだ。目の存在で、評判を気にしたのだろうか。「目」=評判というよりも、「目」=「見られている」とか、「恥ずかしい」「叱られる」といった感覚から来ているのかもしれない。それが結局評判ということになるのかもしれないけれど。

図13の目は不気味だ。目といっても様々で、それぞれに何らかの効果があるのかもしれない。「芝浜の魚屋さん、お天道さんはどんな目をしているのですか」。

引用文献

(12) Warneken, F. *et al.* (2006). Altruistic helping in human infants and young chimpanzees. *Science, 311* (5765), 1301-1303.
(13) トマセロ、M/橋彌和秀(訳)(二〇一三) ヒトはなぜ協力するのか 勁草書房
(14) Haley, J. K. *et al.* (2005). Nobody's watching?: Subtle cues affect generosity in an anonymous economic game. *Evolution of Human Behavior, 26*, 245-256.

天敵がいると目が小さくなる

今回登場するのは、**ニセネッタイスズメダイ**（図14c・d）と、これを食べるセダカニセスズメという名前の魚である。偶然なのだろうけれど、なんでこんなに似た名前なのか。書いていても読んでいてもややこしいので困る。困るけれど名前を変えることはできないのでさらに困る。仕方なく**ニセネッタイスズメダイ**をゴシック体にしてみたのだがどうだろう、少しはわかりやすくなっただろうか。

さて、**ニセネッタイスズメダイ**は、卵から孵化し、透明な体をした仔魚の時期には遠洋にいて、稚魚になるころ、遠洋から岸のほうへと泳いでくるという。そして、岸に近い浅場の珊瑚礁で定住場所を探すのだそうだ。この時期に体が黄色くなり、背びれに目玉模様が形成され、稚魚となる（図14c・d）。その後、定住場所が決まり成魚になると、なんと目玉模様が消えてしまい、黄色い体色もくすんでくるのだ。つまり、**ニセネッタイスズメダイ**の目玉模様は、定住先を求めて、天敵のいる珊瑚礁を泳ぎ回る稚魚の時期にのみ形成されることから、Lönnstedt らは[15]、天敵の存在が目玉模様の形成に関与しているのではないかと考えた。

彼らは、仔魚が遠洋から岸へ泳いでくるところを捕まえた。この仔魚たちは、珊瑚礁にいる、彼らの天敵であるセダカニセスズメを知らない。そこで三〇分間、仔魚たちの水槽に、天敵の入っている透明プラスチック容器を入れ、さらに天敵の匂いと**ニセネッタイスズメダイ**の皮膚抽出物を加えた。こうし

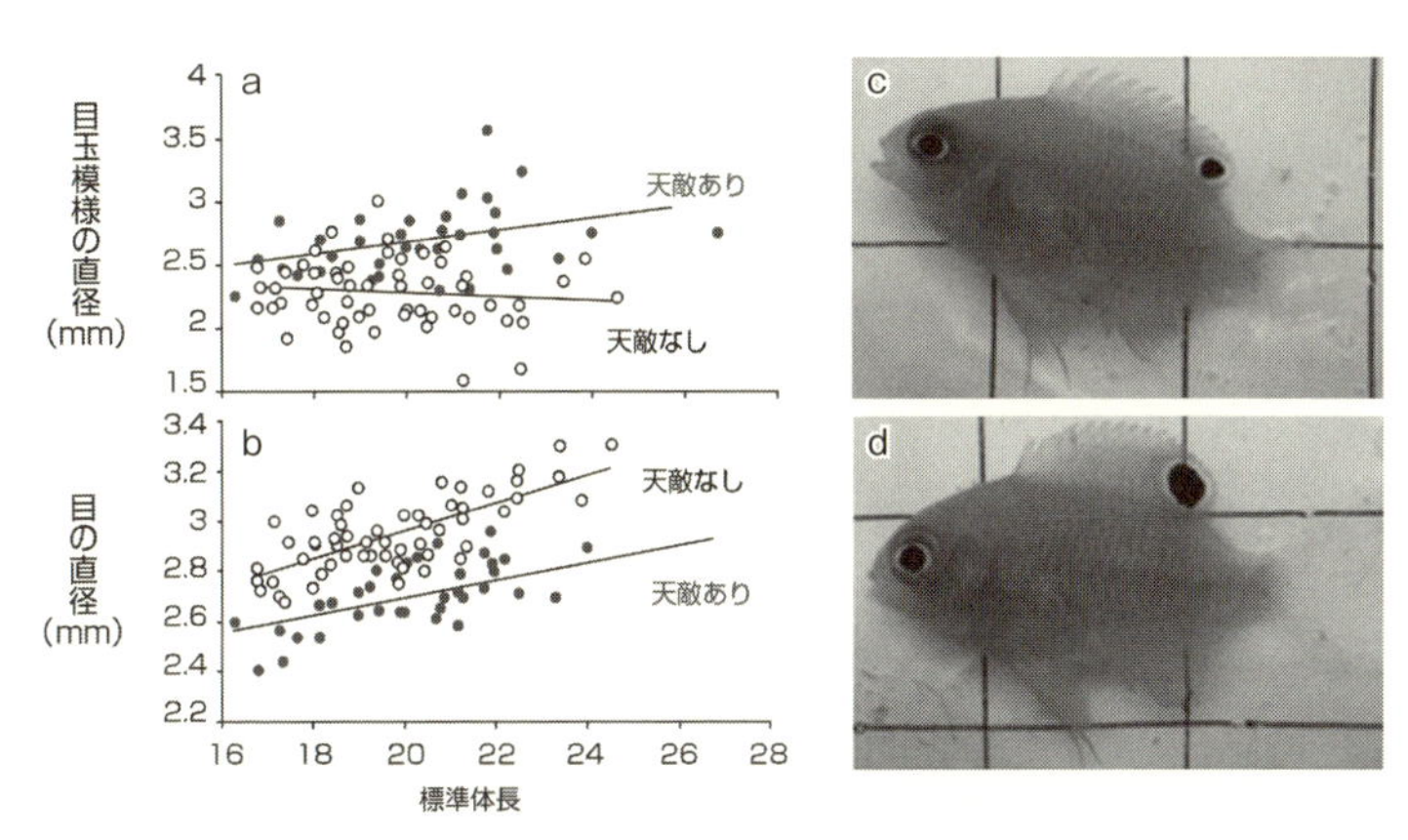

図14　天敵がいる環境（●，d）といない環境（○，c）で育ったニセネッタイスズメダイ稚魚の目玉模様の大きさ(a)と目の大きさ(b)（文献(15)より改変）

て仔魚たちに、視覚的にセダカニセスズメを知覚させ、同時に天敵の匂いと仲間の皮膚抽出物とを経験させることで、セダカニセスズメが天敵であると認識させたのだ。その後、仔魚を①群と②群にわけ、仔魚から稚魚になる間、実験用の水槽で飼育した。実験水槽の中央には、小さい穴がいくつもあいた透明な仕切りがあり、仕切りの向こう側には天敵であるセダカニセスズメがいるのが①群だ。さらに、天敵には朝と晩に、餌として**ニセネッタイスズメダイ**が与えられたのだ。稚魚たちは仲間が食べられている様子を朝に晩に見ることになる。この状態で六週間育てられた①群の稚魚と、天敵ではない魚が仕切りの向こう側にいる状態で育てられた②群の稚魚とを比較した。その結果が図14だ。①群の稚魚（図14ｄ）の背びれには、②群の稚魚（図14ｃ）よりも大きな目玉模様が形成された（図14ａ）。さらに、①群の稚魚の本当の目は、②群の稚魚の目よりも小さくなったのである（図14ｂ）。

この実験の後、水槽から珊瑚礁に稚魚たちを放した。二日後、天敵なしで育った②群の稚魚の四〇パーセントが食べられてしまったのに対し、天敵ありで育った①群の稚魚は三日後でもすべて生存していたという。

天敵のいる環境で育った稚魚の目玉模様は大きくなり、本当の目は小さくなったことで、天敵は本当の目ではなく、目玉模様を攻撃したのだろう。目玉模様は体の後ろのほうにあるので、天敵に襲われても、稚魚はうまく天敵から逃げることができたのだ。さらに、天敵のいる環境で育った稚魚は、そうでない稚魚に比べ、餌を探したり泳ぎ回ったりする時間が短くなり、物陰でじっとしている時間が長くなったそうだ。この行動パターンは実験用水槽に移してから一週間後にはすでに見られたそうで、これもまた天敵から身を守ることに適した行動だったにちがいない。六週間という短い間で、行動様式、体の模様、さらには実際の目の大きさまで変化してしまうとは驚きだ。いったいどんなメカニズムなのだろう。

引用文献

(15) Lönnstedt, O. M. *et al.* (2013). Predator-induced changes in the growth of eyes and false eyespots. *Science Report*, 3, 2259. doi: 10. 1038/srep02259

おばけと目

二〇一五年の一一月、車の中でラジオを聞いていた。熊倉一雄さんという方の追悼番組だった。特徴のある魅力的な声の方だ。この声はどこかで聞いたことがあるような気がしないでもないなと、ラジオに集中していた。すると『ゲゲゲの鬼太郎』の主題歌が流れてきたのである。そうだそうだ、この声だ。熊倉一雄さんという方が歌っていたのか。子どものころ、怖かったけれど好きだったなと懐かしく聞いていたが、だんだんと『ゲゲゲの鬼太郎』が遠くへ行ってしまうような、なんとも寂しい感覚に襲われた。これは、鬼太郎の主題歌を吉幾三さんが歌うようになったときにも感じたことを思い出した。

それからひと月もたたないある日、水木しげるさんもいってしまったのだ。鬼太郎がさらに遠くに行ってしまった。『ゲゲゲの鬼太郎』には、たくさんの妖怪が出てくる。『眼科ケア』という雑誌の毎月のエッセイでは、筆者の写真（図15）が添えられている。調布で撮影したもので、私と一緒にこっそり小さく写っているのが鬼太郎と目玉おやじだ。今更説明するまでもないが、鬼太郎と目玉おやじは『ゲゲゲの鬼太郎』に登場する妖怪で、主人公だ。『ゲゲゲの鬼太郎』は幼少期の私を形成したテレビ番組の一つだった。あのころ、いや大人になった今でも、妖怪なんていないと頭でしっかりと理解してはいても、何かの拍子に「もしかして座敷童？」と思うことがある。

そういえば、二〇一五年の春だった。うちの二階から「ブィーッ、ブィーッ」という音が聞こえてきたのだ。築一二〇年の古い家なので、最初は風で建具がこすれ合って鳴っているのかと思ったのだが、よくよく聞いていると風が吹くタイミングと音が合っていない。もしかしたら、この奇妙な音は生き物の声なのだろうか。そう思って聞いてみれば、幼い生き物の鳴き声のように聞こえなくもないのだ。二階はほとんど使用しておらず、あちこちに外にぬけた隙間もある。生き物の侵入にはもってこいの家だ。さらに田舎の一軒家なので、

図 15　鬼太郎と目玉おやじと

夜になると庭も二階も真っ暗闇だ。さいわい、星や蛍をより輝かせる暗闇を私は嫌いではない。しかし、この夜の得体の知れない声のする暗い二階は、ちょっと怖かった。こういうときは夫だ。夜おそく帰宅した夫に二階の確認を頼んだ。夫が階段を上がっていくと、先ほどの声とは異なる「ウグゥグゥグゥグゥ……」と地に響くような、低い唸り声が一階にいる私のところまで聞こえてきた。どうやら、幼い生き物だけではなく親もいるようだ。そう冷静に判断しつつも、暗闇から響いてくる唸り声は恐ろしいものの怪のように思えた。

恐いもの見たさから、私もそろりと階段を上がってみたが、真っ暗で何も見えなかった。それでよけいに、唸り声のする方向に大きな黒い何かが潜んでいるように見えた。見えないのに見えたと思った。想像力とは恐ろしいもので、今となっては暗闇に黒い大きな生き物がいて、唸りながら私をじっと見ていたという記憶が形成されている。明らかに作られた記憶だが、この夜わが家に妖怪「雷獣」が誕生したのだ。とはいえ、いちおう生物学者なのできちんと調べた。唸り声と子どもの鳴き声から、アナグマ

である可能性が高い。しかし、そう理解している今でさえ、あの夜を思い出すと、アナグマではなくぴかっと目が光る黒い大きな雷獣のイメージが頭に浮かぶ。困ったものだが、ちょっとうれしくもある。

のっぺらぼうのように目のない妖怪もいるが、ほとんどの妖怪には目がある。鬼太郎に登場する妖怪たちにも目がある。しかも、白目まであったりする。提灯に目が付いたら提灯お化けになり、壁に目が付けば塗壁になり、布に目が付いたら一反木綿になり、番傘に目が付いたら傘おばけになり、障子に目が付いたら目目連になるといった具合だ。物体に目が付いただけで、瞬時に妖怪になるのだ。

ヒトは、いくつかの性質を見極めて、それが「生き物」かどうかを判断する。この生き物らしさをアニマシーといい、アニマシーを知覚する手がかりと考えられているのが「これは自立して動くか」「この動きに意図があるか」、そして「これに目が存在するか」なのである。そう考えると、妖怪は「これは生き物である」というヒトの感覚の上にみごとに成立しているということになる。「生き物」という概念の中に妖怪も含まれているとは、なんだか間違っているような気がしないでもないが、「おばけは死な～ない～」と熊倉さんが歌っているように、おばけや妖怪は「生き物」なのだ。

もしも、お尻に目があれば

大型の魚が小型の魚を食べるとき、目玉のある頭を狙って襲いかかる。小型の魚は後退できないため、頭から襲われると逃げられないのだ。逆に、お尻側から襲われると、そのまま前方に逃げることができる。ある種の小型の魚（たとえば前掲図14のニセネッタイスズメダイ）には、尾びれやお尻の辺りに、目玉よりも少し大きい目玉模様があり、捕食者をその模様のあるお尻に引き寄せる。そうして捕食者はお尻を襲ってしまい、小型の魚たちは捕食者の攻撃をかわして、悠々と前方へと逃げることができるのだ。

図16は、ゾウのように見えるかもしれないが、これはウシのお尻である。ウシのお尻に目が描かれているのだ。最初にこの映像を見たとき、これに似たものをどこかで見たような気がした。しばらくして、それは「ケツだけ星人」であると思い当たった。『クレヨンしんちゃん』に登場する「お尻ぶりぶり〜」のしんちゃん（野原しんのすけ）のお尻のことだ。確かしんちゃんのお尻に、いつだったか目が描かれていたことがあったように思う。なぜ、しんちゃんのお尻に目が描かれていたのかは残念ながら思い出せないが、図16のウシのお尻の目は、お遊びで描かれたものではない。これはニューサウスウェールズ大学のJordanたち[16]の真剣な研究なのである。

アフリカのボツワナでは、家畜がライオンに頻繁に襲われる。そして、そのライオンは射殺されてし

まう。しかし、その場所を縄張りとしていたライオンを殺しても、主のいなくなったその場所には、やがて別のライオンがやって来て新たな主となるのだ。そうしてまた、家畜が襲われる。農場ではこれが繰り返されているという。農場主たちの経済的・心的負担は大きい。さらに、ライオンも絶滅の危機に瀕してしまう。この打開策として、Jordanらが考えたのがウシのお尻に目を描くという方法なのである。ライオンは待ちぶせタイプの狩りをする。ライオンが狙うのは、ライオンに気がついていないウシだ。だからライオンはウシのお尻側から襲いかかる。大型の魚が小型の魚を頭から襲うのとは、ちょうど逆だ。逆だけれど、魚のようにウシのお尻にも目の模様があったらどうなるのだろうか。ウシのお尻の目の模様を見たライオンは、「このウシは自分に気づいている」と思うかもしれない。そうなれば、そのウシはライオンに襲われないのではないかとJordanらは考えたのだ。そこで、図16のようにウシのお尻に目の模様を描き、ライオンに襲われるかどうかの予備調査を二〇一五年に行った。農場の六二頭のウシのうち、二三頭のウシのお尻に目を描いた。残りの三九頭のウシはそのままにして、三カ月間観察したのである。その結果、目を描かれた二三頭のウシはすべて無事に三カ月を過ごしたが、目を描かれなかった三九頭のウシのうち三頭が犠牲になってしまったのだ。統計的には有意な結果とは言えない。しかし、お尻に目のあるウシが一頭もライオンに襲われなかったのは紛れもない事実だ。今まさに、本格

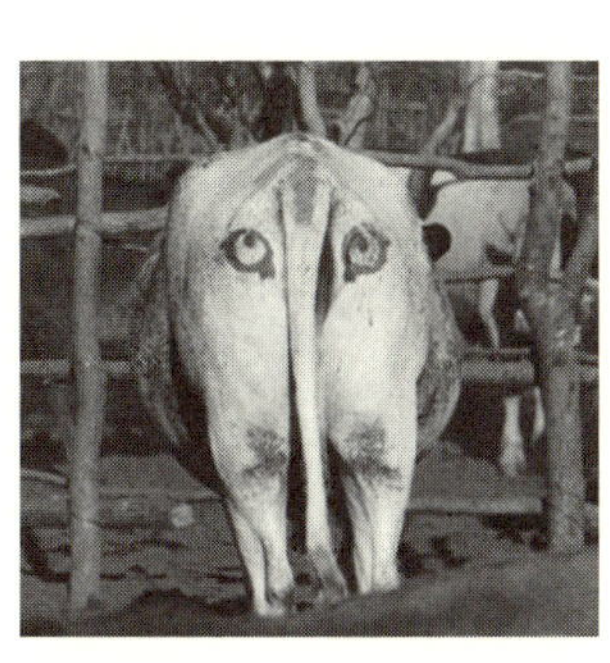

図 16　ウシのお尻に描かれた目の模様（提供：Neil Jordan）

的にボツワナで大々的な調査が行われている（https://carnivorecoexistence.info/news/）。

日本では、農作物が鳥に食べられないように、田んぼや畑で目玉模様の風船がゆらゆらしていることがある。あの目玉風船は風で揺れ動きはするが、それ以上は動かないため、鳥たちは徐々に目玉風船に慣れてしまうらしい。しかし、ウシは歩く。当然、目の模様のあるお尻も移動するし、目の模様の間にあるしっぽがゆらゆらしたりもする。そう考えると、目玉風船よりも効果が高く長く続きそうだ。それに、もしかしたら、ライオンがウシをゾウだと勘違いして襲わない、なんていうことだってあるかもしれないし。

引用文献

(16) UNSW AUSTRALIA Science. Dr Neil Jordan. (http://www.bees.unsw.edu.au/neil-jordan)

II 目は心

笑いを誘う目

ヒト、チンパンジー、オランウータン、ゴリラ、ボノボの乳幼児の首や脇の下をくすぐって笑わせ、その笑い声を調べた研究がある。(1) それによると、ヒトも大型類人猿たちも、息を吐き続けて笑う方法と呼気と吸気を繰り返して笑う方法の両方を使っていたそうだ。ただ、ヒトの乳児三名（生後一一、一二、一九カ月）は、明石家さんまのような引き笑いではなく、ほとんどすべて息を吐き続けて笑ったのに対し、チンパンジーは息を一つ吸って吐いて「アッ」と一回発声し、それを繰り返して「アッアッアッ」、つまり呼気と吸気を交互に繰り返して笑うことのほうが圧倒的に多かったという（図1）。息を吐き続けながら「アハハハハ」と笑うヒトの笑いは、実は言語を話すときに行わなくてはならないことと同じで、私たちはあまり意識しないけれど、話をするとき、ゆっくりと息を吐き続けながら声を出している。急いで走った後に話そうとしても息が切れて話せないのは、走った後には息を吸わなくてはならないからだ。息をゆっくりと吐きながら声を出すというのは、実は難しいことで、その難しい息を吐きながらの発声が「笑い」の中で、ヒト以外の類人猿たちにも、ヒトほどではないにしても、見つかった

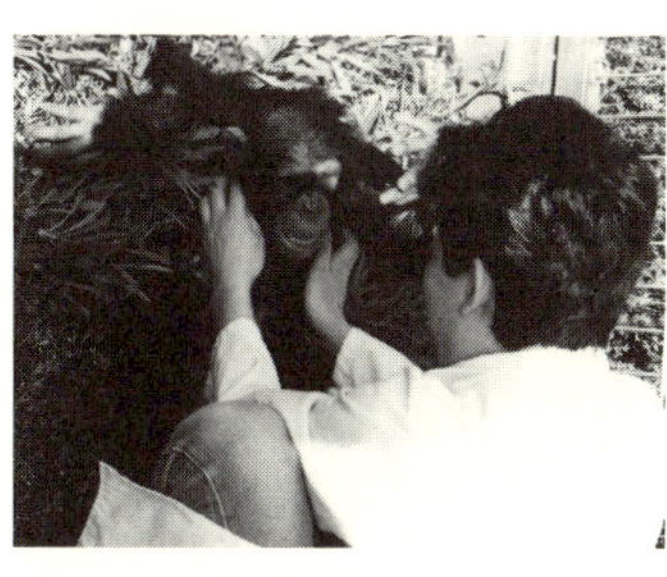

図1　くすぐられて笑うチンパンジー
（提供：橋彌和秀）

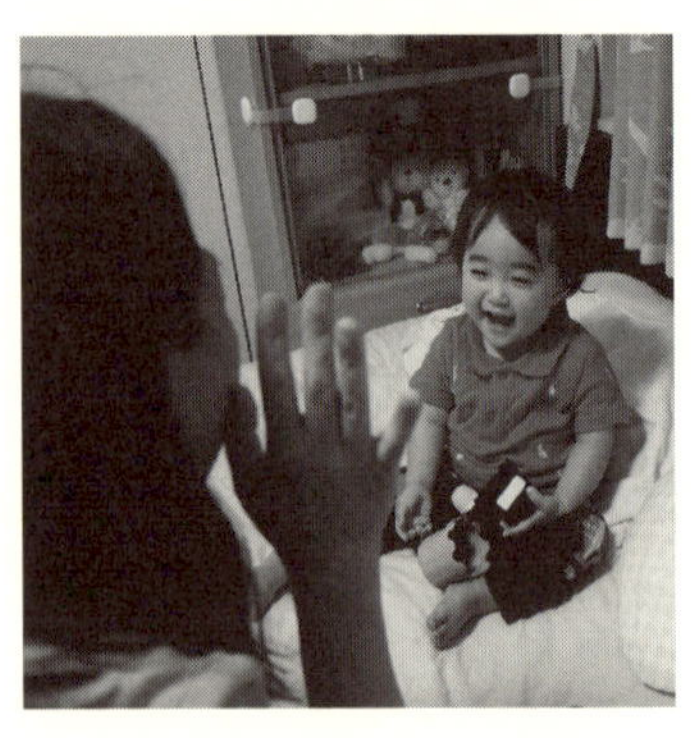

図２　「いないいないばあ」で笑う乳児

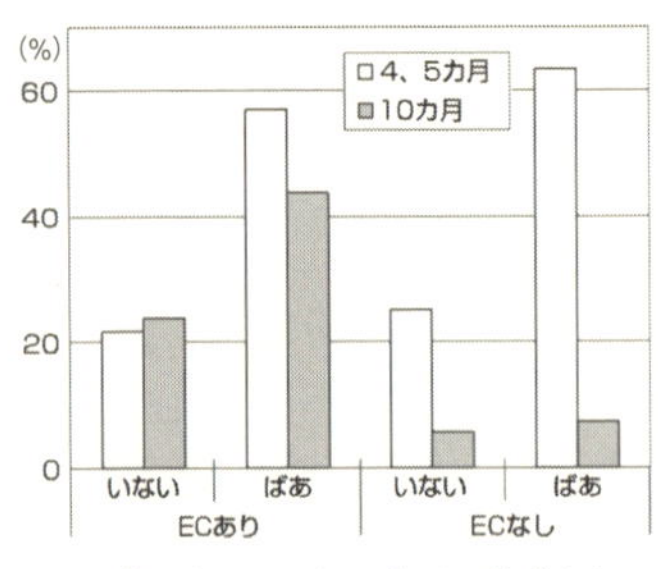

図３　「いないいない」と「ばあ」のときでの笑った時間

縦軸は笑った時間の割合（%）。ECはアイコンタクト。

のだ。

ところで、くすぐるという直接的な接触刺激以外でもヒトやチンパンジーは笑う。以前、子どものチンパンジーと遊んだとき、部屋の中をぐるぐる走り回る追いかけっこになった。走って逃げるのはチンパンジーで、追いかけるのは私だ。鬼はつねに私で変わることはない。そしてついにチンパンジーは鬼の私に捕まる。すると笑うのだ。そして再び逃げるので、私はまた追いかけ捕まえる。チンパンジーはまた笑う。これを何度も繰り返すうち、決まった場所で必ず捕まるようになった。チンパンジーはその場所に来ると速度を緩め、あるいは止まり私を待つので、必ずそこで捕まる。そういう遊びのルールのようなものができると、その場所で待つチンパンジーは、私の手が触れる前、捕まる少し前から「アッアッアッ」という笑い声を発していた。

あるいは、ヒトの乳児に対面して、大人が顔を近づけたり遠ざけたりを繰り返すだけでも乳児は笑う。顔が近づくときに笑うのだ。同様にチンパンジーの子どもも、顔が近づくたびに笑う。顔の接近が興奮とともに笑いを誘うのだろう。さらにヒトの乳児は「いないいないばあ」でも笑う（図2）。これは接触刺激でも接近刺激でもない。乳児の目の前で、顔の出現・消失を繰り返すだけだ。それだけで乳児が笑うというのも考えてみると不思議なことだ。ヒト以外で「いないいないばあ」で笑う動物はいるのだろうか？

「いないいないばあ」は、「いないいないない」と言いながら両手で顔を隠し、「ばあ」と言いながら両手を顔から外し乳児の正面に顔を出現させるという遊びだが、乳児はいったいどの瞬間に笑うのだろう。河南らの報告[2]によれば、隠れていた顔が出てくる、再び隠れて出てくる、再び隠れて出てくるという繰り返しの中で、「ばあ」と顔が出てくるときに笑うのだそうだ。この遊びで顔を出した大人は乳児の顔を必ず見ていて、乳児と目が合う。もしかしたら「目が合う」ことが重要かもしれないと河南らは考え、顔を出すときに目をそらし、それでも乳児が笑うかどうかを調べた。すると、四、五カ月児は目がそれていても笑ったが、八～一〇カ月児は目がそれていると笑わなかったのだ（図3）。どうやら生後一〇カ月までに「目が合う」ということが笑いに必要な要素となるようだ。目が合うと笑うヒトはなんて変な生き物なのだろう。

引用文献

（1）Davila-Ross, M. *et al.* (2009). Reconstructing the evolution of laughter in great apes and humans. *Current Biology, 19,* 1106–1111.
（2）河南悠ほか（二〇〇四）：日本赤ちゃん学会第4回学術集会

同じ花を見て

「みひろ」という名前の女の子が四歳のとき、「み〜ひ〜ろ、ひ〜ろ〜み〜（私の名前）、み〜ひ〜ろ〜、ひ〜ろ〜み〜、ね、一緒でしょ」とニコニコしながら私に教えてくれた。そして何度も「み〜ひ〜ろ〜、ひ〜ろ〜み〜……」と繰り返していた。名前に使われている語が一緒だということを発見して、彼女はとてもうれしそうだった。四歳の彼女が発見したということに私は驚いたけれど、それよりも四歳児をこんなにうれしくさせる「一緒」というものの威力にさらに驚いたのだ。

「一緒」には、気をつけているとけっこうよく出くわす。少し前だが「第9地区」という映画にも出てきた。宇宙人の幼い宇宙人の幼い男の子が「一緒」といって自分の手を主人公の手に近づけて見比べるというシーンがそれだ。幼い宇宙人は自分の手と主人公の手の形が一緒なのがうれしくて、その主人公を好きになるというものだった。宇宙人も一緒がうれしいという設定にちょっと笑ってしまったが、そんな宇宙人の感覚と映画を見ている私の感覚が一緒だったからこそ、外見が全く異なる宇宙人にすんなりと感情移入してしまったのだろう。

歌にもよく出てくる。「ぞうさん」はお母さんと鼻が長いことが一緒で、ぞうさんはお母さんが好き。「手のひらを太陽に」は、僕とみみず、おけら、あめんぼは生きていることが一緒で友達だと歌っている。そもそも「おかあさんといっしょ」という番組は五〇年以上も続いているのだ。

図4　チンパンジーの置き物と同じ方向を見る友人（Teresa Romero）と筆者（右）

図5　指差しなどを手がかりに、母親と同じおもちゃを見る乳児

「あの素晴しい愛をもう一度」では、花を見た二人の感覚が一緒だったころは美しい愛がそこにあったと歌う。ちょっと分解してみると、私が花を見る→私は美しいと思う→相手の視線方向を確認し、相手の心的状態を推論する→相手も同じ花を見て美しいと思っているようだと推測する→素晴しい愛、となる。歌詞に「美しいと言った」とあるから推論の必要はないのではと思われるかもしれない。しかし本心は言葉通りとはかぎらないので、言い方、声色、表情、しぐさ、視線などから本当はどうなのかを推論する必要があるのだ。

最初の、「相手の視線方向を確認」というのは大人にとっては簡単で難しくも何ともないことだけれど（図4）、乳児には難しい。相手が自分を見ているかどうかの検出は新生児から可能だという話（第III部「猿の惑星顔」）を書いたが、相手が自分以外の何を見ているのかの検出はそれより遅い。なぜなら自分を見ているかどうかの検出では、自分だけがその対象となるけれど、相手が自分以外の何を見ているかの検出では、身の回りにある数限りない物たちがその対象となるからだ。たくさんの対象から、相手が注目している一つを見つけ出さなくてはいけない。これは難しい。さらにそれは物体とはかぎらない。音かもしれないし、出来事かもしれない。たとえば、相手は「猫」を見ているのだけれど、猫が「鳴いている」ことに注目しているのかもしれないし、猫が「飛び跳ねている」ことに注目しているのかもしれない。そしていよいよ「相手の心的状態の推論」になる。相手は猫、鳴き声、しぐさのどれかをかわいいと思っているのか、あるいは怖い、切ないと思っているのかを推論する。こうなるともう難しすぎて乳児にできるのかしらと思ってしまう。でもそこまでできないと「あの素晴しい愛」には至らないのだ。

相手の視線を追って乳児の視線が動き始めるのは生後二カ月と言われているが、それは相手の動きについつられて、ときどき動いてしまうといった程度のものにすぎないようだ。その後周りの人たちとのやりとりを重ね、相手が見ている物を特定するための手がかり（指差し、頭部や眼球方向など）を使い、相手の視線とその先の物体とを結びつけ始める（図5）のが生後九カ月ごろ、そこに相手の心的状態を見出すのは生後一八カ月ごろと言われている。[3] そうしてようやっと「あの素晴しい愛」になるのだ。

引用文献
（3）遠藤利彦（二〇〇五）．総説：視線理解を通して見る心の源流．遠藤利彦（編）読む目読まれる目　東京大学出版会（一一一—一六八頁）．

あなたが右だと私も右

　こんな実験がある。[4]「中央に＋が表示されますので（図6①）、その＋をじっと見てください。次に顔が一瞬出てきますが、無視してそのまま中央を見ていてください。すると0が左右上下のどこかに呈示されますので、0を見たらできるだけ速くボタンを押してください。ただし、ときどき出てこないことがあります。そのときはボタンを押さないでください」と説明を受けた参加者は、モニタの前に置かれた台にあごを乗せ、顔面を固定される。

　もう一度図6をくわしく見てみると、中央に＋が映し出されることで問題の開始を知らせ、この＋が消えると上下左右のいずれかを向いた顔が〇・〇五秒間呈示された後、〇・〇五秒あるいは〇・九五秒間画面が真っ白になる。その後＋とともに0が左右上下のどこかに呈示される、あるいは＋のみが呈示される。そこで参加者がボタンを押すと画面が消える。ボタンは一つなので、0がどこに出ても、ただそれを押せばいい。だから参加者は手元を見ることなくモニタ画面の中央をずっと見続けることができるのだ。＋のみの場合はしばらくすると画面が消える。これで一問終わり。その後再び中央に＋が出てきて二問目が開始される。全部で二四〇問ある。これはいったい何を調べているのだろうか？

　図6の④のところに、0が左に示された場合は、顔向きと同じ方向に示されたことになるから一致、それ以外の場所では不一致、さらに0が出てこない引っかけ問題、の三種類ある。ということは一瞬見

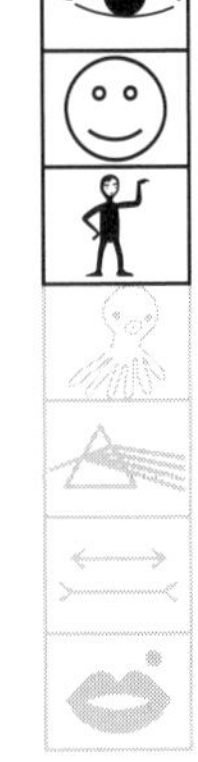

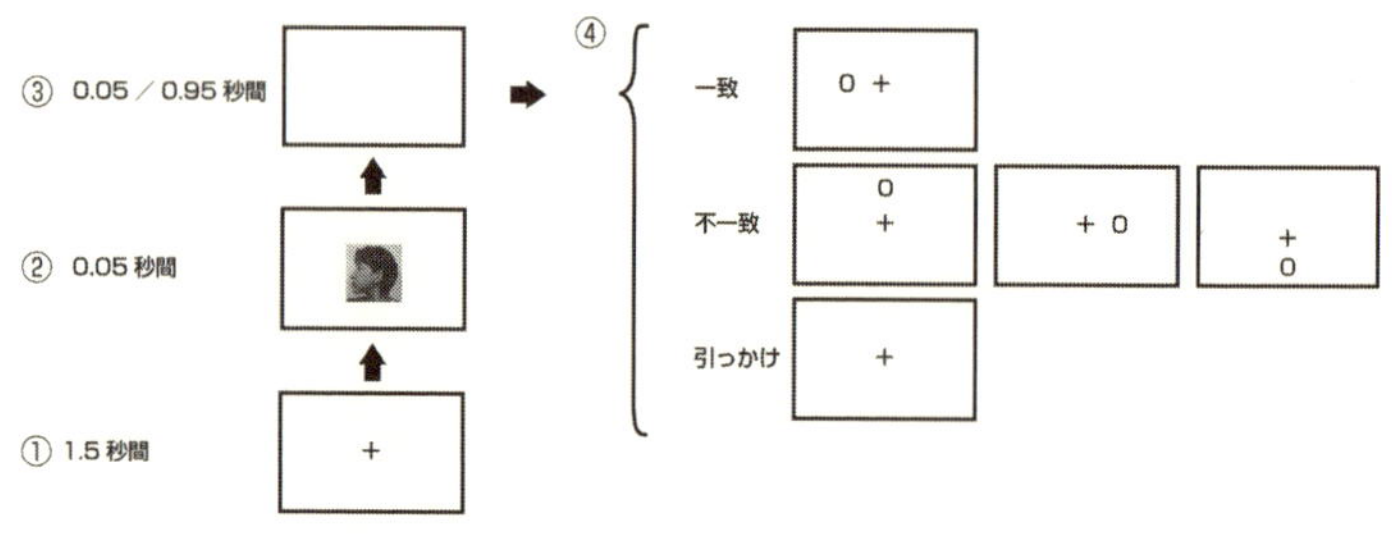

図6　実験の流れ（文献(4)より改変）

える顔向きが、実は0の発見に影響し、顔向き方向に0が出るとすばやく答えられるということだろうか。〇・〇五秒間しか顔は映し出されないのに？　顔向きと違うほうに0が出ることのほうが多いのに？

結果に入る前に、なぜ引っかけ問題があるのかというと、できるだけ速く答えるという課題なので、参加者は頑張ってさくさく答えようとするだろう。するとどうしても勢い余ってお手つきをしてしまう。そこで0が表示されない問題で、「おっとっと、ボタンを押しちゃダメだ」となり、お手つきをしないように、0の出現をきちんと確認してからボタンを押すようになるからだ。

さて、結果はというと、〇・〇五秒間映し出された顔のうち、右あるいは左向きの顔と同じ方向に0が出てきたとき、つまり左右の顔向きと0の方向が一致したときに不一致よりも速くボタンを押した。それは顔が消えてから〇・〇五秒後でも〇・九五秒後でも生じた。しかし、上や下を向いた顔のときは一致と不一致でボタン押しの時間に差はなかった。

左向きの顔が出てきて、ついつられて眼球が左に動くとか、なぜ左を見ているのかしらと思って左を見るとかというのではないという。

左向きの顔を一瞬見ただけで、自動的に注意が左にシフトし、しかも顔が消えて一秒近く経ってもそれは維持される、そういうシステムが体に備わっているらしいのだ。地上生活者であるヒトは、三次元空間を思うさまに動き回る水中生活や樹上生活の動物に比べると、上下方向より水平方向を重点的にスキャンする必要があるのだろう。左右方向への自動的な注意シフトは、地上生活に適応的な、水平方向へのすばやいスキャンを可能にするとNomuraら[4]は考えているようだ。

「あっち向いてホイ」という遊びでは、指で上下左右を指し示すが、これを顔でやったら、よりつられやすくなったりするのだろうか。

引用文献

（4）Nomura, M. *et al.* (2005). Visual orienting occurs asymmetrically in horizontal vs. vertical planes. *Psychologia*, 48, 205–217.

目は記憶スイッチ

駅構内を歩いていたら、前方からこちらに向かって歩いてくる人の中に知った顔を見つけた。でも誰だったっけ?と思い出せない。思い出せないまま、彼女との距離が近づいてしまい、とりあえず軽く頭を下げて挨拶してすれ違った。その後も何とか思い出そうと記憶をたどり、やっと彼女が銀行の窓口の女性であることを思い出した。そう、挨拶してしまったけれど、知り合いと言えるほどではなかったということだ。相手の方は挨拶されてさぞ驚かれたことだろう。それにしても銀行の窓口で会ったのはたった一回だけで、これといって記憶に残る出来事があったわけでもなく、ましてや私の記憶力が良いわけでもないのに、なぜ覚えていたのだろう。

そういえば、顔の記憶に視線が関係しているという研究[5][6]がある。この実験では、参加者たちに実験の目的が顔の記憶を調べることだと気づかれないように行う必要がある。そうしないと参加者は頑張って顔を覚えようとしてしまうからだ。そこで図7のStudyの、見つめる目あるいはそらし目の写真がモニタの左右どちらかに一枚呈示されるので、どちらに呈示されたかを答える実験ですとだけ伝えられる。見つめる目とそらし目が各二八人分あるので、五六回答える。このStudyが終わると、全然関係ない問題(国の名前を思い出せるだけ紙に書く)を五分間行った後、Testに戻る。Testでは、目を閉じた顔写真(図7)が一枚ずつモニタに呈示され、参加者はStudyで見たか見なかったかを答えなく

てはならない。この時点で参加者はようやっと記憶の実験だったことを知るのだ。Studyで使用された五六人（見た顔）と新たに三〇人（見ていない顔）の写真、合計八六人の写真を示された参加者たちは、Studyで見つめる目だったヒトの顔を、そらし目だったヒトよりも、よく覚えていた。

Studyでモニタに写真が呈示され、参加者が右／左を答えるまでの時間が平均〇・四秒だったという。つまり一枚の写真をたったの〇・四秒しか見ていないということだ。さらに記憶実験であるとは知らされていないので、参加者たちは顔を覚えようとはしていない。にもかかわらず、見つめる目とそらし目で顔の記憶に差が出たというのだ。先に「あなたが右だと私も右」で、顔が右を向いている写真を見ると、自動的に右方向に注意が向くという注意シフトの研究を紹介したが、顔全体でなくても、目だけが右を向いていても同様の注意シフトは生じる。ということは、この研究でもそらし目の顔がモニタに呈示されたら、参加者の注意はその顔ではなくそらし目の方向に向いてしまうと考えられる。それで顔を見ている時間が減り、顔を覚えることができなかったのではないか。あるいは、見つめられることによって注意が喚起され、顔が記憶されたとも考えられる。著者たち[5][6]は見つめる目による注意喚起効果であって、注意シフトは関係ないと言っている。けれど、注意シフトも十分あやしいよなあと思う。

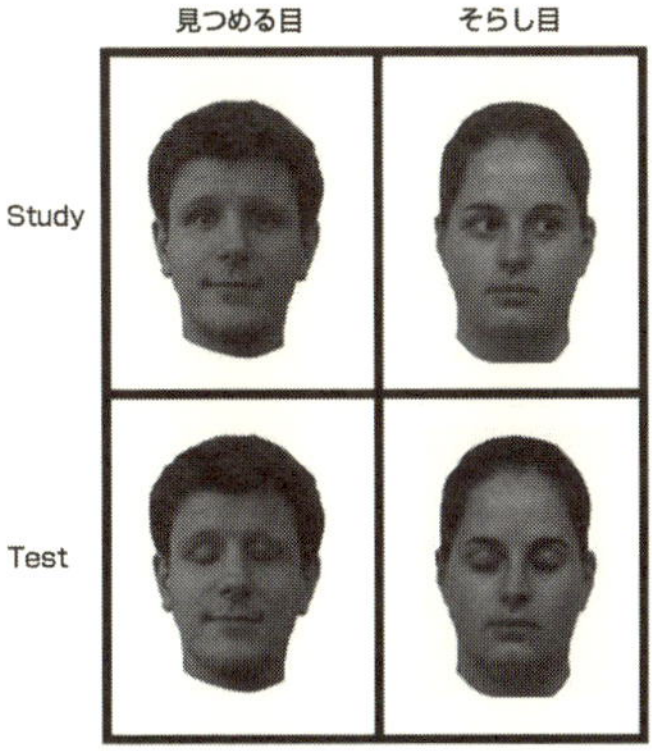

図7　実験に使用された刺激写真[6]

ところで、第III部「夕暮れ、猫の目はかわいい」の瞳孔を調べる研究では、モデルの虹彩色が薄いことが重要なポイントだった。今回の視線研究の刺激写真（図7）を見ると虹彩の色は濃い、さらに皮膚の色も濃いようだ。とくに乳児に視線を見てもらう研究では、皮膚の色も濃いことが多い。皮膚（濃い）と白目（薄い）と虹彩（濃い）の明度の差の大きい顔は、視線が際立ち、視線研究の刺激顔にうってつけなのだろう。

銀行の窓口で、受付の女性と私は目が合っていたのだろう。そのときと同様の正面顔で、しかも目を開いた状態で、その女性は前方から近づいてきたのだ。それで記憶が呼び覚まされ、「あ、知っている人だ、誰だっけ」となったのかな。

引用文献

(5) Hood, B. M. *et al.* (2003). Eye remember you: The effects of gaze direction on face recognition in children and adults. *Developmental Science, 6(1)*, 69-73.

(6) Mason, M. F. *et al.* (2004). Look into my eyes: Gaze direction and person memory. *Memory, 12(5)*, 637-643.

テルテルアイ

テレビショッピングの販売員はすごいなあ。途切れることなく次から次へと言葉を繰り出し、しかも聴衆から目を離すことなくじっと見つめながら「奥さん、これは断然お買い得ですよ」と最後に言う。そう言われると何だかそんな気がしてきて、買ってみようかと思ってしまうのだ。けれども、もし彼らが「お買い得ですよ」と言いながら視線をそらしたらどうだろう。それでも買ってみようと思うのだろうか。

図8　『のだめカンタービレ』の目そらしの場面（©二ノ宮知子/講談社）

ヒトの視線が上にそれたら何かを考えている、左右や下にそれたら嘘をついていると考えるのは文化を超えた概念として定着しているのだそうだ[7]。だから大人はたいてい目そらしと嘘の関係を知っている。しかしそれを逆手にとり、嘘をつくときに目をそらさないようにするなんてこともできる。そうすると今度はそれも大人は理解しているので、目そらしだけでは嘘を見破れないと考えるようになり……というようにどんどんややこしいことになってしまうが、それでも目そらしは嘘のシグナルとしてドラマや小説や漫画（図8）でよく使われる。漫画『のだめカンタービレ』（講談社）の23巻には、主人公たちが作った子ども向けの歌という設定で、「ハミガキシタシタ　ベンキョハシタシタ　UFOキタキタ　ナンチャッテ〜シャルロッテ〜　嘘つき目そらしシャルロッテ〜」という歌詞が登場する。この嘘つきシャルロッテは目そらしをするのだが、子どもは何歳から目そらしをするようになるのだろう？　そして、何歳から嘘つきと目そらしの関係を理解するようになるのだろう？

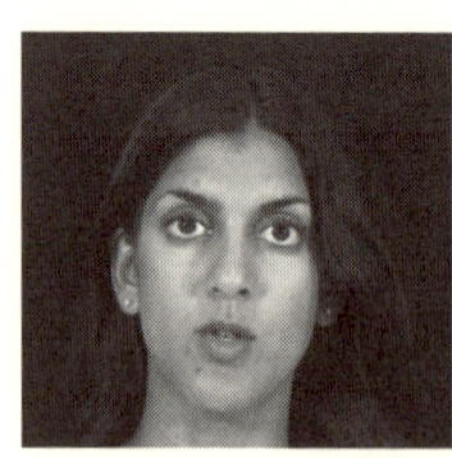
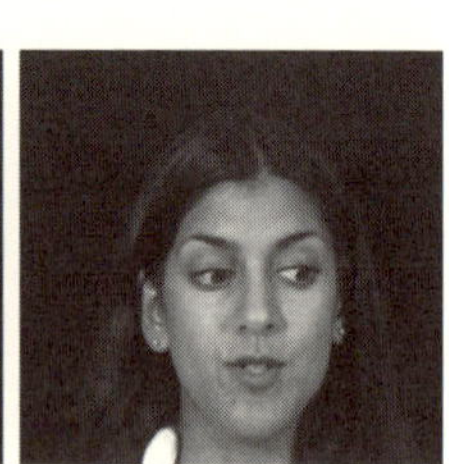
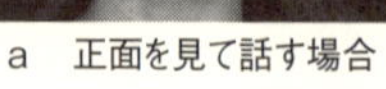

a　正面を見て話す場合　　b　目そらしで話す場合

図９　実験で使用された画像[8]

　図9は簡単な質問に答えている女性の映像で、「a　正面を見て話す場合」と「b　目そらしで話す場合」とが各六場面ある。これらを子どもたちに見てもらい、「女性が嘘をついているか／真実を話しているか」を判断してもらうという実験だ。[8] 全場面で話す速度や声の強さなどは等しいので、嘘を見破る大きな手がかりは「視線」となるはずなのだが、果たしてどうだろう。

　大人は、目そらし映像の九割を、九歳児は八割を、六歳児は七割を「嘘」と判断した。正面を見ている映像では大人はその二割を「嘘」としたが、九歳児は四割を、六歳児は五割を「嘘」とした。六歳児も目そらし映像のほうをより「嘘」と判断したことになる。さらに、映像を消して声だけで判断してもらうと、大人も九歳児も六歳児もaとbで差がなくなったので、映像ありで示された六歳児の差は、その映像、つまり「視線」に影響されたということになる。ところが、「嘘」と判断した理由を聞いたところ、おもに「視線」と答えた大人は八割だったのに対し、九歳児は五割、六歳児は二割だった。六歳児は目そらし女性のほうをより嘘をついていると判断したにもかかわらず、その主たる判断理由は「視線」ではなく、「発話内容」だったのである。しかしそれだからといって「六歳児は視線で判断していなかった」とは言えない。彼らは「視線」で判断したけれども、理由を聞かれて言語化したら「発話内容」になってしまったということだろう。結局、六歳児は目そらしと嘘との関係に気づいてはいるのだが、明確に意識できるほどではないのだ。

さてシャルロッテは何歳か。嘘をなんとか見破ることができた六歳児は、自分も嘘をつくときに目そらしをしているのではないだろうか。シャルロッテは六歳ぐらいか。

引用文献

(7) Global Deception Research Team (2006). A world of lie. *Journal of cross-cultural psychology*, *37*, 60-74.

(8) Einav, S. *et al.* (2008). Tell-tale eyes: Children's attribution of gaze aversion as a lying cue. *Developmental Psychology*, *44*, 1655-1667.

見えないなら想像してごらん

もう三〇年以上も前になる。「それは秘密です!!」というテレビ番組があった。この番組は一〇年以上も続いたのだが、それは何十年も離ればなれになっていた人たちが出会うご対面コーナーによるところが大きかったようだ。しかし、この番組にはシルエットクイズという、カーテンに投影された人物のシルエットを手がかりに質問を繰り出し、その人が誰かを想像して当てるというのもあったのだ。このシルエットクイズという形式はほかの番組でも使われていたから、これはこれで人気があったのではないだろうか。シルエットすら見せなかったのが「パンチDEデート」という番組で、カーテンの左右に男女がそれぞれ座り、司会者とやりとりする声や話しかたなどで相手を想像し、付き合うかどうか決めるというものだった。もちろん最後にカーテンが上がり、ご対面してから結論を出すのだが、「顔を見る前から決めていました」という出場者のコメントを何度か聞いたことがある。想像だけで、見ないで決められるものなのかと驚いたものだった。想像力とカーテンを駆使したこのような番組が当時流行っていたのだ。

乳児の想像力を調べるためにカーテン（スクリーン）を使った実験がある。(9) 乳児版「パンチDEデート」と言ってもいいだろう。四～五カ月児に図10のような人形劇を見せる。実験者は図10の舞台後方に隠れ、人形を入れたり出したり、スクリーンを上げたり下げたりするのだ。まず、①ネズミの人形を一つ

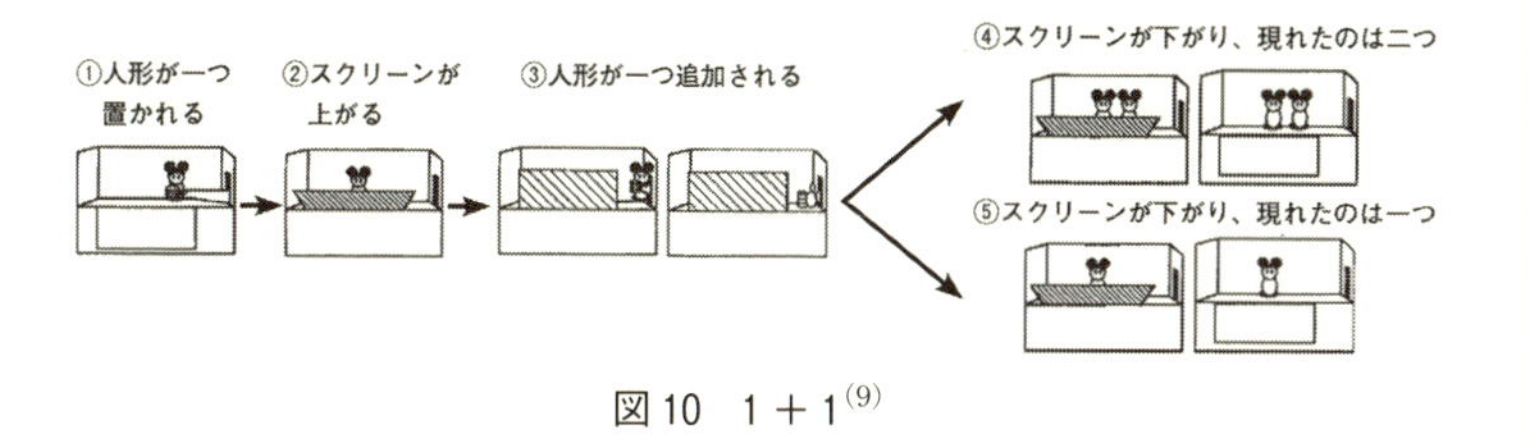

図10　1＋1(9)

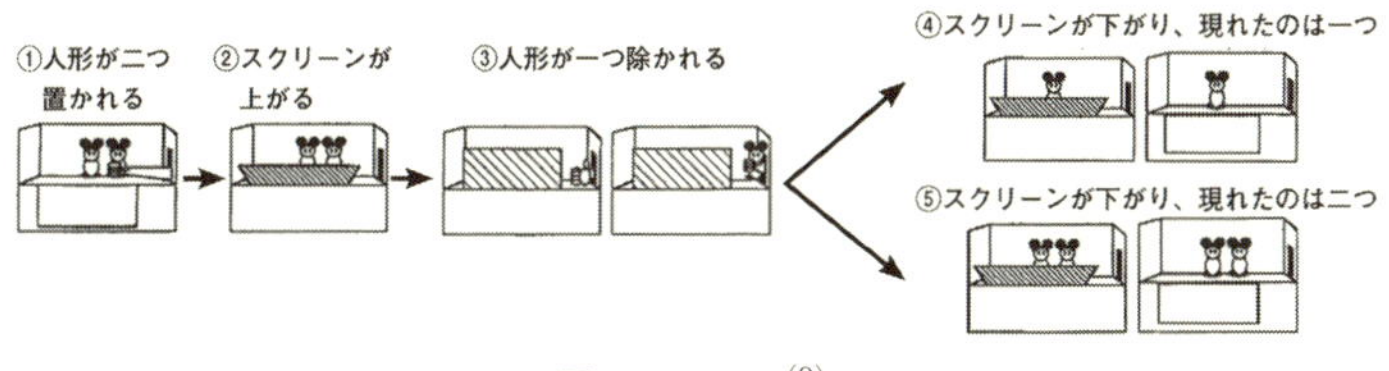

図11　2－1(9)

舞台に置く。次に②スクリーンを上げ、③もう一つの人形を舞台に入れる。もし、乳児が最初に見た人形のイメージを保持し続け、そこに人形が加わったことをもイメージし、舞台上には今人形が二つあると想像したら、④スクリーンが下がり二つの人形とご対面しても予想どおりなので驚かないが、⑤一つだったら予想と異なりびっくりして舞台をじっと長く見るだろう。しかし、もし乳児が何もイメージしていないならば、見る時間に差はないだろう。結果、乳児は、二つのときより一つのときにより長く舞台を見たのである。そう、乳児は想像していたのだ。さらに図11の引き算でも、スクリーンが下がり二つ現れたときに乳児はより長く見た。四～五カ月児はスクリーンの向こうの見えない人形を、ちゃんとイメージしていたのだ。

とはいえ「パンチDEデート」の成人男女が想像していたことに比べたら、乳児のそれは最初に見た人形のイメージを保持し、人形が追加あるいは除去されるのを想像するだけだ。けれど、乳児が見えない出来事を想像できるということ自体すごいことではないか。見えないことを想像する、想像してごらん、と言えば「Imagine」。ジョン・レノンの曲だ。調べてみたら一九七一年に発表されている。「パンチDEデート」が一九七三年、「それは秘密です!!」が一九七五年にそれぞれ開始されている。一九七〇年代は想像してごらんの時代だったのだ。

引用文献

（9）Wynn, K. (1992). Addition and subtraction by human infants. *Nature*, 358, 749-750.

「線」などない！

一〇〇年近く前、本気で、ヒトの目から光線が放出されていると考え、それを捕まえようと装置まで作製した研究者がいた[10]。今なら、え〜っ！　嘘でしょ〜、というところだろうが、そういう研究があったから、つまり何も捕まえることができなかったから、目から何も出てはいないということが今日の常識になっているのだ。とはいえ「背後からの視線に気づくよね」と思ってはいないだろうか。だとしたらそれは目から出ている何かを体の後部のどこかで受け取ることができると思っているということで、一〇〇年前の研究者と何ら変わらない。しかしヒトは、ミラーマンやファイヤーマンのように目から光線など出ていないし、背後からの視線にも気づかない[11]のだ。

『視線』という日本語は、これを介したインタラクションに含まれる奇妙さを的確に表現しているように思える。当然のことながら、実際にはそこに『線』など存在しないのだ」とHashiya[12]が述べているように、光線どころか「線」すらない。ないのだけれども「背後からの視線に気づくよね」と思ってしまいがちなのは、他者の視線（の線）を知覚して、あたかも「線」が存在しているかのように「線」を的確に読み、コミュニケーションをとる、異常なまでの視線に対する敏感さによるだろう。しかもそれを苦もなくさらりと行うことから、ないはずの「線」を背後でだって感じることができるはず、と思ってしまう。それにしても、あるはずのない「線」をどうやって読み取るようになるのだろう。

図12　Brooks ら[13]の実験場面

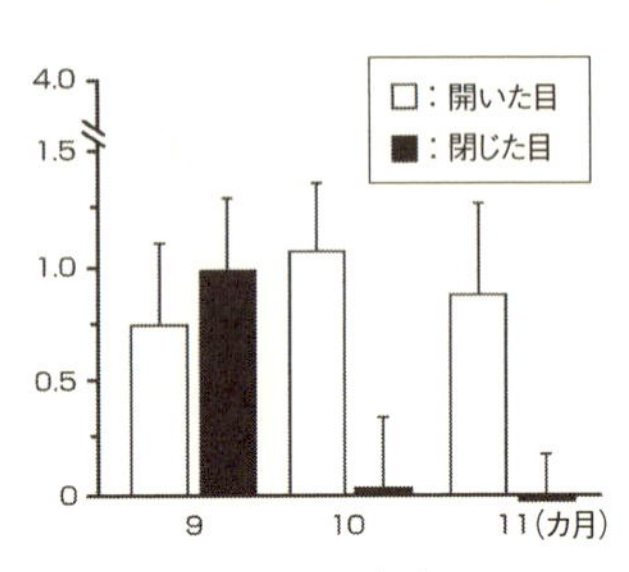

図13　Brooks ら[14]の実験結果

生後九カ月以降の乳児で、Brooks と Meltzoff は、実験者が乳児と向かい合って座り、アイコンタクトをとった後、目を開いてあるいは閉じて左右どちらかのおもちゃを見たとき、乳児も実験者と同じ方向のおもちゃを見るかどうかを調べた[13][14]（図12）。もし乳児が実験者の目から「線」を読み取っておもちゃを見るのであれば、実験者が目を閉じているときにはおもちゃを見ずに、目を開いているときにおもちゃを見るだろう。しかし驚いたことに、生後九カ月児は目を閉じていても開いているときと同様に実験者の顔が向いたほうのおもちゃを見たのである（図13）。さらに驚くことに、それから三〇日後、生後一〇カ月になると、実験者が目を開いているときだけおもちゃを見たのだ。この劇的な変化には驚かされる。この三〇日間にいったい何が起こったというのだろう。

生後一〇カ月児が読み取れる視線の「線」はまだ

ほんの初歩的なものだ。実験は左右二回ずつ計四回行われたので、四回とも実験者と同じ方向のおもちゃを見たら四点となり、違う方向のおもちゃを見てしまったらマイナス一点で、どちらも見なかったら○点だ。図13を見ると一○カ月児の、目が開いているときの平均は一点（縦軸）ほどだから四点にはほど遠い。だからまだまだなのである。二歳になり四歳になり、「線」がどんどん見えるようになる。そして大人になると見え過ぎて、今度は見えないはずのものまで見えてしまうのだ。困ったものだ。

引用文献

(10) Russ, C. (1921). An instrument which is set in motion by vision or by proximity of the human body. *The Lancet, 201*, 222-234.

(11) Brugger, P. *et al.* (2003). ESP: extrasensory perception or effect of subjective probability? *Journal of Consciousness Studies, 10*, 221-246.

(12) Hashiya, K. (2011). Developmental and evolutionary origins of gaze as a meta-communicative signal. *IEICE Technical Report, 111*, 73-76.

(13) Meltzoff, A. N. *et al.* (2007). Intersubjectivity before language: Three windows on preverbal sharing. In S. Bråten (Ed.), *On being moved: From mirror neurons to empathy* (pp.149-174). Philadelphia, PA: John Benjamins.

(14) Brooks, R. *et al.* (2005). The development of gaze following and its relation to language. *Developmental Science, 8*, 535-543.

世界は私に微笑んでいる

今回紹介する論文のタイトル「世界は私に微笑んでいる[15]」は、なんて秀逸なのだろう。ということでそのままこのエッセイのタイトルにいただいた。この論文の著者であるLobmaierらの一連の研究[16]では、図14のような四つの表情の顔が六人分、それぞれ正面〇度と左右に二、四、六、八度向いているもの、つまり、四表情×六人×九方向で、合計二一六の顔画像を実験刺激として使用している。これらが次々にモニタに呈示され、それらの顔がどの方向を向いているのかを答える、というのが参加者の課題である。これで何かわかるのかしらと思ってしまうかもしれないが、まず図14の表情を見てみよう。上から幸福、恐怖、怒り、中立の顔となっている。縦に見てみると、中央に並んでいる顔が正面を向いていて、その右の顔は四度右を向いている。左に並んでいる八度左にそれている顔たちを見ると、「私を見ていない」とはっきり言えるだろう。しかし右に並んでいる四度右にそれた顔はちょっと微妙だ。たとえば右上の幸福顔は、私を見ているように思える。しかし、その下の恐怖顔は私を見ているとは思えない。というように、どうも表情によって「私を見ている」かどうかの判断、つまり顔向き判断に差が出てきそうなのである。などと思いながら図14をしばし眺めてほしい。

Lobmaierらの実験の結果、幸福顔は実際の顔の方向よりも「私を見ている」方向へとシフトして知覚され、逆に、恐怖や怒り顔は実際の顔の方向よりも「私を見ていない」方向へとシフトして知覚され

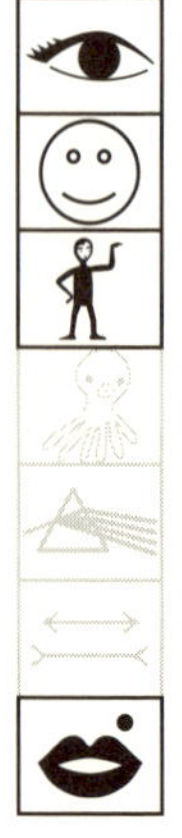

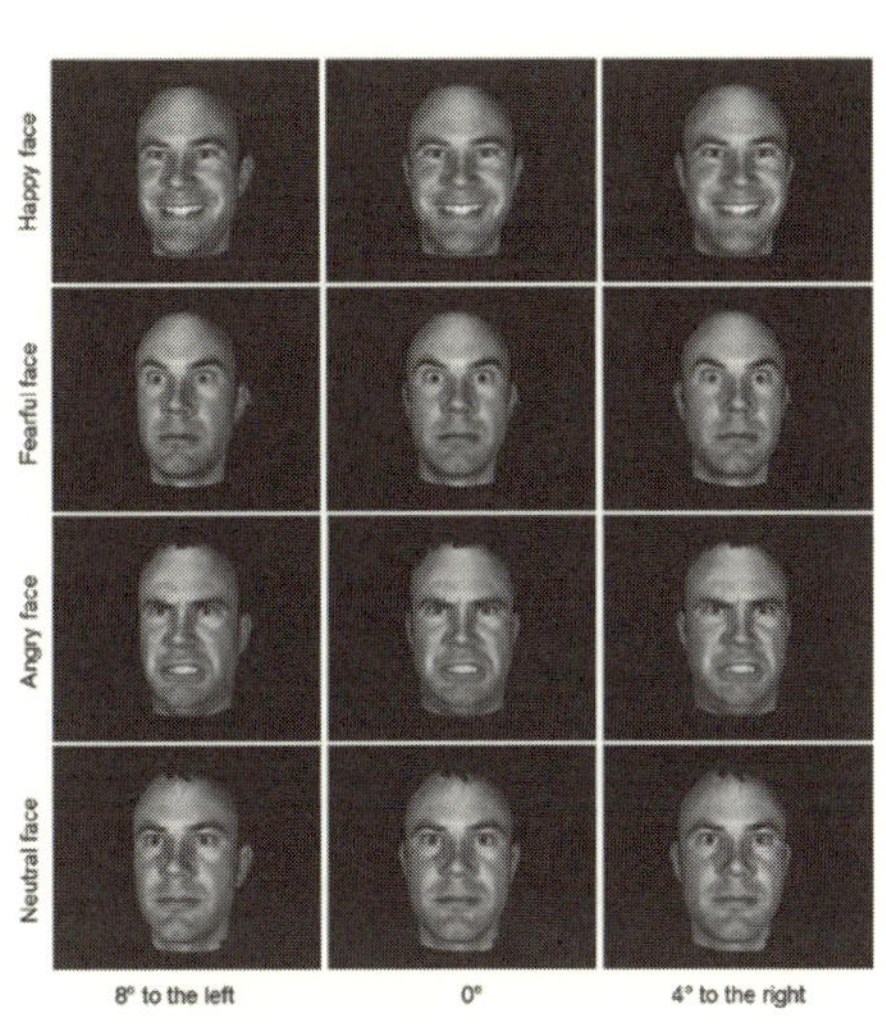

図 14　表情顔刺激の例(16)

たのだ。中立顔が一番正確に答えられたようだ。つまり、ポジティブ顔であれば、「私を見ている」ほうへと、怒りや恐怖といったネガティブ顔だと「私を見ていない」ほうへとシフトしてしまったのだ。そりゃあ、誰だって怒られたくはない。微笑まれたいだろう。

オギャーと生まれてしばらくの間、目に映る大人たちの顔は、たいがい笑顔だ。新生児や幼い乳児に向けて恐怖顔をする人はまずいない。乳児がちょっと動いただけで、大人は振り向き、笑顔で見つめる。乳児から見れば、自分がちょっと何かすると、たとえば泣いたりすると、笑顔とともに大人たちから気持ち良いこと（ミルク、抱く、おむつ交換）が返ってくるのである。その繰り返しで、笑顔と気持ち良いこととが結びついていく。そののち、言葉を覚えた幼児の「見てて」が出現するようになる。何か行うときに「お母さん見てて」と言い、そしてその何かが完成すると「見てた?」と確認までするのだ。そんなに笑顔の視線に包まれていたいのか幼児よ、と思っていたが、それは大人もそうなのだった、ということをこの実験は示している。笑顔ならば「私を見ている」と思ってしまうというのはそういうことだ。さらに、私を見たことによって相手は笑顔になった、と思ってしまうということでもあるだろう。そう、私は周りを笑顔にする、そういう存在だと思っているのかもしれない。なんだか図々しいように思えるが、そういうふうに成長してきてしまったのだ。

引用文献

(15) Lobmaier, J. S. *et al.* (2011). The world smiles at me: Self-referential positivity bias when interpreting direction of attention. *Cognition & Emotion, 25(2)*, 334-341.
(16) Lobmaier, J. S. *et al.* (2013). Emotional expression affects the accuracy of gaze perception. *Motivation and Emotion, 37(1)*, 194-201.

ミラーマンは頭でっかち

ゆるキャラというものが増えた。そのおかげで、出張先でその土地のゆるキャラの着ぐるみを見掛けることがある。少し前になるが、滋賀で開催された学会の会場に「ひこにゃん」が来たのには驚いた。思わず走り寄って握手をしたが、「ひこにゃん」の目は動かないのだった。黒い点が目として付いているだけで眼球が動くような作りにはなっていない。だから「ひこにゃん」は流し目のような、眼球だけを動かしてちらっと横を見るという目の表現を使うことができないのだ。「あなたを見ていますよ」ということをお客さんに示すためには、頭部全体を動かしてお客さんに顔を向けることで、「見ていますよ」を表現しなくてはならない。そうなると日常生活と比べてより頻繁に頭部を動かさなくてはならなくなり、首が疲れそうだなあと思って見ていた。これは「ひこにゃん」に限ったことではないので、あらゆる着ぐるみを見るたびにそんなことを考えるようになった。そしていつか、スーツアクターの方々にその辺の表現方法をどうしているのかを聞いてみたいと思うようにもなったのだが、そのような機会は当分なさそうなので、それならいっそのこと、自分で測定したらいいではないかと思い立ったのだ。

さて、では何を測定するかだ。すでに存在している映像を使うことができればそれに越したことはない。映像の条件は、かぶりものをかぶっている場合とかぶっていない場合との両方が存在すること、しかも両者の状況や場面がほぼ同じもの、となる。それならヒーローものがいいのではないか。ヒーローものなら、仮面を付けている場合と付けていない場合があり、敵と一対一で戦うという同じ状況の映像が存在する。で、数あるヒーローたちから誰にするかだが、まあこれは個人的な好みで選ぶことにした。そう、大好きだったミラーマンにしよう（図15）。円谷プロダクションが世田谷にあったころ、その敷地に立っていたミラーマンだ。早起きすると今でもつい口ずさんでしまう、あのオープニングの曲が流れ、話が進んでいく。そして後半やっと変身し怪獣と戦い始めた。戦闘時間はだいたい三分ほどだ。その間、待ち望んでいた頭部運動は〇回。「スーツアクターは頭部を動かす」という当初の予想をあっさり裏切られ呆然としたが、「もしかしたらミラーマンというかぶりものには何か特別な理由があって頭を動かせないのかもしれない、頭でっかちだし」と思い直し、ウルトラマンとウルトラセブンを測定することにした。彼らの戦闘時間はなんと五分。三分を過ぎた時点で違和感を覚えながらも頭部運動を待った。が、彼らも二、三回だけしか頭を動かさなかった。これはおかしい。どうしたことだ。

図15　デパートにやってきたミラーマン（提供：高柳光男）

考えられるとすれば、四〇年以上も前のかぶりものは大きくて重くて緩くてずれやすいのかもしれない、それで頭を動かせないのかもしれないということだ。それなら今の仮面ライダーウィザードなら、最新の仮面で快適に頭を動かせるのではないか、ということでこれも測定することに。戦闘時間約三分。結果、頭部運動〇回。がっかりだ。ただ、戦闘シーンではないのだが、興味深い動きを一つ発見した。主人公が仮面ライダーウィザードに変身するときは体の正面で手に指輪をはめるのだが、このとき顔は前方を、目も前方を見すえたまま行われる。一方、変身した後、つまり仮面をかぶっている状態での指輪交換では、右あるいは左の胸の前で指輪をはめ、このとき自身の手を見る動作として、頭部つまり顔を左あるいは右に向けるのだ。この頭部運動で、指輪交換シーンがより際立つ、しかも美しい。誰の指示かはわからないが、このスーツアクターの頭部運動は実にすばらしい。ほれぼれする。

戦闘シーンに話を戻すと、戦闘シーンでは頭が動かないという結果になった。かぶりものが重たいとか動かせない事情があるとかというわけではなさそうだ。では、頭が動かない理由は何か。実は何となくその理由にうすうす気づきはじめてはいるのだが、それをはっきりさせるためにも、かぶりものを付けていないブルース・リーの対決シーンを見てみることにした。結果、頭部も眼球も動かない。もう一人、コミカルな動きと共に戦うジャッキー・チェンならどうか。結果、こちらも頭部も眼球も動かない。さらにジャッキー・チェンの映画で、相手が一人ではなく多数の場合の戦いを見て、先ほどの何となくの理由がはっきりした。相手が複数になるとそれぞれの相手をいちいち見ながら戦っていたのだ。そう、敵と戦うときには、その敵をじっと見て戦うものなのである。さらに相手をじっと見るという演出によって戦闘シーンに真剣さや深刻さや鬼気迫る感じが強調される。だから仮面をかぶっていてもいなくても頭も眼球も動かないのだ。

当初考えていた「スーツアクターは頭部を盛んに動かす」という仮説はみごとに打ち砕かれた。戦闘シーンを選んだことが敗因だろう。そうなると次は「おかあさんといっしょ」で調べますか。

リアル見ザル

「見ざる聞かざる言わざる」という三種類のサルがいるが、図16はまさに見ザルだ。しかも絵や彫刻ではない本物である。このリアル見ザルはイギリスのコルチェスター動物園のマンドリルたちだ。ほかの地域のマンドリルの群れでは、手で目を覆うという動作が見られないことから、この動作はコンチェスター動物園の群れ独自のジェスチャーだとLaidre[17]はいう。この群れは二三頭からなり、手で目を覆うという動作を行うのはそのうちの七頭で、一九九九年に当時三歳のメスのミリーが最初に始めたものらしい。

一時間に平均六回、この動作は観察され、長いと一七分も続くという。なぜこんな動作をするのだろう？ まぶしいからだろうか。しかし、観察された動作のうち、太陽のもとで行われたものは全体の三五パーセントでしかなく、それ以外は日陰で行われたので、太陽光を遮るためではなさそうだ。さらに図16bのように目を覆っていても寝ているわけではないそうで、目を覆いながらも周りの個体に注意を払い、指と指の隙間から見ていて、誰かが近づいてくるとすばやく逃げることもあるという。

目を覆う動作が、まぶしいからでも寝たいからでもないとしたら、いったいどんな意味があるのだろうか。Laidreはこの動作を行っているときは、そうでないときに比べて、他個体が近寄ってくることが減り、他個体に触れられることも減少したことから、このジェスチャーは「邪魔しないで」という意味

を持っている、と考えている。しかし、そうだろうか。

たとえば、授業中、先生の質問の答えがわからないとき、顔を下に向け目を伏せたものだが、この目を伏せるという動作は、「指さないで」という意味のジェスチャーということになるのだろうか。いや、いくら「指されませんように」と祈っていたとしても、そうはならないだろう。答えに自信があって手を挙げたとき、先生と目が合い、指名されたという経験から、それと逆のとき、答えがわからないときは先生と目を合わせない、それだけのことだ。だからこれは「私は先生を見ていません」というシグナルでしかないように思える。これと同じようにマンドリルの目を覆うジェスチャーも、「私はあなたを見ていません」というシグナルだと考えたほうが、無理がない。

図 16　コルチェスター動物園のリアル見ザル[17]
片手あるいは両手で目を覆う。

そう考えると、この動作をする七頭のマンドリルが、群れの中でも順位の低い個体たちであることがうまく説明できる。マンドリルの社会では、相手を見るという行為は、相手を威嚇しているという意味にもなりうる。だから威嚇する気などないのに相手を見てしまったとき、その相手が自分より上位の個体であるほど逆に威嚇され、追いかけられ、やられてしまうことだってある。だから目を手で覆い隠して、「見ていません」という明確なシグナルをつねに発信することで、順位の低い個体は穏やかに過ごせると考えられはしないか。この動作を新規開発したミリーは、メスの中での順位が下から二番目だったという。その後、ほかの順位の低い個体たちもそれを真似したのだろうから、彼らも目を手で覆う動作とその動作による効果に、あるとき気づいたということだろう。しかし、上位個体たちはこの動作をどう受け取っているのか。それを明らかにすることは容易なことではない。ましてや「邪魔しないで」という意味として理解していると示すとなるとなおさら大変だ。とはいえ、「見ていません」というシグナルを明確に相手に伝える、手で目を覆うという新たな方法が、イギリスの、とあるマンドリルの集団で出現したことは、驚くべきことだ。

引用文献

(17) Laidre, E. M. (2011). Meaningful gesture in monkeys?: Investigating whether mandrills create social culture. *PLOS ONE, 6(2)*, e14610. doi: 10.1371/journal.pone.0014610

倍速で読める

最近やっとモニタ上で文章を読むことに慣れてきた。とはいっても紙媒体のほうが長時間読めることに変わりはない。この「長時間」というのが、文章を読むのが遅い私にとってとても重要だ。速く読める人が心底うらやましい。読むのが遅いのは文章の理解が遅いからとあきらめていたが、文章を読むのに費やされる時間がすべて文章理解のために使われているわけではないらしいのだ。

そもそも文章を読むとはどういうことか。文章を読むときは眼球を動かす。眼球は文章の上をなめらかに動いているかのように思えるが、実はそうではない。視線はある文字に停留し、次に三〇ミリ秒ほど眼球が動き（サッケード）、別の文字で停留、を繰り返して文章を読んでいる。

実は、サッケード中は網膜に映る像の入力は遮断されている。たとえば、ビデオ撮影中にカメラを速く動かしてしまったときの映像を、のちに再生して見ると気持ち悪くなったという経験があるだろう。それと同じような映像がサッケード中には入力されてしまうからだ。だから遮断されてしかるべきなのだ。その結果、視線停留のときにのみ単語の入力がなされることになる。そして単語理解に一番適した文字に眼球は停留するのだそうだ。それにはサッケードを行う前に、次の停留位置を決定するためのなんらかの処理をする必要がある。つまり、文章を読む時間のうち、眼球運動自体や眼球運動のプログラミングに費やされる時間があるということだ。

　それがどのくらいかというと、まず、文章上のある場所に眼球が停留している時間は約一〇〇〜五〇〇ミリ秒で、平均二五〇ミリ秒ほどだそうだ[18]。これは英語でも日本語でもほぼ等しい。次に、時間の割り当てに関しては、実験によって、また研究者によって数値に差があるため「これだ」とは言いにくいが、まあだいたい、網膜の視覚情報が大脳皮質へ伝達される時間と単語認識に約一二〇ミリ秒、サッケード運動のプログラミングや位置決定に約一二〇ミリ秒、そしてサッケード運動が約三〇ミリ秒ほどとなる。なんと、文章を読んでいると思っていた時間の半分以上が眼球運動のために費やされていたのである[19]。

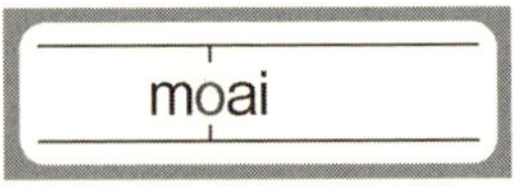

moai

図17　Spritzの画面イメージ
ここでは「o」が赤くなっている。

「それならば、眼球運動をしないで読めるような方法があれば、速く読めるのではないか」と考えた人たちがいた。そしてなんと、彼らは眼球運動なしで読める方法を開発してしまったのである。それが「Spritz」(http://www.spritzinc.com/またはhttp://gigazine.net/news/20140228-spritz/)だ。

　Spritzの画面は図17のようになっている。画面には文章ではなく単語が一つだけ表示される。速さが毎分二五〇〜六〇〇単語から選べるようになっており、その速さで単語が次々に表示されるというしくみだ。なので単語の中の赤い文字を注視して、眼球を動かさずに次々に現れる単語を読んでいけばよい。Spritzのサイトで体験できるので、ぜひ試してほしい。こんな方法でも読めるということに驚くだろう。

　眼球運動をしなくてもよいということで「なんとなく楽かな」と思えなくもないが、それより次々に出てくる英単語を処理するのに疲れてしまった。日本語なら、あるいは慣れれば苦にならないのかもしれないが、話すときのように、文章を読んでいるときにもリズムがあるのではないか。つねに一定の速さで読んではいないように思う。そのリズムがSpritzにはないので疲れるのではないだろうか。さらに、文章を読むときには、画質の高い中心窩の単語を処理するだけではなく、多少画質は落ちるが中心窩の近傍で、読み進む方向の先に書かれている文字をある程度先に処理しているそうで、この処理が文章を読むときに重要だとも言われている(18)(19)。しかし、Spritzではその処理ができない。もちろん、開発されたばかりのSpritzは今後改良され、これらの問題が解決されるかもしれない。

現時点では、日本語版はまだできていない。英文のように単語と単語の間にスペースのない日本語の文章を自動的に区切る方法や、中心視する赤い文字を決める方法の開発は難しいだろうが、日本語版が完成したら倍速読みにもちろん挑戦したいのだが、そんなに急いで読まなくてもいいのではないかとも思う。

引用文献

(18) Rayner, K. (1998). Eye movements in reading and information processing: 20 years of research. *Psychological Bulletin, 124(3)*, 372-422.
(19) 懸田孝一（一九九八）：読書時の単語認知過程——眼球運動を指標とした研究の概観　北海道大学文学部紀要、第四六巻第三号、一五五—一九二頁.

止まっていても動いている

スポーツ記事やスポーツ番組で、高速シャッターで撮影した写真や動画を見たことがあるだろう。普通に撮ったら動きが速すぎてぼけてしまうのを、たとえば一〇〇〇分の一秒とか二〇〇〇分の一秒とかのシャッタースピードで撮れば、野球選手がバットにボールを当てた瞬間や、フィギュアスケート選手が四回転ジャンプを跳んでいる瞬間を、まるで静止しているかのように鮮明に写すことができるのだ。肉眼では見ることはできない速い動きを、高速シャッターなるものを使って、はっきりと人間の目に見えるようにしたのだが、面白いことに、かえってそれがあまりにも鮮明すぎるので、止まっているように見えてしまうことがある。

速い動きを撮影したにもかかわらず、静止して見えるというのがなんとも奇妙な感じがするが、たとえば図18の写真がそれだ。ブレがないので動いているようには見えない。これをこのまま絵に描いたら、動きのない絵だと言われてしまうのではないだろうか。漫画やアニメでは、動きを表現する方法がいくつかあって、移動する軌跡や方向を示す動線を描くとか、背景をぼやかすとか、動いている人の残像を描くとか、動きの速い部分だけ、たとえば足や手などの部分だけブレたように描くとかだそうだが、このような表現方法で描かれた絵は、絵だけれどもまるで動いているかのように見える。

図18の写真にはそういった動きの表現はないので、変な体勢で静止しているように見える。しかし

不思議なことに、図18の写真の人が止まっているように見えたとしても、ヒトの視線はこの写真の右のほうに動くのだという。どうしてかと言えば、止まっているように見える写真でも、それを見ればそこに動きを知覚するからだそうだ。にわかには信じがたいのだが、止まっているように見えても、写真の人は走っている姿勢であると、どこかで知覚しているということなのだろうか。

Shirai[20]らは、乳児に走っている人の写真を呈示し、写真の人の動きの方向に視線がシフトするかどうかを調べた。生後五〜八カ月の乳児に、右方向に走っている人と、左方向に走っている人の写真を順に数回呈示したところ、右方向に走っている人の写真のときは右に、左方向に走っている人の写真のときは左に、乳児の視線がシフトしたそうだ。このような視線の動きは、走っている人の写真を上下逆にしたときや、右あるいは左を向いて立っている人の写真のときには見られなかったという。これらの結果から、乳児は走っている人の写真から動きを知覚したのではないか、とShiraiらは考えているようだ。

しつこいようだが、視線がシフトしたとしても、図18のような写真は止まっているように見える。そこで気になるのは、乳児にも止まっているように見えているのかということだ。また、走っている人の写真に動線を描いたり、ブレを描いたりして、漫画のよ

図18　走っている人の写真

うな動きの表現をほどこしたら、乳児にも、より動いているように見えたりするのだろうか。さらに、立っている人に動線を描いたら、乳児の視線は立っている人の向いている方向にシフトするのだろうか。ヒト以外の動物だったらどうなのだろうか。疑問がどんどんわいてくる。

先日、背中にイタチを乗せて飛んでいるキツツキの写真（http：//www.bbc.com/news/uk-31711446）をＢＢＣニュースで見た。イタチはキツツキを狩ろうとして失敗し、このような状況になったらしいのだが、そんな瞬間にカメラを持って遭遇した方がいて、しかもそれを写真におさめる腕を持っていた方だったという、奇跡のような一枚だ。この写真が呈示されたら、キツツキが飛んでいく方向に視線はシフトするのだろうか。

引用文献

(20) Shirai, N. *et al.* (2014). Implied motion perception from a still image in infancy. *Experimental Brain Research, 232 (10)*, 3079–3087.

視線は目標

車を正面から見ると、まるで顔のようだ。ディズニーアニメーションの「カーズ」はフロントガラスに目が描かれているけれど、そんなところに目を描かなくても、ヘッドライトが目に見える。そしてその顔を前に向けて車は走る。誰もが車はものであるとわかっているし、中のヒトが動かしていることも承知している。しかし、車自体が生きもののように見えてしまうことはよくあることだ。それが車でなく積み木のおもちゃでも、そこに目が付いていて動いたら、もう生きものに見えてしまう。たとえば、図19のようなものがそうだ。Hamlinらは、[21] 赤丸や黄三角や青四角の物体に目が付いたものを使って実験を行った。YouTubeの映像（https://www.youtube.com/watch?v=anCaGBsBOxM）の三〇秒後ほどから、Hamlinらの実験が紹介されている。説明しているのがHamlinその人だ。画面にはまず赤丸だけが登場する。赤丸は山を登ろうとするが、坂の途中で力尽き、落ちてしまう。そこに黄三角が現れて赤丸を下から押し上げ、赤丸は頂上に到着する（図19左）。次も、赤丸が山を登ろうとしている。今度は青四角が現れる。青四角は赤丸を上から押し下げ、坂の下に転がしてしまう（図19右）。

これらのやりとりを生後六カ月の幼い乳児たちに呈示した後、黄三角と青四角を乳児の目の前に置いた。すると、ほとんどの乳児が黄三角を手に取った。赤丸を助けたように見えた黄三角を選んだのだ。蛇足かもしれないが、青四角が助け、黄三角が妨害するという図19とは逆の状況でも実験を行って

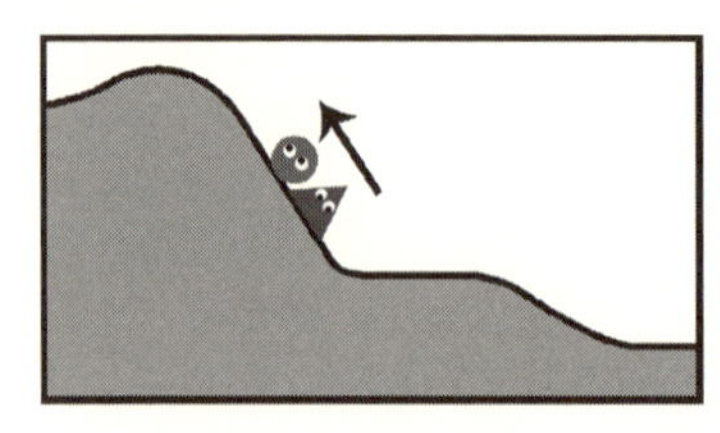
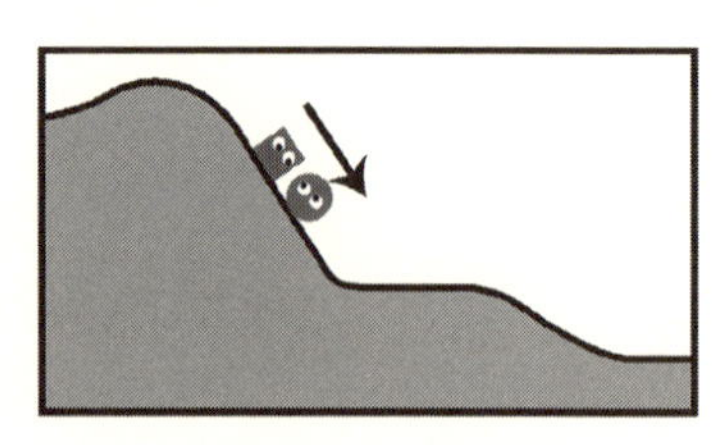

図19　乳児に示された物体のやりとり（文献(21)より作成）
左：山を登ろうとしする赤丸を助ける黄三角、右：山を登ろうとする赤丸を邪魔する青四角。

いる。このときの乳児たちは青四角を選んだそうだ。乳児は単に黄色が好きだから、四角が好きだから選んだのではない。乳児は赤丸を妨害した物体よりも、助けた物体を手に取ったのだ。六カ月児が、赤丸と黄三角と青四角のやりとりから、黄三角と青四角に社会的な評価を下したのだとHamlinはいう。

さてこの実験において、「赤丸が山を登ろうとしている」という赤丸の目的を理解できるかどうかが、その後のやりとりを判断する重要な鍵となる。二〇〇七年の論文[21]の図あるいはYouTubeの映像をよく見ると、とくに目の部分をよく見ると、黄三角と青四角の黒目部分は白目の中でカチャカチャと動いている（googly eyes）が、赤丸の黒目は固定されているのだ。どう固定されているかというと、赤丸の目はつねに山の頂上を見ているようになっている。つまり、Hamlinらはわざと赤丸の目を固定し、視線方向を山の頂上に向けたのだ。

しかし、この視線に意味があったのだろうか。そこでHamlinは、二〇一五年の論文[22]で赤丸の黒目を固定せず、黒目がカチャカチャと動くgoogly eyesの状態で、二〇〇七年と同様の実験を行った。googly eyesの黒目は重力に従うので、山頂を見ているような目になることはない。この結果、乳児は黄三角と青四角をランダムに選んだ。赤丸の視線が頂上に向いていなかったので、赤丸の目的を理解できなかったと考えられる。赤丸の黒目を固定し、つねに赤丸の視線が頂上を向いているということが、乳児にとって赤丸の目的を理解する重要な手がかりだったのだ。

先日、友人が五歳になる娘さんと遊びにきた。五歳の彼女は土間にあるブランコを気に入り、乗っていた。しばらくして、部屋にいた私たちのところにやってきて、ブランコに乗っている自分を見てほしいといった。それでは、と友人とともに土間へ行き、ブランコをこぐ彼女を見ながら雑談を始めた。すると「話をしないで見て」と彼女は言ったのだ。私たちの視線は彼女に向いていたけれど、注意は話に向いていることを、五歳児は理解しているようだった。

引用文献

(21) Hamlin, J. K. *et al.* (2007). Social evaluation by preverbal infants. *Nature*, *450*, 557-559.
(22) Hamlin, J. K. (2015). The case for social evaluation in preverbal infants: Gazing toward one's goal drives infants' preferences for helpers over hinderers in the hill paradigm. *Frontiers in Psychology*, *5*, Article1563. doi: 10.3389/fpsyg.2014.01563

誰の視線？

コーヒーを飲みながら、向かい合って座っていた友人の視線がふいに左にそれた。すぐに私も同じ方向を見た。そこには……といったやりとりは、ありふれた日常として誰もが経験していることだろう。これを行動実験[23]に落としたものが、図20である。実験参加者はモニタ画面の前に座る。すると画面中央に四角（■）が呈示され、それを注視していると、視線が右あるいは左にそれた顔が二〇〇ミリ秒間映し出される。その後、画面の右あるいは左にTかLの文字が出現する。参加者は文字を確認したら、できるだけ速く正確に指定されたキー（たとえば、Tなら赤、Lなら青）を押すという課題だ。参加者は「顔が出てきても気にしないでください」と言われている。顔の視線方向と文字が出てくる方向がつねに一致するわけではないので、気にしても何の得にもならない。測定するのは、文字が出現してからキーが押されるまでの時間である。もちろん、指定されたキーが正しく押されていなければならない。

その結果、顔を気にしていないにもかかわらず、視線方向と文字出現の方向が同じ場合に、素早くキーを押していたのだ。それはまた、視線方向と文字出現の方向が異なるとキー押しが遅くなるということでもある。ヒトはたった二〇〇ミリ秒間映し出される顔の視線方向にあっさりと影響され、注意が瞬時にそちらに向いてしまう（注意シフトが生じる）ようだ。ちなみに、図20②にあるように、実験では四〇〇ミリや八〇〇ミリ秒間の顔呈示もしているが、顔写真が四〇〇ミリや八〇〇ミリ秒間と長く

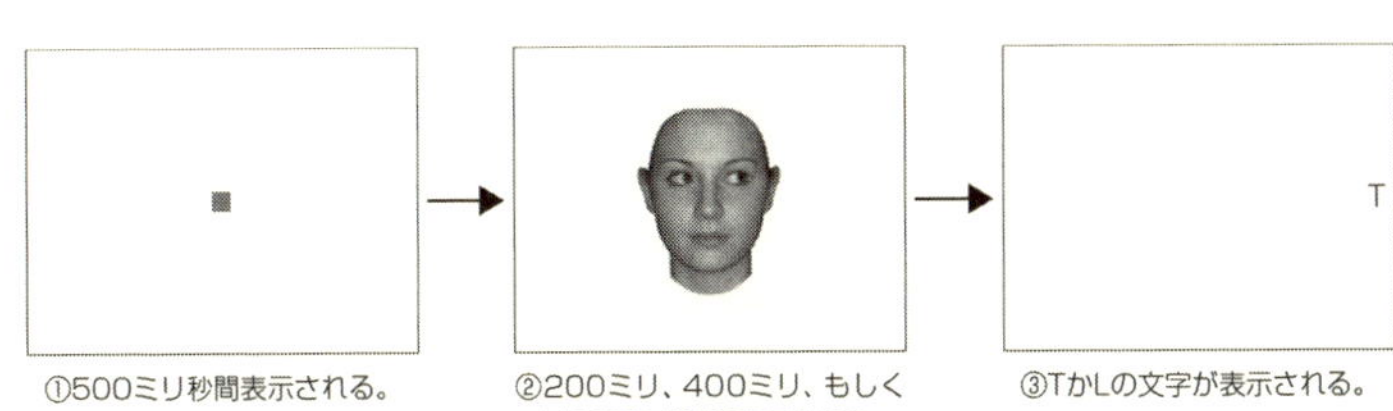

図20　注意シフトの実験刺激(23)

呈示されると注意シフトが見られなくなったという。注意シフトはあくまでも、相手の視線方向を知覚した直後に、自動的に無意識に生じるもので、じっくりと相手の顔を観察してから「左だな」と考えて左を見るといったものではないらしい。

ところで、「初めまして」と挨拶をした瞬間、いや、挨拶をするより前に相手を見た瞬間かもしれないが、私たちは相手の顔から視線方向だけでなくさまざまな情報を瞬時に読み取っている。たとえば、私よりもちょっとかわいい、優しそう、力強そう、ばりばり仕事をしていそう、都会的だ、などなど。それらが合っているかどうかは別として、何らかの判断をせずにはいられないようだ。そして、このような判断と注意シフトには関係があるらしい(23)(24)(25)。つまり、モニタ画面に映し出される顔の種類によって、キー押しの速さが変わるのだという。たとえば、男らしい顔(23)、履歴書に「文化庁長官」と書かれていた男性の顔(24)や、親しい友人の顔だと(25)、キー押しが速くなるという結果が出ている。それはまた、女性らしい顔、履歴書に「現在職探し中」と書かれていた顔や、見ず知らずの顔だとキー押しが遅くなるということでもある。ヒトは、獲得した情報からもその視線方向に注意を向けるかどうかを判断しているようなのだ。こうやって書いてみるとやけに複雑なことをしているように思えるが、それでも注意シフトは自動的に生じる。しかしなぜ、男らしい顔などに注意を向けるのだろうか。Dalmasoら[24]は、「他者の視線方向を追従することで、潜在的脅威や潜在的チャンスといった、役に立つ情報を得ることができる。これは進化の過程で適応的な処理だったのだろう。そして、社会的身分の高い人や力強い人や親しい人は、潜在的脅威からの保護や潜在的チャンスをより与えてくれるということかもしれない」と述べている。この見解は、現時点での実験結果からの解釈ということで、これが正解というものではもちろんない。皆さんなら、どう考えますか。

引用文献

(23) Jones, B. *et al.* (2010). Facial cues of dominance modulate the short-term gaze-cuing effect in human observers. *Proceedings of the Royal Society B, 277(1681)*, 617–624.
(24) Dalmaso, M. *et al.* (2012). Social status gates social attention in humans. *Biology Letters, 8(3)*, 450–452.
(25) Deaner, R. O. *et al.* (2007). Familiarity accentuates gaze cuing in women but not men. *Biology Letters, 3(1)*, 64–67.

目を動かして思い出そう

「映画『キングスマン』のハリー役の人って誰だったっけ？」
「ええと、あれは確か……」
友人とこのようなやりとりをしているとき、名前を思い出そうとしている友人の視線は、図21のように、質問した私からそれて斜め上の方を向く。日常では、よくある光景だ。「なぜ視線がそれるのだろうか」と疑問を持った研究者の一人である Kinsbourne は、一九七二年に「視線がそれるのは、脳の右半球と左半球の活動の非対称が引き起こす二次的な眼球運動である(26)」と考えた。これはつまり、言語的思考が引き起こされる質問（例：「おうまがとき」の意味は？）のときは、左半球が活動した結果、眼球が右上に動く。そして視空間的イメージが引き起こされる質問（例：立方体の角はいくつある？）のときは、右半球が活動し、眼球は左上に動くという仮説だ。Kinsbourne が右利きの被験者で実験を行ったところ、仮説のとおり、質問によって活動する脳半球と逆の方向に視線がそれた(26)。しかし、この研究の追試はどうもうまく行かないようで、その半分以上が失敗しているという(27)。Kinsbourne の仮説はとても魅力的なものであるが、残念ながら信頼に足るとは言えない。Ehrlichman も Kinsbourne の実験の追試をしてうまく行かなかったそうだ。そこで次の問いに臨んだ(28)。
これまでの研究では、視線が左右のどちらにそれるのかが中心的な問いであった。しかし、問題はそれだけではない。そもそも、「なぜ視線がそれるのか」という問いの答えも見つかっていないのだ。仮説として、目の前に顔があるだけで認知的負荷がかかってしまうので、視線をそらして、相手の顔を見ないで考えたほうが考えやすいからだと言われていた。そこでEhrlichmanら[28]は、実験者を被験者の隣の部屋に配置し、実験者の音声だけが被験者に聞こえるようにした。こうすれば被験者は部屋に一人きりの状態になり、目の前に他者の顔はない。それにもかかわらず、被験者の眼球は動いたのである。顔にかぎらず、何か見るものがあると思考の妨げになるので、視線をそらすのではないかとも考えられる。そこで、被験者の部屋を暗闇にした。それでも眼球は動いたのだ。さらに、被験者に目を閉じて質問に答えてもらった。しかしそれでも眼球は動いたのである。

図21　視線がそれる

Ehrlichmanら[28]は、被験者の眼球が右や左に一度だけ動いて止まるのではなく、きょろきょろと左右に何度も動くことに気づいた。そこで、眼球がきょろきょろと動く回数を計測したところ、広範囲に記憶をたどる必要のある質問（例：三文字の子音と二文字の母音からなる五文字の単語を挙げよ）か、あるいは、広範囲に記憶をたどる必要のない質問（例："intransigent"には母音がいくつある？）かによって差が見られ、広範囲に記憶をたどる必要のあるときは、そうでないときの二倍も眼球が動いたのだそうだ。広範囲に記憶をたどる必要のある質問、つまり、長期記憶を探索する質問のときに眼球運動が頻繁に起こることを発見したのだ。

では、なぜ記憶をたどると眼球が動くのか。Christmanら[29]は、単語リストを被験者に示して覚えてもらい、その後、眼球を左や右に三〇秒間動かして単語を思い出すよう依頼した。一方、対照群の被験者には、眼球を動かさないで単語を思い出すよう依頼した。すると、眼球を動かした群のほうが単語をより多く思い出したのである。Christmanらは、眼球運動が脳の左右の半球を活性化するのではないかと考えているようだ。しかし、Ehrlichmanらは、物体をじっくりと観察するときに眼球をあちこちに動かして見るように、記憶を探索するときも、同じように眼球をあちこちに動かしてしまうだけかもしれないと考えている。

引用文献

(26) Kinsbourne, M. (1972). Eye and head turning indicates cerebral lateralization. *Science, 176(4034)*, 539-541.
(27) Ehrlichman, H. *et al.* (1978). Lateral eye movements and hemispheric asymmetry: A critical review. *Psychological Bulletin, 85(5)*, 1080-1101.
(28) Ehrlichman, H. *et al.* (2012). Why do people move their eyes when they think? *Current Directions in Psychological Science, 21(2)*, 96-100.
(29) Christman, S. D. *et al.* (2003). Bilateral eye movements enhance the retrieval of episodic memories. *Neuropsychology, 17(2)*, 221-229.

カメも gaze following

「アカアシガメが頭をにゅっと上に持ち上げたら、目の前にいたもう一匹のアカアシガメも頭を上に持ち上げる」(図22)ことを示した二〇一〇年の論文[30]を読んだ。カメも、目の前の相手が見た方向を見るらしい。「カメも」というのは、これまでに、ヒト、イヌ、ヤギ、ウマ、チンパンジー、ボノボ、マカク、オランウータン、トリなどでも、同種の他個体と同じ方向に顔を向けることが実験によって示されているからだ。通常は「左右」で実験することが多いのだが、アカアシガメの実験では「上」を向く行動をターゲットにしていたのが気になったので、著者のWilkinsonに尋ねてみたところ、アカアシガメでは、オスがメスに対して行う求愛行動が「頭を左右に振る行動」なのだそうだ。そうすると、相手が右を見たから右を見たのか、求愛行動をしているのかの区別がつかなくなってしまうので「左右」は使えなかったそうだ。アカアシガメの求愛行動のとき、オスが求愛行動として右を見たら、メスが同じ方向を見る、なんてことはないのだろうか。

同種の他個体が何を見ているかを気にかけることは、とても重要なことだ。他個体の視線の先に、重要な何かがあるかもしれないからだ。それは敵かもしれないし、おいしい食べものかもしれない。だから、つねに他個体の動きに注意を払い、他個体の向いた方向を向いて、彼らにとって重要な何かを見つける。「上」や「左」といったおおまかな情報でも、自然の中で目標物を見つけることはそう難しいこと

図23　ハンガリー国立美術館にあるキリストの受難を描いた15世紀の絵の一部分（提供：橋彌和秀）

図22　頭を上に持ち上げたアカアシガメ（提供：Anna Wilkinson、撮影：Peter Baumber）

ではないのかもしれない。その証拠に、図22のアカアシガメを見ても、どう頑張っても、アカアシガメの視線の先（眼球の方向）を読み取るなんてことはできなさそうだからだ。

ところが、ヒトはどうだろう。どんな部屋の中も、あちらこちらにいろいろなものがあり、「左」という情報だけでものを特定できるとはとうてい思えない。部屋の中から外に出てもそうだ。あらゆる方向に、あらゆるものがあるため、「右」という情報だけではだめだろう。ところが、うまいことにヒトは相手の顔の向きだけでなく、視線の細かい動きを使って、相手が何を見ているかを正確に特定できるのだ。もちろん、相手の見ているものを精度よく見ることができるようになるには、発達的に時間がかかる。生後一八カ月になってようやく可能となるようだ。では、それ以前の、たとえば生後三カ月ではどうかというと、対面している大人が顔を左に向けると、乳児も同じ方向に顔を向けることがときどきあるぐらいだ。大人の顔の動きについつられて動いてしまうようで、大人の見ているものを見ようとしているわけではなさそうだ。そこから一年以上かけて、相手の見ているものを精度よく見ることができるようになる。ところが、三カ月児の行動も、一八カ月児の行動も、アカアシガメの上を向く行動も、すべて「gaze following」（視線追従）と呼ぶものだから、他個体の視線（眼球の方向）を追ったのか、頭部運動を追ったのか、どちらなのかは「gaze following」という言葉からでは判断できない。これらを区別する、よい方法はないものかとつくづく思う。

ヒトの視線方向に対する感受性の高さは、絵にも表れている。図23の一五世紀の絵に描かれている三人の目をよく見ると、視線の方向を明確に示すように、虹彩の視線方向側には黒で輪郭を描き、反対側には黒い輪郭を描かずに白い縁取りをしている。確かに、三人の視線の方向はわかりやすい。ちなみに、同時代の絵で、正面を見ている目では、リンバルリング（第III部「リンバルリング」）のように、虹彩の周りをぐるっと黒く縁取ってあった。

引用文献

（30）Wilkinson, A. *et al.*（2010）. Gaze following in the red-footed tortoise（*Geochelone carbonaria*）. *Animal Cognition, 13*(5), 765–769.

二時間じっと座る

こし餡が好きで、ときどき作る。何とか作れるようになってきたが、まだ小豆の味と香りがもの足りない。先日、知り合いの和菓子職人さんの薯蕷饅頭(じょうよまんじゅう)をいただいた。真っ白な饅頭に木の芽が美しく、口に入れるとほんのりと山椒の香りがした。彼の作る和菓子は、つねに美しく正しくおいしい。和菓子の仕込みは夜明けから始まる。彼の三人の息子さんたちも、それぞれ小学校、中学校に行く前に仕込みの手伝いをするそうだ。息子さんたちは就学前の幼いころ、座る練習から始めたのだという。朝起きたら、和菓子を作る父の側でただ座る。それを毎日繰り返し、二時間座れるようになったら、簡単な作業を手伝う。このような話を伺い、幼児が二時間座り続けられるようになることに驚いた。二時間じっと座り続けるなんてことが、私にできるだろうか。さらに驚いたことに、子どもたちはご褒美などがないにもかかわらず、嫌がることもなく、今も手伝いを続けているのだという。幼いころにじっと座りながら、彼らは父のどのような姿を見つめていたのだろう。

「座る」といえば、先日読んだ論文[31]の被験者は、瞑想を一回四五分以上、週に六日以上、さらに二年以上続けているグループ（三〇人）と瞑想をしたことのないグループ（三〇人）だった。モニタの黒い背景の中央に白い丸が一つ呈示される。この白い丸が、ジグザグに三角波を描くように、一定の速度で中央から右に動き、今度は左にと動く。それをずっと目を離さずに追い続けるというのが課題だ。速度は三種類ある。とても簡単な課題のように思える。しかし、ちょっと気を許すと、視線が白い丸から外れてしまい、おっとっとと視線を戻せば、その動きはしっかりと眼球運動測定装置に記録されてしまう。研究者たちが知りたいのは、どのくらいきっちりと白い丸を目で追えるかだ。二つ目の課題も中央の白い丸から始まる。今度は、これがとつぜん、右あるいは左にヒュンッと直線的に動く。最初は、この白い丸の動きを追って同じ方向に眼球を動かせばよい。これは簡単そうだ。しかし、その後、白い丸とは逆の方向に眼球を動かすように教示される。白い丸につられないように眼球を動かさなければならないので、これはちょっと難しそうだ。

結果は、瞑想を行っているグループのほうが、二つの課題で安定して眼球を動かしていたというものだった。白い丸につねに注意を向け続けることや、白い丸の動きにより安定して反応することが、瞑想によって向上したのかもしれないと著者らは述べている。しかし、瞑想のいったい何がそうさせたのだろうか。もしかしたら、じっと座ることなのではないだろうか。少なくともこの調査では、眼球運動を測定するためにいすに座ってじっとしていなければならない。課題開始前に行う装置の調整から、すべての課題が終わるまで動いてはいけないのだ。日ごろから瞑想している人は、姿勢を変えずに長時間座ることに慣れているので、成績が良かったのかもしれない。つまりこれは、瞑想というよりも、注意力や集中力の持続と関係がありそうだ。

前述した和菓子職人さんに、厚かましくもこし餡の作り方をご教示願ったところ、とてもていねいに教えてくださった。その中で「圧力鍋を使うのは邪道です」とさらりと言われたのだ。私はときどき邪道を行く。圧力鍋を使えば、一〇分ほどで小豆が炊き上がるからだ。鍋に圧力がかかったところで、タイマーをセットするだけでよい。その間、私は小豆との関係をいっさい断ち切り、楽々と餡と時間を手に入れられるのだから、利用しない手はない。そうして、ある日、タイマーが壊れて小豆が焦げる。そのとき、私はきっと、小豆が焦げたのをタイマーのせいにする。何の疑いもなく、そうするのだ。これは間違っている。しかし、この過ちに気づくことができるだろうか。

圧力鍋を使わずに正道を歩めば、鍋でコトコト煮るため二時間はかかる。和菓子職人の彼は、その間、小豆の様子をずっと見ているとはかぎらないが、見ていないにしても、小豆への注意はずっと頭のどこかにあるに違いない。小豆が餡になるまで、彼は小豆との関係を何時間も維持し続けるのだ。注意力だ。それは力の込もったものではなく、気負わない安定した集中力なのだろう。それを、毎朝子どもたちは眺めている。もし彼らに今回の論文の課題をお願いしたらどうかと考えてみる。瞑想をしている人と同様の、いや、それ以上の結果が得られるのではないだろうか。

引用文献

(31) Kumari, V. *et al.* (2017). The mindful eye: Smooth pursuit and saccadic eye movements in meditators and non-meditators. *Consciousness and Cognition*, 48, 66–75.

恐怖の視線

小説や映画の中で、登場人物が叫ぶことがある。たとえば、二〇一七年にノーベル文学賞を受賞したカズオ・イシグロの小説『わたしを離さないで』でも、物語の終盤でトミーが暗闇の中で叫ぶ。小説ではとくに印象に残るような箇所ではなかったのだが、その後、映画化されたものを観たとき、このシーンに衝撃を受けた。

ヒトは叫ぶ。いろいろな理由で叫ぶ。とくに子どもはしょっちゅう叫んでいるように思う。鬼ごっこやドッジボールで、あるいは大きなクリスマスケーキを目にしただけでも叫び声を上げる。大人になると、叫ぶ機会は少なくなるのかもしれないが、先日、庭を歩いていて、目の前にヘビがいたときに軽く叫んだ。残念ながら恐怖の叫びだった。その場から飛びのきながら、たぶん私は恐怖の顔をしていたにちがいない。

恐怖の顔のような表情のある顔を参加者に示す研究は多い。たとえば、赤ちゃんはいつごろ表情を理解するのだろうか、異なる国に住む人たちは互いの表情を理解できるのだろうか、チンパンジーやイヌはヒトの表情を理解できるのだろうか、表情は伝染するのだろうか、といった研究などで使われる。こういうときに呈示される写真や動画は、まっすぐにこちらを見ている正面顔を使うのがつねだ。友達と笑い合うとき、互いに顔を見合わせて笑い、怒るときも相手を正面から見すえて怒る。なるほど、

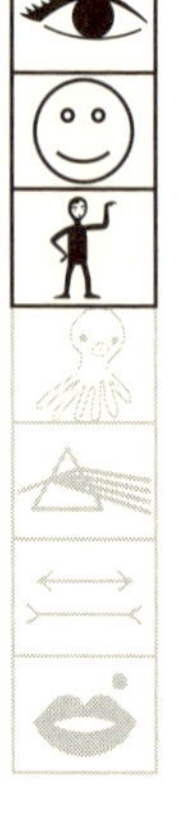

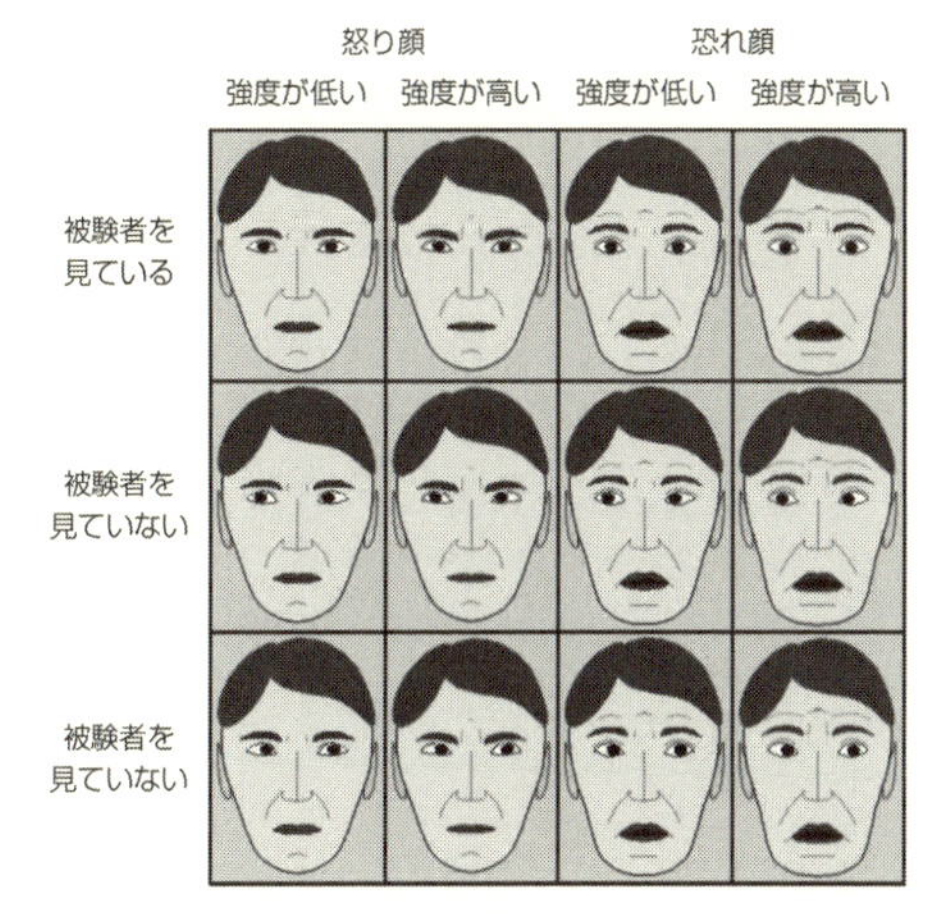

図24　実験[32]に使用した動画より、恐れ顔と怒り顔の画像

笑顔も怒り顔も、正面顔の呈示は妥当のようだ。しかし、恐れ顔はどうなのだろう。正面顔の恐れ顔を呈示されたら、「それって私を見て恐れているってこと？」となりそうなのだが、それでよいのだろうか。再び映画の話になるが、ゾンビや宇宙人から逃げる人たちを映し出すとき、彼らの顔は正面顔ではない。彼らの視線はゾンビや宇宙人を見ていたり、そこから逃げる方向を見ていたりするのだ。そもそも、他者の恐れ顔を正面から見る機会なんて、自分がゾンビならともかくとして、そうでなければあるのだろうか。

　そんなことをぐだぐだと考えていたら、視線と表情との関係をSander[32]らが実験していた。図24にある恐れ顔、怒り顔と、笑顔を使い、各表情で強度の高い／低いで二パターン、さらに黒目の位置のみを変えた画像で被験者を見ている／見ていない顔で三パターン、これで各表情につき六パターンとなり、全部で一八パターンの顔を作製した。そして、表情なしの状態から、これら一八パターンの表情になる動画を作り、被験者に呈示したのだ。被験者は各動画の表情の強度を1から7の数字で答えた。その結果、笑顔の強度は視線方向で変化しなかったが、怒り顔は、それた目よりもこちらを見ている目で、より強度が高く、恐れ顔は、こちらを見ている目よりも、それた目で強度が高かったのである。あいにく動画は公開されていないのだが、図24の画像を眺めても、それた目の恐れ顔のほうが、よりおびえているように見えるし、怒り顔はそれた目よりも、こちらを見ている目のほうがより怒っているように見えるだろう。他者の情動を理解するには、表情だけではなく、視線方向も重要だったのだ。

「照れる」ときや「すねる」ときも、相手に対して正面を向いていないように思う。図24の視線のそれた怒り顔をじっと見ていると、すねた顔に見えてきた。そうすると、照れた顔というのは、それた目をした笑顔だろうか。

引用文献

(32) Sander, D. *et al.* (2007). Interaction effects of perceived gaze direction and dynamic facial expression: Evidence for appraisal theories of emotion. *European Journal of Cognitive Psychology, 19*, 470–480.

III 白目と黒目

白目が出てくる

届いた年賀状の中に、二歳一〇カ月の女の子、詩（うた）ちゃんの描いた絵があった（図1）。いちばん左のおとうちゃんの絵を眺め、「ああ、そう言えば眼鏡だったな」と彼が眼鏡をかけていることを思い出した。ちなみに詩ちゃんとおかあちゃんは眼鏡をかけていない。おとうちゃんにだけ眼鏡が描いてあることから、二歳一〇カ月の詩ちゃんは、おとうちゃんを描こうと思っておとうちゃんを描いたのだろう。とりあえず何でもいいから適当に顔を描いて、その後に「これをおとうちゃんにしとくか」ということではなさそうだ。

眼鏡と思われる横棒の両端には、ひどくいいかげんに描かれた丸いものが付いている。たぶんこれが目だ。そのいいかげんな丸い目に子どもらしさを感じ、顔がほころんだ。しかしすぐに、いいかげんな目だ、などと思って申し訳ない気持ちでいっぱいになったのだ。なぜなら、おとうちゃんの隣の詩ちゃんの目は、ぐるぐるっと黒く塗りつぶしてあったからだ。これは黒目を表現しているのではないか、そしておとうちゃんとおかあちゃんの目は白目を表現しているのではないか。もちろん、偶然そうなったのかもしれない。でも、もしかしたら、詩ちゃんはあえてそう表現したのかもしれない。この、目の描写の正確さに驚いたのだ。

そう、乳幼児の目はクリクリしている。目がクリクリかわいいと思うのは、眼球の白い部分があまり

図1　詩ちゃんが描いた絵（提供：西尾新）

図2　目の形態と視野拡大との関係

乳児：眼裂形が丸く、白い強膜部分の露出が少ない。大人：眼裂形が横長で、白い強膜部分の露出が多い。

見えないからだ。それに比べると大人の目は白目が広く露出しているような気がする。気がするじゃなくて、ここははっきりさせようと、〇歳から五〇歳までの日本人約三〇〇〇人の目を調べた[1]。結果、目に占める白目の割合は成長とともに増加していた。乳幼児よりも大人のほうが、白い強膜部分が広く外部に露出していたのである（図2）。気のせいじゃなかったわけだ。そしてもう一つ、目の形も成長とともに、乳幼児から大人へと、丸い形から横に長い楕円形へと変化していた。大人のほうが切れ長な目なのだ。

成長するにつれ、目の形が横長になり、白い強膜が露出してくることがわかった。この目の変化は、体の成長が終わる二〇歳ごろには終わるようだ。ということは体が大きくなることと目の形態が変化することには関係があるのかもしれない。

体を動かし、頭を動かし、そして眼球を動かして見たい方向に目を向ける。体や頭や眼球を動かすにはエネルギーが必要だ。大きな体や頭だと動かすのは大変だけど、小さい眼球はちょっとのエネルギーで動かせる。体や頭の大きい大人ほど、体や頭部運動よりも眼球運動によって視線変更を行うほうが、消費エネルギーが少なく、効率が良いのだろう。そして図2の大人のように、目の形、眼裂形が横長で白い強膜が広く露出していると、眼球を右から左へとぐいっと動かすだけで、ずいぶん広い範囲を見渡すことができる。体や頭が大きい大人は、眼球運動による視野拡大に適した、白目が広く露出した横長の目を持っているのだ。

来年の年賀状。詩ちゃんの描くおとうちゃんとおかあちゃんの目が横長になっているといいなあ。

引用文献

（1）Kobayashi, H. *et al.*（2001）. Evolution of human eye as a device for communication. *Primate origins of human cognition and behavior*(pp.383-401). Springer Verlag.

夕暮れ、猫の目はかわいい

瞳孔は外界の明るさによって拡大したり縮小したりすることは良く知られているが、光以外の要因でも瞳孔の大きさは変化する。今なら便利な装置があるが、五〇年以上前、Hess[(2)(3)(4)]は、図3上のような装置を使い、スクリーン上の写真を見ているヒトの左目をカメラで撮影し（図3下）、瞳孔径を測定した。その結果、男性は女性の写真を見ると瞳孔が拡大し、女性は男性の写真や乳児の写真を見ると瞳孔が拡大し、おなかがすいている人は食べものの写真を見ると瞳孔が拡大することがわかった。さらに、ストローから五種類のオレンジジュースを飲んでいるときの瞳孔を測定したら、好みのオレンジジュースのときに一番拡大したそうだ。こうしてHessは、興味のあるものを見ると瞳孔が拡大することを発見した。[(2)(3)]

では、日常のやりとりの中で、他者の瞳孔の大きさを知覚しているのだろうか。同一女性の瞳孔の大きい／小さい写真（図4）を作成し、それを男性に見せたところ、瞳孔の大きいほうの写真を見たときに男性の瞳孔は拡大した。しかし、実験後に男性に聞いてみると、女性の瞳孔の大きさが異なっていたことに気づいた男性は一人もいなかったのだ。[(3)]そこで改めて二枚の写真を示し印象を尋ねると、瞳孔が大きいほうの女性を「優しい・女らしい・かわいい」、瞳孔が小さいほうを「きつい・わがまま・冷たい」と評したという。男性は、女性の瞳孔の大きさを意識してはいないのに、その瞳孔の大きさによっ

て性格までも推測してしまったのだ。[4]

ところで、Hess が瞳孔研究を始めたきっかけが面白い。Hess がある夜ベッドに横になって動物の写真集を眺めていたとき、彼の瞳孔が異常に拡大していることを妻に指摘されたのだ。妻は部屋が暗すぎるのではないかと言った。しかしベッドの上は十分明るかったので、大丈夫だと Hess は答えたのだが、妻は瞳孔が異常に大きいと言って聞かなかったという。Hess は、この夜のやりとりをしばらく後に思い出し、瞳孔が拡大したのは美しい動物写真を眺めていたからではないかとひらめき、瞳孔研究を

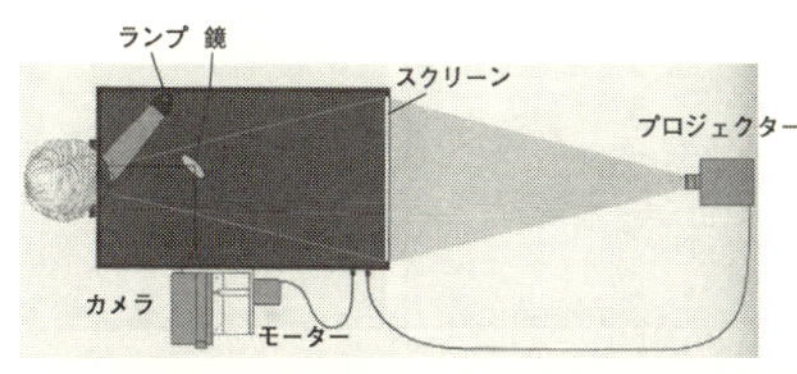

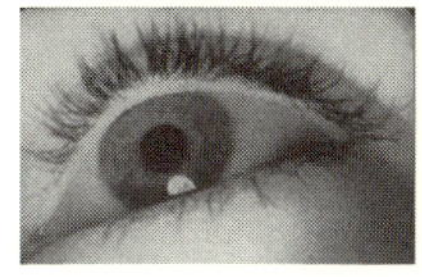
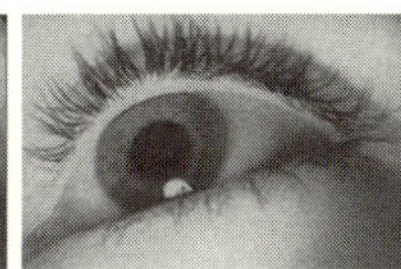

図3　瞳孔の反応を測定する装置（上）と撮影された瞳孔写真（下）[3]

図4　瞳孔の大きさ以外は同じ女性の写真（左のほうが瞳孔が大きい）[3]

始めたのだそうだ。そこで先日、私も本に熱中している夫の目をのぞいてみた。しかし、瞳孔の大きさを確認することはできなかった。部屋が暗いせいかと思ったのだが、そうではない。夫の虹彩の色が暗い茶色だから瞳孔がわかりにくかったのだ。それでHessの虹彩は何色だったのかと思い、Hessの顔写真を探してみたのだが、残念ながら画質の悪い白黒写真しか見つからなかった。ただ、Hessはドイツ人なので、虹彩の色は日本人である私の夫よりも明るい色だった可能性が高いのではないだろうか。この研究で使用された図3下も図4も、虹彩の色の明るい人がモデルだ。だから瞳孔がとてもはっきりしている。モデルを誰にするかというのは、研究を成功させる重要な要因の一つだ。この研究では虹彩の色の明るさがそれだったのではないだろうか。

そう言えば、中世のヨーロッパでベラドンナの目薬（瞳孔が拡大する）が女性の間で流行ったそうだが、仮にこの目薬が当時日本に入ってきたとしても、虹彩の色が濃い目では瞳孔拡大が目立たず、大して流行らなかったのではないか。そんなことを想像してみた。

引用文献

(2)Hess, E. H. *et al.* (1960). Pupil size as related to interest value of visual stimuli. *Science, 132*, 349–350.
(3)Hess, E. H. (1965). Attitude and pupil size. *Scientific American, 212*, 46–54.
(4)Hess, E. H. (1975). The role of pupil size in communication. *Scientific American, 233*, 110–119.

「猿の惑星」には白目がある

ヒトの目には白目がある。しかしヒト以外の動物にはほぼ白目はない。鳥やウサギやネコなどの目は、虹彩部分しか見えないし、ゾウやチンパンジーなどの目は、強膜も見えてはいるのだけど白くない。だから白目のあるヒトは珍しいのだ。しかし、ヒトの祖先種が、いつごろ白目になったのかということはわかっていない。眼球は化石資料としてまず残らないから、アウストラロピテクスのルーシーに白目があったかはわからないのだ。でも博物館に行って復元図などを見ると、ルーシーやネアンデルタール人にも白目があったりするので面白い。

一九六八年に公開された映画「猿の惑星」のラストシーンは衝撃的だった。この映画が作成されたころは、今のようなコンピュータグラフィック技術は存在してない。当時は俳優たちの顔に特殊メイクをほどこしてゴリラやチンパンジーのような顔にしていたのだ。だから類人猿役の目はヒトの目のままなので、白目があった。白目以外の選択肢がなかったからだ。ところが驚いたことに、今（二〇一一年）公開されている「猿の惑星：創世記」は、CGで類人猿役の全身を作っているからどんな色の目にもできるはずなのに、映画のポスターを見ると、主役のチンパンジーであるシーザーの目に白目があるのだ。現生のチンパンジーに白目はないのに、あえてシーザーに白目を持たせたということになる。なぜなのだろうか。何か意図があるのだろうか。

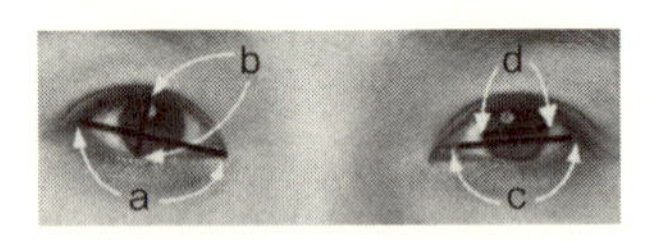

図5　眼裂形態の計測例[6]

眼裂横長度＝a/b　強膜露出度＝c/d

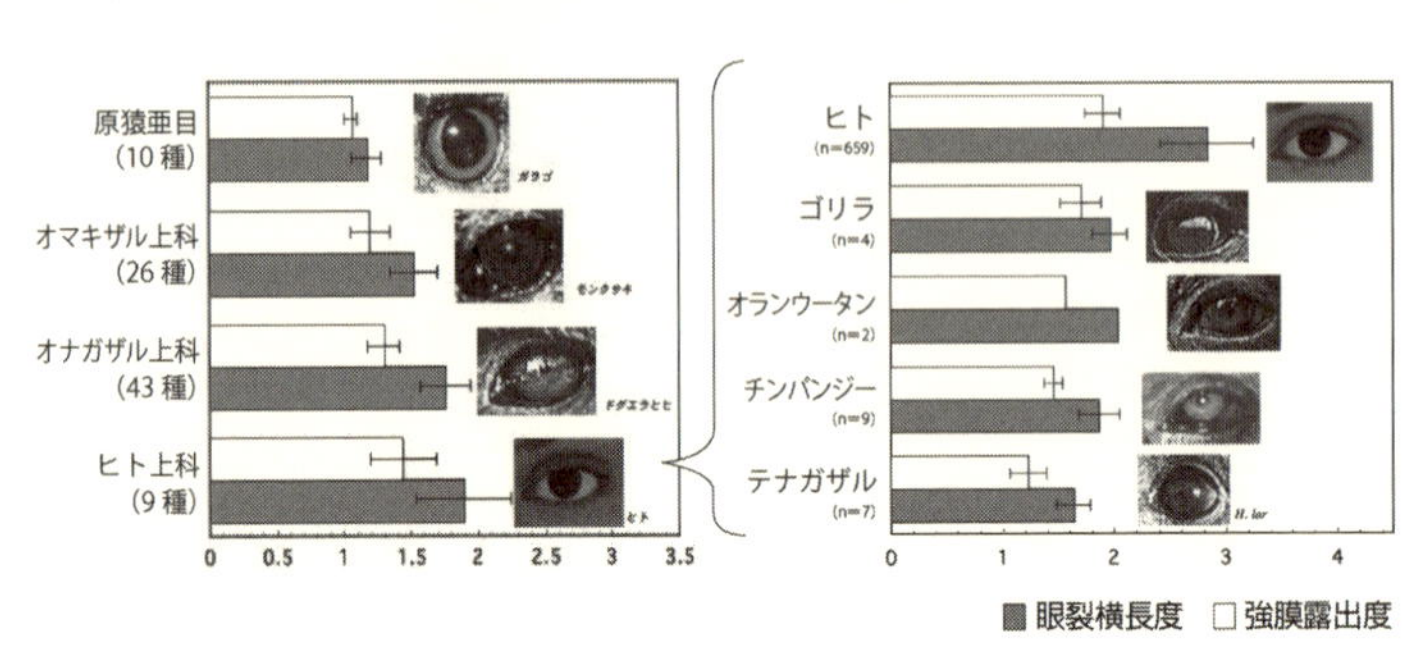

図6　霊長類88種（左）とヒト上科（右）の眼裂形態の比較[7]

図5のように、霊長類の目の計測をした結果、ヒトの目は「最も横長」で「最も広く強膜が露出」していた。そして唯一、強膜に着色がない、つまり白目があるのだ[5]（図5、図6）。さらに、霊長類の目の形態は社会的な要因（群れサイズや大脳新皮質率）と相関した[6][7]。群れのサイズが大きくなるほど、また大脳新皮質率が大きくなるほど、目がより横長で強膜がより露出しているのだ。つまり、仲間の数が増え、社会的なやりとりが複雑な種ほど、目が横長で強膜が広く露出している。社会性動物はつねに「集団内の他個体との競合」と「集団を維持する利益」との微妙なバランスの上で生活しなくてはならない。たとえば、仲間に見つからないように餌を見つけて独り占めすることも大切だが、一緒に寄り添って寒さをしのぐことも大切なのだ。

目が横長になり強膜が広く露出すると、頭を動かさずに眼球だけを動かして、視線方向を変えることが可能になる。[5] 仲間に気づかれないように視線方向を変えることができるようになるということだ。さらにヒト以外の霊長類の強膜は、白色ではなく茶色、虹彩や顔の色もだいたい茶色いので、視線がわかりにくい。この、わかりにくい視線を使えば、仲間を出し抜いて、餌を独り占めしたり、メスを獲得したりが容易になるだろう。

しかし一方で、社会性動物は社会集団の維持もしなくてはいけない。ヒト以外の霊長類では、個体間関係の維持は互いのグルーミング（毛づくろい）によってなされている。しかしグルーミングは一度に一個体を相手にしか行えないし、一回の時間も結構かかる。たとえば、六〇個体からなるヒヒの群れでは、生活時間の約二〇パーセントをグルーミングに費やしているのだそうだ。約一五〇個体であったと推測されるヒトの祖先種の群れをグルーミングで維持しようとすれば、計算上、一日の半分以上をグルーミングに費やすことになってしまう。これでは生きていけない。より効率の高い方法を進化させ、この問題に対処しなければならない。その一つが音声交換（vocal grooming）であり、[8] もう一つが「アイコンタクト」（gaze grooming）だったのではないかと考えられている。[6][7] 一瞬のアイコンタクトという低コストのシグナルを使って、「あ、こんにちは」と言いながら、あるいは何も言わなくても、目を合わせるだけでいいのだ。「あなたを認めています」という、それだけで、一五〇人との社会的関係が維持される。それには「あなたを見ています」とはっきりとわかりやすく示せる「ヒトの白目」の存在が必須だったのだろう。この、際立って高い信号化となりうる目があって初めて、アイコンタクトがシグナルとなりうるからだ。[6]

実はまだ映画を見てはいない。シーザーがなぜ白目なのか、早く確かめなくては。

引用文献

（5）Kobayashi, H. *et al.*（1997）. Unique morphology of the human eye. *Nature*, 387, 767-768.
（6）Kobayashi, H. *et al.*（2011）. The gaze that grooms: Contribution of social factors to the evolution of primate eye morphology. *Evolution & Human Behavior*, 32, 157-165.
（7）小林洋美ほか（二〇〇五）．コミュニケーション装置としての目――〝グルーミング〟する視線　遠藤利彦（編）読む目・読まれる目　東京大学出版会（六七―九一頁）．
（8）Dunbar, R. I. M.（1996）. *Grooming, gossip and the evolution of language*. London: Faber and Faber.

続「猿の惑星」には白目がある

「主役のチンパンジー、シーザーにあえて白目を持たせたのはなぜか」が気になったので、映画「猿の惑星：創世記」を見に行ってきた。

この映画で、最初に登場するチンパンジーはシーザーではなく、医薬品の研究所で飼育されているメスのチンパンジーだった。このメスはアルツハイマー治療薬を投与され、知的能力が向上した唯一のチンパンジーだ。さらに、その投薬によって目の色も変化してしまい、強膜の色素がなくなり白目ができ、虹彩の色素も減少し緑色になったのだ。そんなメスチンパンジーを研究所のヒトたちは、「bright eyes」と呼んでいた。直訳すれば、「明るい目」という見たままの目の色を表現しているが、bright には賢いという意味もあり、彼女の知的能力をも示している名前ということなのだろう。こうして映画の始まり部分で、目の色と知性との関連が印象づけられるのだ。ちなみに、一九六七年の「猿の惑星」では、類人猿に捕らえられたヒト、チャールトン・ヘストンをチンパンジーのジーラ博士が「bright eyes」と呼んでいた。なんと逆のパターンを使っている。

さて、「猿の惑星：創世記」の話に戻ると、その後いろいろあって、「bright eyes」は死んでしまうのだ。唯一薬が効いたチンパンジーだったので、研究員たちは悲嘆に暮れてしまう。悲しみの中、研究員が「bright eyes」が暮らしていた部屋を片付けていると、そこにはチンパンジーの赤ちゃんがいたのだ。

図7　チンパンジーにおいて、ほぼすべての個体に共有されている茶色い強膜（左）とミスター・ワーズル（右）[10]

その赤ちゃんの顔にカメラが近づいていくと、白目だ、白目がある。白目は目立つなあ。白目を見て鳥肌が立つとは思わなかった。説明するまでもなく、知性も母から引き継がれたということを暗示している。そう、白目と知性は遺伝するのだ（映画の中での話です）。これが主役のシーザーだ。実際、彼は母よりもさらに高い能力、ヒトと同じぐらいの能力を持ち、成長するにつれチンパンジーとしての自身の、ヒトからの扱われように疑問を抱くようになる。さらにいろいろあり、彼はヒトではなく、チンパンジーやほかの類人猿の仲間を求め、その類人猿の仲間たちに、かつて母が投薬されたアルツハイマー治療薬のより強力なものを手に入れ、与えるのだ。こうして白目を持った類人猿が増えるのだが、このとき、彼らは言語をも獲得する。その第一声も鳥肌ものだ。さらにいろいろあって、数百年後、つまり一九六七年の映画「猿の惑星」のころの、特殊メイクをほどこされた俳優たちが演じた白目の類人猿たちにつながるのだ。まさか白目でつなげてくるとは思わなかった。

実際には白目が種全体で共有されているのはヒトだけだ。ヒトの祖先種において白目であることが社会的集団の維持や仲間との協力に適応的だったと考えられてはいるが、[9] 知性と白目を直接結びつけた議論はまだない。そういえば、野生のチンパンジーで強膜の色素の少ない個体がまれに存在することが報告されている。たとえば、ミスター・ワーズルという名前のチンパンジー[10]がそれで（図7）、ヒトのような白目だったと記載されている。しかし残念ながら、彼が特別に知的能力の高いチンパンジーだったという報告はない。目の色が遺伝したという報告もない。

この映画の主役はシーザーだと思い込んでいたら、主役はアルツハイマー治療薬を開発した研究者のウィルなのだと、どこかの解説に書いてあった。白目ばかり気にしながら映画を眺めていたせいで、偏った見方になってしまったようだ。映画を見た後で原作本を買って読んだのだが、目の色に関する記述は全く出てこなかった。しかし、「目を見れば知性がわかるのだ」という表現が頻繁に登場し、目と知性との関係が原作でも重要な要素となっていた。そういえば映画ではシーザーの目のアップが多かったように思う。ポスターもシーザーの目を強調した作りだ。今、映画を思い出せばシーザーの目がそこにある。「猿の惑星」は白目の映画だったのだ。

引用文献

(9) Kobayashi, H. *et al.* (2011). The gaze that grooms: Contribution of social factors to the evolution of primate eye morphology. *Evolution & Human Behavior*, *32*, 157–165.
(10) Goodall, J. (1986). *The chimpanzees of Gombe: Patterns of behavior* (p.673). Massachusetts: Belknap Press of Harvard University Press.

遠くの視線

遠くから歩いてくる友人が「私を見ているかどうか」判断できるのは、どのくらいの距離からだろうか？　図8の中央の写真の女性は私を見ている。しかし上の写真の女性はわずかに左を見ていて、つまりこちらから見て眼球が中心からやや右にずれている。そして下の写真の女性の眼球はわずかに左にずれている。これらの写真の眼球の差は、コンマ数ミリというほんのわずかなものだが、この違いで、「私を見ているかどうか」が判断できてしまうのだそうだ。Watt ら[11]が図8の写真を使って実験を行ったところ、写真の顔を一秒間見ただけで、「私を見ているか」「右あるいは左を見ているか」の判断ができたという。ほんのコンマ数ミリの黒目の位置の違いを検出できたということになる。実際の距離に換算すると、一五メートル離れたところに女性がいることになるようだ。視力の飛び抜けて良い人が実験に参加したわけではなく、参加者の視力は正常視力と記載されているので一・〇だろう。正常視力と言われて思い出すのがランドルト環で、視力一・〇として考えてみると、ランドルト環で言えば、環の切れている部分の幅一・五ミリメートルを五メートル向こうから知覚できる視力ということになる。けれど、図8の女性の黒目はコンマ数ミリしかずれていない。それを一五メートル離れて知覚できると言われても、何だかちょっと信じられない。もちろん、視力検査は片目で行うし、実験は両目だということを考慮してもすごすぎるのではあるまいか。でもまあ、それが視線知覚のすごいところなのだと言われれば、そうなのかなと思うしかない。

それでもなぜ視線知覚がすごいのかを考えてみたい。図9のヒトの目は黒っぽい輪郭を持ち、眼球は白と黒からなり、黒い虹彩は白い強膜を二分している。すると、先ほどの女性の黒目がコンマ数ミリずれていることを知覚するということは、黒目が白い部分を真ん中できれいに分けているのか、あるいはちょっと右に寄っているのかということを見分けるということだ。これはロールケーキを切り分けるとき、切り分けられた二つが同じ大きさになるように、と切るときと同じことなのではないだろうか。ナイフがケーキの中心から少し右にあれば、右のケーキは少し小さく左のケーキは少し大きくなる。一つのナイフのずれが、二つのケーキの大きさを変えてしまうのだ。つまり、二つのケーキの大きさからナイフのずれを検出できるから、ほんのちょっとのナイフのずれがわかる。ケーキと同様に、ヒトの目の形態も、黒目が白い部分を二つに分けている。だから左右の白い部分の大きさから黒目の位置を検出できるのだろう。さらに右目と左目、二つもあるからこれらを

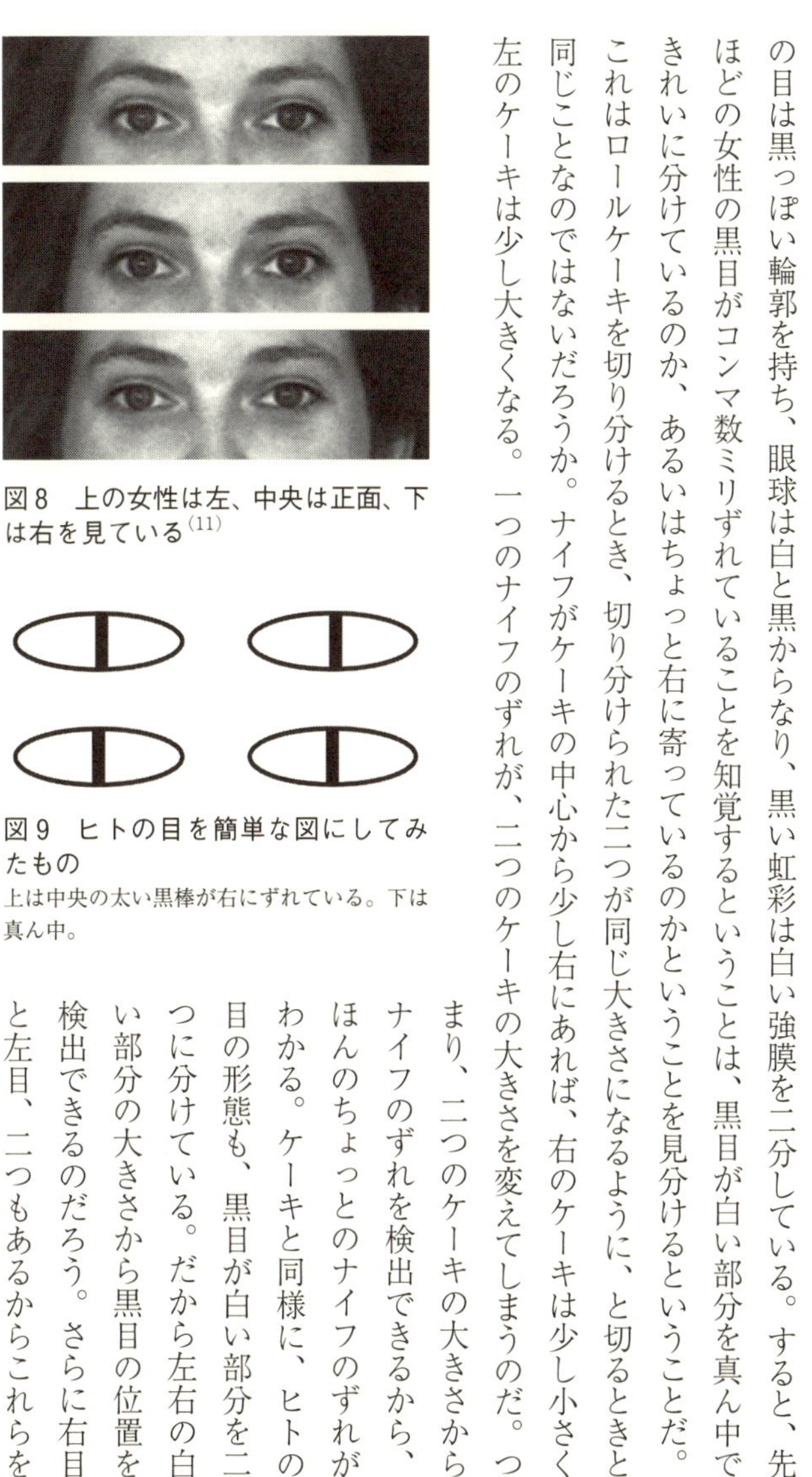

図8　上の女性は左、中央は正面、下は右を見ている[11]

図9　ヒトの目を簡単な図にしてみたもの

上は中央の太い黒棒が右にずれている。下は真ん中。

比較検討することも可能だ。つまりランドルト環よりも使える情報量がずっと多いことになる。それでコンマ数ミリの黒目の位置の違いを知覚できるのだ。

そうすると、通常の視力検査のときランドルト環は一つだけ示されるが、それをたくさん並べたらどうだろう。どうだろうと言われても困るだろうし、視力検査にはならないのだけれども、どうだろう。数がたくさんあれば情報量が増えるということになるから、もしも縦横にずらーっと、たとえば右に切れ目のあるランドルト環が並んでいたら、切れ目の方向がわかりやすくなるということがあるかもしれない。いや、ないかもしれない、どうだろう。

引用文献

(11) Watt, R. *et al.* (2007). A role for eyebrows in regulating the visibility of eye gaze direction. *The Quartery Journal of Experimental Psychology, 60(9),* 1169–1177.

モアイの開眼

先日読んだ論文[12]の動画（http://www.nature.com/news/easter-island-statues-walked-out-of-guarry-1.11613）の、その豪壮で気高く、どっしりと一歩一歩迫ってくるモアイ（図10）を眺めていたら、「この連載のタイトルであるモアイについて、ついに書く日がきた」と思った。これを見たら誰だってそう思うに違いない。それぐらいすごいので、この動画をぜひご覧ください。

モアイ像は先史時代のイースター島民たちによって一〇世紀ごろから作られたと考えられている。彼らは、凝灰岩のあるラノララクと呼ばれている場所でモアイを彫り出し、それをアフと呼ばれる高台まで運んで設置したのだ。その運搬距離は長いと一〇キロメートル以上にもなるという。何十トンもあるモアイ像を何キロもどのようにして運んだのか、が今でも謎なのだ。とはいえ、これまでにもさまざまな方法が提案されてはいる。その多くはモアイを横に寝かせた状態で運ぶ方法で、中でも丸太の上にモアイを寝かせて転がして運ぶという Heyerdahl の方法が有名だ。変わったところでは、モアイを立たせた状態で運ぶというのもあったが、これはうまくいかなかったそうだ。

そこで、Lipo たち[12]は、まずアフに存在するモアイ、ラノララクにあるモアイ、そして運搬途中で放置されたとおぼしきモアイの調査を詳細に行った。すると、アフのモアイには眼窩が彫られているが、ほかのモアイにはないこと、アフのモアイの底部は細く、ほかのモアイの底部は太いこと、さらに、立たせたとき、アフのモアイは空を見上げているような体勢で自立できるが、ほかのモアイは立たせると前傾姿勢になって倒れてしまうことがわかった。つまり、アフに到着して初めて眼窩が彫られ底部が削られたのだ。なぜ最初から眼窩を彫らなかったのだろうか。さらに、アフに到着した後、上向き状態で立つように底部を細く削ったようなのだが、なぜ最初からその形にして運ばなかったのだろうか、なぜ運搬途中のモアイは底部が太く前傾姿勢になっているのだろうか、という疑問が生じてくる。実は、これらの疑問が運搬方法を考える鍵でもあったのだ。

図10　三方向からロープで操り、モアイが歩いている様子[12]

運搬途中の道端に倒れているモアイを調べると、上り坂ではあお向けに、下り坂ではうつ伏せになっていることが多かった。モアイを横に寝かせて運んだのであればこのような偏りは起こらない。これは立たせて運んだからだと考えられる。そこでLipoらは運搬途中で倒れたモアイを型取りし、そのレプリカを作成（図10のモアイ）、それを立たせた状態で運搬することを試みた。この方法で、一八人という少人数で一〇〇メートルを四〇分で歩かせることができたそうだ。上り坂も下り坂もうまく歩き、ぐらっとしてもなんとか三方からの操作で体勢を持ち直すこともできたようだ。実際に歩かせてみて、その形態が立たせて歩かせるのに非常に適していることが判明したという。底部を太くし、前傾姿勢にすることで重心が前方に向かい、前に歩かせるのに都合がいいのだ。以前、モアイを立たせて運ぶという試みが失敗したのは、そのレプリカをアフのモアイをもとに作成したからだったのだ。アフのモアイは底部が細く安定した自立姿勢なので、うまく歩かせることができなかったのだろう。

アフにたどり着いた後、眼窩が彫られ眼球が埋め込まれたと聞くと、開眼法要か！と思ってしまいそうになるが、モアイのそれに同様な意味があったかどうかはわからない。単に、運搬時にロープがちょうど目のあたりに結ばれるので、強度などの関係でアフ到着後に彫られたというだけかもしれない。しかしそれでも、神々しい姿で何キロも歩き、到着したあかつきに目が開くというその光景は、神聖で厳かなものだっただろうと容易に想像がつく。

「モアイは歩いてあの場所に立った」とイースター島では語り継がれているそうだ。日本にもお地蔵さんが歩くという民話があるように、モアイの話もこれと同様の物語にすぎないのかもしれない。しかし、今回の研究結果で、「モアイが歩いてあの場所に立った」という話は真実を語り伝えたものだった可能性が高くなった。

引用文献

(12) Lipo, C. P. *et al.* (2013). The 'walking' megalithic statues (*moai*) of Easter Island. *Journal of Archaeological Science, 40(6)*, 2859-2866.

白目は白いだけじゃない

乳幼児の目をよく見ると、白目が少し青みがかっていて透明感があり、みずみずしい。じっと眺めていると「きれいだなあ」とつぶやいてしまうことさえある。青みがかった白目がなぜ美しいと感じるのかはわからないが、美しいのだからしようがない。逆に黄みがかっていたり充血していたりすると目の魅力が半減してしまうと感じてしまうのも不思議なことだ。こんなふうに白目の白さに敏感に反応してしまうのは、職業柄かと思っていたが、どうもそうではなさそうなのだ。

そもそもヒトは白目の白さ加減を瞬時に知覚しているらしい、とProvineら[13]が論文の中で述べている。彼らは、充血している目の写真に対してヒトがどのように感じるのかを調べた。充血と言えば思い出すのが、もう三〇年ほど前になるのだろうか、白目が赤くならずに涙を流していた松田聖子さんを見て、「赤くなってないからウソ泣き」なのだとワイドショーだったか週刊誌だったかで誰かが騒いでいたが、あれは信憑性のあることだったのだろうか。いまだに本当のところはわからないが、「泣くと充血するものだ」と世の人たちが思っているということが、こういった騒ぎからわかる。

Provineら[13]の実験の話に戻ると、彼らはまず、八歳から七〇歳のさまざまな年齢、性別、人種の目の写真を一〇〇人分集め、それぞれの白目の部分を赤く色付けしたものを作成した。Provineらが作成したものとだいたい似たものを作ってみた（図11）。けっこう赤いのだった。Provineらは、元の写真一

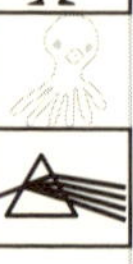

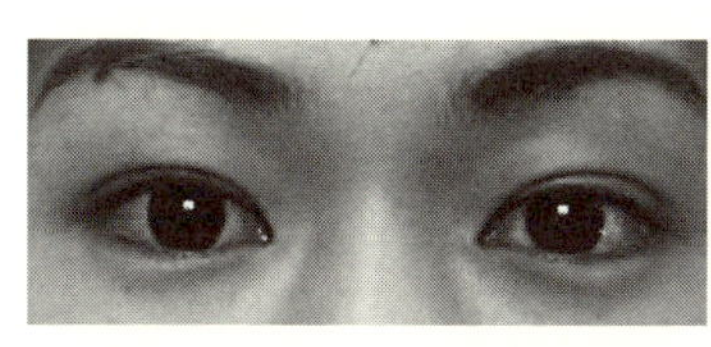
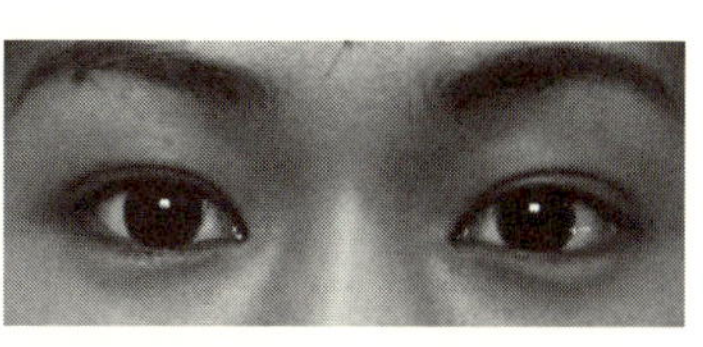

図11　Provineらが実験で使用した写真とほぼ同じものを筆者が作成
写真左は白目部分を赤く処理したもの。その元の写真が右。

○○枚と赤くした写真一〇〇枚の合計二〇〇枚の写真を一枚ずつ、五秒間モニタ画面に呈示し、それぞれについて、どのくらい悲しく見えるか（1が全く悲しくない～7が非常に悲しい）、どのくらい健康か（1が全く健康ではない～7が非常に健康）、どのくらい魅力的か（1が全く魅力的ではない～7が非常に魅力的）を被験者に質問した。被験者たちは1～7の数字を選んで答えた。

もし、『眼科ケア』（本稿の初出掲載誌）を読まれている皆さんがこの実験の被験者だったら、白目部分を赤く着色した写真を見たら「痛みは？　かゆみは？」などと考えてしまい、実験にはならないだろうが、幸いProvineらの被験者たちは大学生なのでそのようなことはなかったようだ。さて、実験の結果だが、白目が赤いと、より悲しく見え、より不健康に見え、そして魅力が減少すると評価された。

ヒトの目は白目が存在することで、視線方向がわかりやすいだけでなく、充血しているかどうかもわかりやすいのだ。ヒト以外の霊長類の白目部分は茶色に着色されているので、視線方向がわかりにくいし、充血しているかどうかもわかりにくい。つまり、ヒトの白目は、他者の視線方向だけでなく、情動といった社会的な情報をも伝える機能を持っているのだとProvineらは考えている[13]。

彼らが実験で作成した赤い白目はかなり濃い赤だ。これでは白目に敏感でなくても赤いことに気づくだろう。もちろん、悲しみや魅力や健康の評価は赤いことに気づいた、あるいは気づかなかったということとは関係ないのかもしれない。でもやはり、ヒトがどのくらい白目の白さに敏感なのかを知りたくなる。わずかに赤いとか、わずかに青白いとか、わずかに黄色いとかが、その目の持ち主であるその人の魅力にどのようにかかわるのかを知りたいなと思っていたら、Provine の次の論文[14]のタイトルがどうもそういう内容を匂わせるものなのだ。早く次を読みたい（現在、この論文は出版されている。面白かったです）。

引用文献

(13) Provine, R. R. *et al.* (2011). When the whites of the eyes are red: A uniquely human cue. *Ethology, 117(5)*, 395–399.
(14) Provine, R. R. *et al.* (2013). Red, yellow, and white sclera: Uniquely human cues for healthiness, attractiveness, and age. *Human Nature, 24(2)*, 126–136.

リンバルリング

角膜と強膜の境界に、リンバルリング（limbal ring、虹彩リング）と呼ばれている濃い色のリングを持っている人がいるという[15]。知らなかった。いったいこのリングはどんなものなのか。こういうのを確認したいときにインターネットは便利だ。ハリウッド俳優の顔画像を検索したら、なるほど、007のダニエル・クレイグの、あの淡いブルーの虹彩の周りにリングがあった。ニコール・キッドマンにも、ブラッド・ピットにもあった。けっこうあるものだ。このリング、当然メラニン色素によるものだと思うだろう。私もそう思ったのだが、実は色素だけによるものではないのだそうだ。これにも驚いた。眼球のこの部位の立体構造による光の屈折によっても暗いリングができるのだという。つまり、色素と光の屈折の両方からリングができているらしいのだ。そしてこのリングは、年齢と共に薄くなり、さらに健康を害しても薄くなるのだそうだ。と、ここまで読んだら予測できてしまうかもしれないが、このリングのあるなしが魅力に関係しているかどうかが今回紹介する論文[15]のテーマである。

この実験をするためには、たくさんの顔写真を作らなくてはならない。Peshekらは、画像処理ソフトを使ってリンバルリングのある顔とない顔のペア写真（図12）を八〇人分も作成した。リングがわかりやすいように、虹彩の色はブルーあるいは明るい色に限ったそうだ。こういった顔刺激をたくさん作成しようとすると大変だ。とくに今回は、リンバルリングがない場合に書き込むのは容易だが、最初か

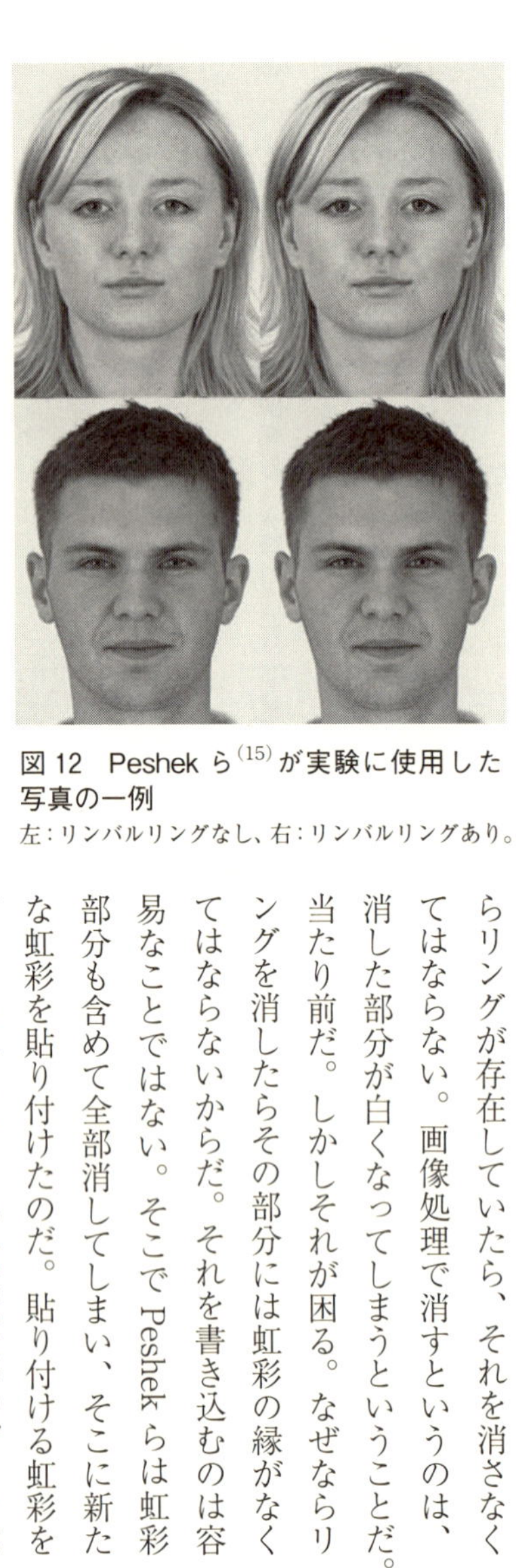

図 12　Peshek ら[15]が実験に使用した写真の一例

左：リンバルリングなし、右：リンバルリングあり。

らリングが存在していたら、それを消さなくてはならない。画像処理で消すというのは、消した部分が白くなってしまうということだ。当たり前だ。しかしそれが困る。なぜならリングを消したらその部分には虹彩の縁がなくてはならないからだ。それを書き込むのは容易なことではない。そこでPeshekらは虹彩部分も含めて全部消してしまい、そこに新たな虹彩を貼り付けたのだ。貼り付ける虹彩をどうしたかというと、虹彩写真のデータベース[16]を使ったと書いてある。そんなデータベースがあることにびっくりした。ここは一つ、見ておかなくてはいけないだろうと、文献[16]のサイトにいってみた。美しく鮮明な虹彩画像がたくさんあった。どうも虹彩認証などの研究に使われているもののようだ。ついでだが、顔写真のデータベースというのもいくつか存在し、Peshekらはそれらも使っている。それにしても、いろんなデータベースが存在するものだ。もしかしたら、ヒトが考えうるかぎりのデータベースがこの世の中には存在するのかもしれない、と想像するとちょっと恐ろしくなるが、そういうデータベースをフルに活用して八〇人のペア写真を作ったそうだ。さらに、リンバルリングのあるなしだけでなく、虹彩の大きさを変化させた顔も八〇ペア作った。なぜなら、図12のようなペア写真ばかりを呈示して、どちらが魅力的かを尋ね続けたら、「リンバルリングのあるなしを調べているな」とばれてしまう恐れがあるからだ。そこで、リンバルリングに変化はないが虹彩サイズの異なるペア写真を混ぜることで、実験の目的を被験者に悟られないようにしたのだ。これら全一六〇人のペア写真の魅力を四五人が評価したところ、女性も男性も、リンバルリングのある顔をより魅力的だと判断した。

ヒトは写真を見た瞬間、〇・一秒で相手の魅力を判断できるのだそうだ[17]。そういうとき、「全体の雰囲気」とか、「なんとなく」とかと答えるのではないだろうか。しかしその短い間に、前回取り上げた強膜の色が赤いとか、虹彩にリングがあるとかないとか、そういった細かい部分までも、意識せずとも知覚していて、それらを加味して判断しているのだ。すごいというか怖いですね。

引用文献

(15) Peshek, D. *et al.* (2011). Preliminary evidence that the limbal ring influences facial attractiveness. *Evolutionary Psychology, 9(2)*, 137-146.
(16) Dobeš, M. *et al.* (2002). The database of human iris images. (http://phoenix.inf.upol.cz/iris/)
(17) Willis, J. *et al.* (2006). First impressions: Making up your mind after a 100-ms exposure to a face. *Psychological Science, 17(7)*, 592-598.

子どもは人助けが好き

利他的行動がどのように進化したのかについては、ダーウィン以来の大問題だ。それを解明しようという研究が、二〇一〇年ごろから増えている。ある行動の進化について考えるとき、その行動の発達過程は重要な手がかりとなる。たとえば、一二カ月児が指差しを使い大人に情報を与え、一四カ月児が大人の落としたものを拾って渡すといった、困っている大人を幼い幼児が進んで助けるという研究がそれだ。[18] しかも、ほとんどの子どもたちが、誰に言われるでもなく自ら進んで助けている。子どもたちは、本当に人助けが好きみたいだ。しかし、なぜ助けるのだろうか。このなぜにHepachら[19]は幼児の瞳孔を測定することで挑戦した。しかし、瞳孔径の測定で、そんなことがわかるのだろうか。

研究室に小さな小屋が置かれている。小屋といっても、屋根と三面の壁だけで、奥の壁がない。その手前の壁の真ん中あたりに、窓に似せたモニタが埋め込まれており、小屋の外からモニタを眺めると、まるで家の中をのぞいているかのようになるのだ。このモニタの前に母に抱かれて二歳児が座る。モニタには男性がクレヨンで絵を描いている映像が流れる（図13）。まるで小屋の中で男性が絵を描いているかのように見える。この映像の二八秒のところで、男性がクレヨンをテーブルの向こうに落としてしまうのだ。男性は一所懸命手を伸ばしているが取れない。突然だが、ここ（三〇秒）で映像が終了し、意味のない画面（「瞳孔の測定1」）になる。この画面を見ている間に幼児の瞳孔径が測定される。その

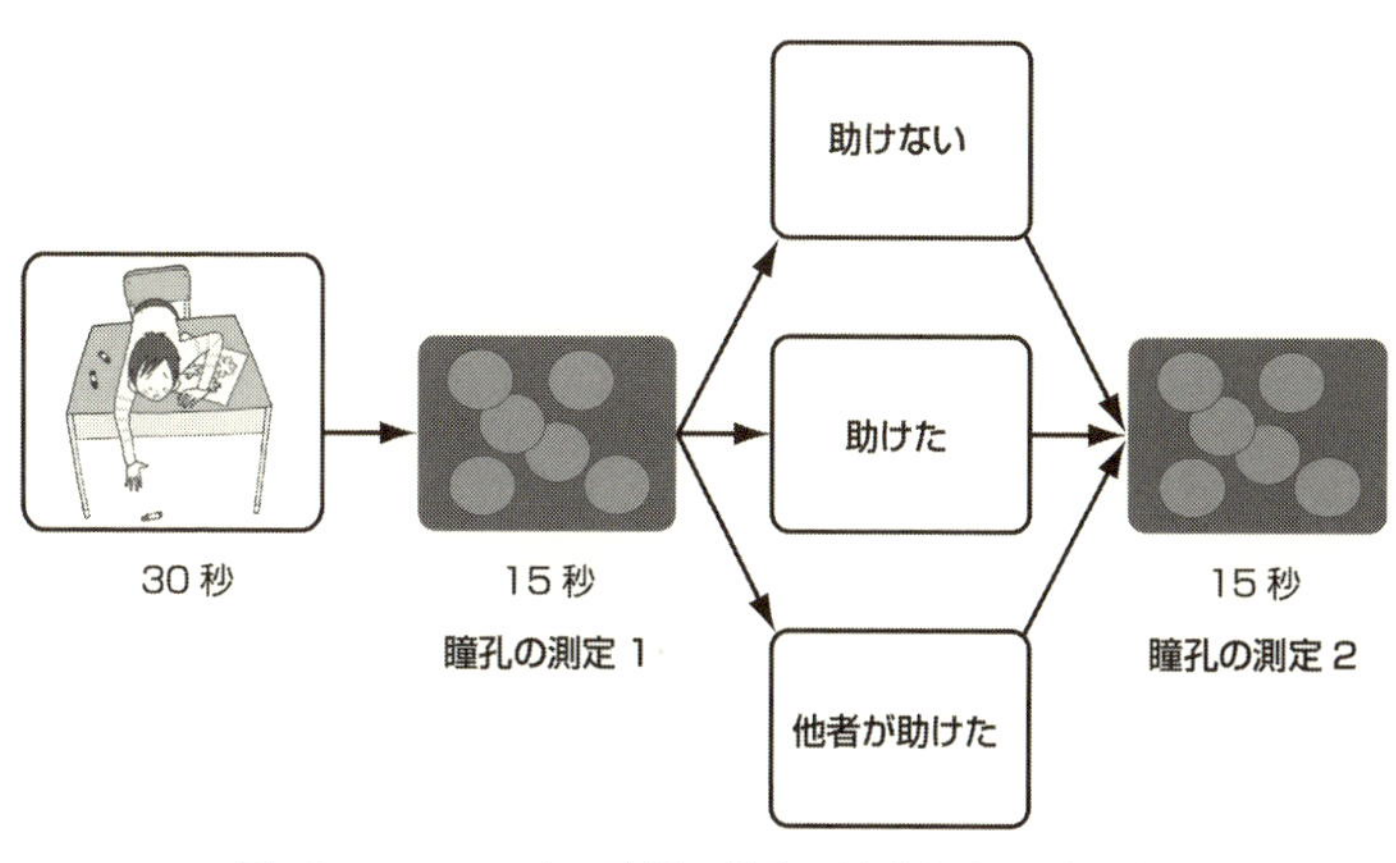

図 13　Hepach らの実験の流れ（文献(19)より作成）

後、幼児は母に連れられモニタの裏側、つまり小屋の裏側にまわり、部屋の中を見るのだ。すると小屋の中で、モニタの映像とまったく同じ人が同じ洋服を着て同じ格好で、クレヨンを取ろうとしているが取れない状態でいるのを目撃する。そこで、①母に後ろから抱かれて子どもは動けない場合（「助けない」）、②子どもは自由に動ける場合：幼児一二人のうち一〇人が男性を助けた（「助けた」）、さらに③母に後ろから抱かれて子どもは動けないが、そこに第三者が現れて男性のクレヨンを拾って助ける場合（「他者が助けた」）、の三つのどれかが起こる。その後、再び母に連れられモニタの前に戻り、意味のない画面を見ているときの瞳孔径が測定される（「瞳孔の測定2」）というのが実験の流れだ。これら三条件それぞれの瞳孔の測定1と2で、幼児の瞳孔がどのように変化したかを調べたのだ。

困っている男性の映像が幼児の交感神経を興奮させ、瞳孔測定1で幼児の瞳孔は拡大していた。その後、誰も男性を「助けない」ときには、測定2で幼児の瞳孔は拡大したままだったが、幼児自らが「助けた」と「他者が助けた」のを見た後では、幼児の瞳孔は小さくなったのだ。もし、自分が助けることが重要であれば、というのは、助けることで周りからの評判が上がり、自分が困ったときには助けてもらえるから他者を助けるのであれば、自分ではなく「他者が助けた」場合には瞳孔が縮小しないだろう。しかし、第三者が助けても幼児の瞳孔は縮小したということは、幼児にとって自分が他者を助けることが重要なのではなく、他者が助かること、それ自体に意味があるのだ、とHepachらは考えている。瞳孔を測定することで、こんなことまでわかってしまうとはびっくりだ。瞳孔は正直なシグナルなのだ。

引用文献

(18)トマセロ、M／橋彌和秀（訳）（二〇一三）．ヒトはなぜ協力するのか　勁草書房．
(19)Hepach, R. *et al.* (2012). Young children are intrinsically motivated to see others helped. *Psychological Science, 23*(9), 967–972.

虹彩色が真贋を決める

みごとな焼き画で装飾された瓢箪（ひょうたん）（図14）の表面には、絵とともに「一月二一日にルイ一六世が断頭されたとき流れた血液に、Maximilien Bourdaloue がハンカチを浸した」と記されている。そしてその記述のとおり、瓢箪の中には血液の付着したハンカチが入っていたのだ。いかにもそれらしい風貌の瓢箪だし、これはひょっとするとひょっとするかもしれない。二〇一〇年、Lalueza-Fox らスペインの研究チームは瓢箪の中の血がルイ一六世のものであるのかをはっきりさせようと調査を開始した。[20] ハンカチからDNAを抽出し調べたところ、そのほとんどはバクテリア由来のものであったが、ヒト由来のDNAも確かに存在していたのだ。

ときを同じくして、個人収集家の手を渡り歩いていた、アンリ四世のミイラ化した頭部と言われていたものを、フランスの法医学の研究チーム[21]が調べていた。放射性炭素年代測定法により、この頭部は一四五〇～一六五〇年のものであるという結果が出た。これはアンリ四世が生きていた期間（一五五三～一六一〇年）に相当する。さらに、3Dスキャナーとエックス線撮影から、顎左上部の直径五ミリメートルの穴が確認され、一五九四年の暗殺未遂事件で受けた刺し傷と一致した。そして首には、遺体が切断された際の刃の跡が三カ所あり、これも史実と一致したのだ。これらの結果から、この頭部はアンリ四世のものであると結論づけられた。[21] アンリ四世はルイ一六世の七代前の父系先祖にあたる。

図 14　焼き画で装飾された瓢箪[22]

そこで、このアンリ四世のミイラからＤＮＡを抽出し、これと瓢箪のハンカチから採取されたＤＮＡとのＹ染色体の塩基配列を比較した。すると、これらが血縁関係にある可能性が認められたのだ[22]。瓢箪の中のヒトはルイ一六世である可能性が高くなった。

ところが二〇一三年、ルイ一六世の子孫である男性三人と瓢箪のハンカチから採取されたＹ染色体の塩基配列を比較したところ、適合しなかったのである。さらには、アンリ四世のものとされていた頭部までもが、その子孫の塩基配列と一致しなかったのだ。なんと、瓢箪もミイラも偽物の可能性が出てきてしまった。

そこで今回、Olaldeら[23]は瓢箪の中のヒトの全ゲノム概要塩基配列の解読を行い、このゲノムの遺伝子型が、当時のルイ一六世の親族の証言や医者の診断から判明しているルイ一六世の特徴（髪はブロンド、鼻は大きく目は青く、肥満で、背が高く一九三センチメートル、うつ病で肺結核、数カ国語を操り、知性的、質素で真面目で臆病、鼻にかかった声は高く、目は少しくぼんでいたなど）と一致するかどうかを調べた。その結果、ルイ一六世は宮廷で一番背が高いと記述されており、戴冠式用マントも長く背の高いことを示していたのに、今回解読された塩基配列には、そのような特徴が見られず、さらには、虹彩の色を決定している六カ所の遺伝子配列を調べたところ、瓢箪の中のヒトの虹彩は茶色である可能性が非常に高く、青い虹彩だったと言われるルイ一六世とは、これまた一致しなかったのである。

結局、瓢箪もミイラも数百年前の偽物なのだろう。けれども、法医学者が本物と判断したぐらい、史実どおりに作られた傷跡のあるミイラや、血を拭った人の名前までごていねいに書かれた、みごとな焼き画の瓢箪とハンカチを一度見てみたいと思うのは私だけではないだろう。それにまだ謎は残っている。瓢箪の中のヒトとミイラとに血縁関係があったという結果だ。これはどういうことなのだろうか。

引用文献

(20) Lalueza-Fox, C. *et al.* (2011). Genetic analysis of the presumptive blood from Louis XVI, King of France. *Forensic Science International: Genetics, 5(5)*, 459–463.

(21) Charlier, P. *et al.* (2010). Multidisciplinary medical identification of a French king's head (Henri IV). *BMJ, 341*, c6805. doi: 10.1136/bmj.c6805

(22) Charlier, P. *et al.* (2013). Genetic comparison of the head of Henri IV and the presumptive blood from Louis XVI (both Kings of France). *Forensic Science International, 226(1-3)*, 38–40.

(23) Olalde, I. *et al.* (2014). Genomic analysis of the blood attributed to Louis XVI (1754–1793), King of France. *Scientific Reports, 4*, 4666. doi: 10.1038/srep04666

猿の惑星顔

図15ｂがチンパンジーの顔写真で、図15ａは目だけをヒトの目に置き換えた、まるで猿の惑星に出てくる類人猿のような顔写真だ。このような二つの顔をモニタの左右に同時に呈示したとき、ヒト乳児はどちらの顔を見るのだろうか。Dupierrix ら[24]の報告によると、生後三カ月、六カ月、九カ月、一二カ月の乳児はｂよりもａの猿の惑星顔をより長く見たが、生後三日の新生児はａとｂの顔を見た長さに差がなかったという。なぜ生後三カ月以降、ａの顔をより長く見るのだろう。

試しに図15を眺めてよう。皆さんもａの顔に目が行ってしまうのではないだろうか。ａの顔には白目があり、目立つからだろうか。しかしそれならば、新生児だってａの顔を見るはずだが、新生児はそうではなかった。それは単に新生児の視覚機能が未熟だから、ａとｂの顔を区別できなかっただけなのだろうか。いや、そうではなさそうだ。なぜなら、新生児が眼球方向のみ異なる二つの顔を弁別できるという先行研究[25]があるからだ。だから、新生児はａとｂの顔の区別ができている可能性が高い。つまり、白目が目立つからａを見たという理由ではなさそうなのだ。

生後三カ月以降、なぜａの顔をより長く見るのだろう。それは、そこに何かを期待しているからではないだろうか。たとえば庭でアリの行列を見つければ、先頭はどこかとたどってしまうように。そうしてしまうのは、先頭にアリを行列させる何かがあるのではないかと期待しているからだ。教室で好きな人を目で追ってしまうのも、それはたとえば、「見ることで気分が良くなる」「見ることで好きな人の何らかの情報を得られる」「見ることで好きな人と目が合う」などを期待しているからではないだろうか。とにかく見ていれば何かしら得られるものがあって、それを期待して見るのだ。少なくとも、見ることで好きな人のさまざまな角度の顔画像情報は確実に、記憶として入手できる。

そうなると次に、なぜ図15のaの顔のほうが期待できるのか、ということになる。生後数カ月の間に乳児は、乳児をおもに保育しているヒトの顔を学習する。保育者は乳児の顔をのぞき込みながら、抱き上げ、授乳し、あやし、ぬれたオムツを取り替える。乳児からすれば、保育者の顔を見たら気持ち良い接触刺激が与えられ、空腹が満たされ、楽しく、快適な環境になるのだ。これが毎日くり返されることで乳児は保育者の顔を見た後、報酬が得られるということを学習するだろう。そして数カ月後には、乳児は期待を込めて保育者の顔を見るようになる。

a　b

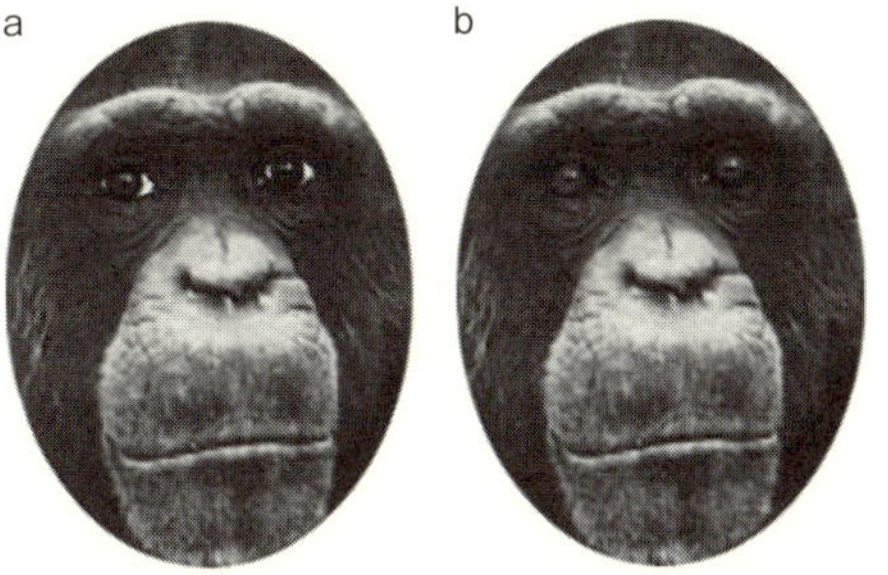

図15　チンパンジーの目のみヒトの目に置き換えた顔（a）と元の顔（b）（文献(24)より作成）

Quinn[26]らは、おもに女性に保育された乳児は、生後三カ月になると女性の顔と男性の顔を呈示すると女性の顔をより長く見て、おもに男性に保育された乳児は男性の顔をより長く見ることを示した。Kelly[27]らは、保育者と同じ肌の色の顔写真のほうをより長く見るという傾向が、やはり生後三カ月から見られるようになることを示している。図15の二つの写真で、保育者と同じ白目があるのはaの顔だ。白目以外は保育者に似てはいない。乳児は保育者と似ているほう、白目のある顔に期待して、そちらを長く見たのだと解釈できる。

乳児は成長するに従い、保育者から注意され怒られるようにもなる。保育者の顔を見た後に、良いことだけが続くとはかぎらなくなるのだ。そうして、見るという行為は期待にかぎらず、さまざまな予測をする上で重要なものとなるだろう。見るという行為が期待に満ちあふれている幼い乳児のころに戻りたいものだ。

引用文献
(24) Dupierrix, E. *et al.* (2014). Preference for human eyes in human infants. *Journal of Experimental Child Psychology, 123*, 138-146.
(25) Farroni, T. *et al.* (2002). Eye contact detection in humans from birth. *Proceedings of the National Academy of Sciences of the United States of America, 99(14)*, 9602-9605.
(26) Quinn, P. C. *et al.* (2002). Representation of the gender of human faces by infants: A preference for female. *Perception, 31(9)*, 1109-1121.
(27) Kelly, D. *et al.* (2005). Three-month-olds, but not newborns, prefer own-race faces. *Developmental Science, 8(6)*, F31-F36.

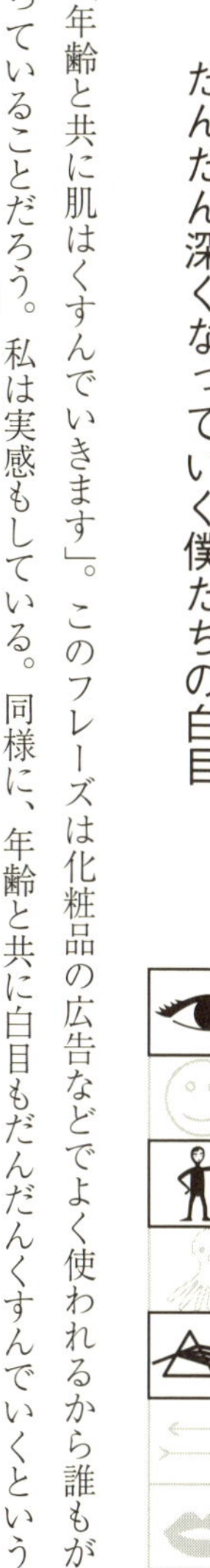

だんだん深くなっていく僕たちの白目

「年齢と共に肌はくすんでいきます」。このフレーズは化粧品の広告などでよく使われるから誰もが知っていることだろう。私は実感もしている。同様に、年齢と共に白目もだんだんくすんでいくということを、今回Russellら[28]が明らかにした。

彼らは、約三〇〇人の女性（二〇～七〇歳）の白目部分の色を詳細に測定した。色の評価は国際照明委員会（CIE）で規格化されている「L*a*b*表色系」を用いた。「L*a*b*表色系」を球体で表すと図16のようになる。すべての色は、三つの軸の値を使って表すことができるのだ。図17はこれら三つの軸のそれぞれが、年齢と共にどのように変化するかを表している。横軸は年齢で、縦軸は左からL*、a*、b*だ。L*は明度の白～黒軸を示し、このグラフでは〇が黒で二五五が白、a*は緑～赤軸を示し、〇が緑で二五五が赤、b*は青～黄軸を示し、〇が青で二五五が黄だ。図17を眺めて見ると、虹彩色が濃い人も薄い人も、その白目の色は二〇歳から徐々に白→黒へ、緑→赤へ、青→黄へと変化している。三つの指標すべてが徐々に変化しているのだ。二〇歳より前の乳幼児のデータも知りたいところだが、残念ながらそれはない。それでも、今回の Russell らのデータは、二

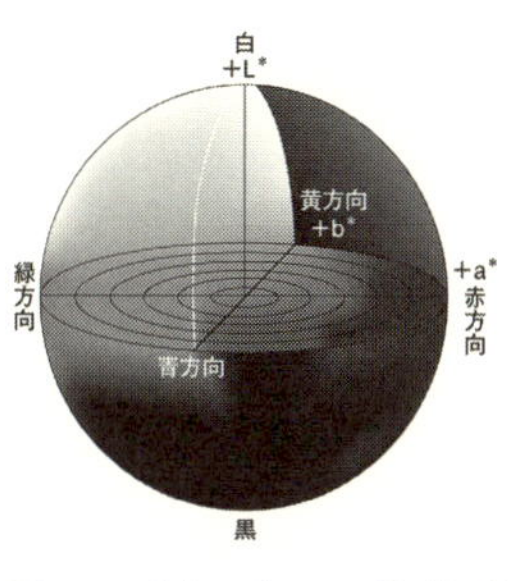

図16　球体で表したL*a*b*表色系

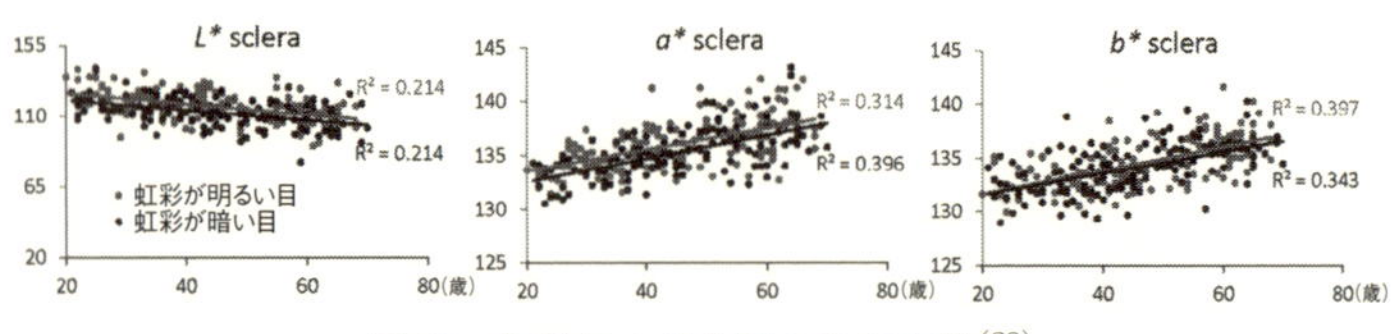

図 17　年齢による白目の色の変化[28]

縦軸は CIE 色空間（L*a*b*）の座標軸。L* は黒（0）〜白（255）、a* は緑（0）〜赤（255）、b* は青（0）〜黄（255）を示す。

〇歳から七〇歳にかけて、白目はだんだんと赤みを帯び黄ばんだ暗い色になっていくことをみごとに示した。こうやって文字で書いてみると、なんだかすごく残念な感じの色になっていくように思えるのは気のせいだろうか。ものは試しで、正確な記述とは言えなくなってしまうが、たとえば「白目は年を重ねると共に、いぶし銀のような深い色へと味わい深くなっていく」と表現したらどうか。いやだめだ、不正確すぎる。

次にRussellらは、この結果をもとに、女性の顔写真の白目のL*a*b*を白緑青色のほうへシフトさせたものと、黒赤黄色のほうへシフトさせたものを作成した。つまり、二枚の写真は同じ女性の顔写真なのだが、白目の色だけが異なっている。これら二枚の写真を呈示し、参加者に「どちらが若いか」「どちらが魅力的か」「どちらが健康的か」を尋ねた。結果は皆さんのご想像どおりで、白目の色を白緑青色のほうへシフトさせた写真のほうが、より若く、より魅力的で、より健康的に見えるという結果になった。白目の色だけで顔全体のイメージが変化してしまったのだ。

Russellらの論文のタイトルを見たとき、肌の色はファンデーションでなんとかなるし、歯もホワイトニングで白くできるけれど、白目の色か、そうか、これはごまかせないかもしれないなと思った。

中世のヨーロッパで、瞳孔が拡大しているほうが魅力的だということで、ベラドンナという目薬をさして瞳孔を拡大させたというのは有名な話だが、そもそも虹彩色の濃いアジア人には、瞳孔拡大よりも白目をより白く美しく保ったほうが、虹彩色の黒さが際立ち、より魅力的な目になるのではないか。「白い歯っていいな」とか「黒く輝く髪」とかいうテレビCMを思い出すが、これからは「白く輝く白目」を加えるべきだな。けれども、白目を白くする方法があるのだろうか。これは難問だ。

引用文献

(28) Russell, R. *et al.* (2014). Sclera color changes with age and is a cue for perceiving age, health, and beauty. *Psychology and Aging, 29(3)*, 626-635.

ぬいぐるみの目

モアイ像と言われて思い出すのは、目の部分がくぼんでいる像だろうか。白目と黒目がそこに入っているモアイ像を思い浮かべる方は少ないかもしれない。この、白目と黒目が入っているかいないかで、モアイ像の印象はずいぶん違うものになる。どちらがよいということではない。白目と黒目が入っていないモアイ像には神秘的な荘厳さがあり、そのたたずまいは、ときの流れが止まったかのようにとても静かだ。一方、目が入っているモアイ像は何かを語りかけてきそうな、今にも動きだしそうなライブ感がある。まるで静と動といったところか。

図18はさまざまな目を持った動物のぬいぐるみ写真である。各動物は目だけが異なり、それ以外はすべて等しく作製された。「これらの中から好きなぬいぐるみを選んでください」と言われたら、皆さんはどれを選ぶだろうか。

Segalら[29]は、これらを使って、四〜八歳の子ども四九人と一九〜二九歳の大人四〇人を対象に調査した。まず、子ども（あるいは大人）に棚の前に立ってもらう。そして、実験者がその棚の扉を開ける。そこには一種類の動物のセット、たとえばネコなら図18の一番上の三パターン、ゾウなら図18の上から四番目の四パターンが並んでいるのだ。子どもたちは、それらを同時に見ることになる。その後、実験者は彼らに、一番好きなものを指し示すように求めた。

子ども（大人）に呈示する動物の順番やそれらの棚への並べ方は毎回さまざまに変えたので、順番や棚での位置が彼らの答えに影響したとは考えられない。また、この実験が何についてのものだと思ったかを、実験終了後に大人の参加者に尋ねたところ、一人として白目に関する実験だと答えた者はいなかったそうだ。そう、誰も白目を意識してはいなかったのだ。

実験の結果、子どもも大人も、白目のあるぬいぐるみを指差すことが多かった。たぶん大人は、ぬいぐるみの目の部分のみが異なっているということに気がついてはいただろう。しかし、自分が選ぶぬいぐるみに必ず白目があるということに気がついてはいなかったのだ。子どもも大人も白目を意識していなかったにもかかわらず、白目のあるぬいぐるみを選んだ。さらにSegalらはこの調査を、四～一一歳の自閉スペクトラム症の子ども二五人にも行った。自閉スペクトラム症の子どもたちには、とくに白目を好むという傾向が見られなかったそうだ。また、白目を避けるとか、目を閉じているぬいぐるみを好むということもなく、とくにどれかを好むということはなかったという。

図18　実験に使用されたぬいぐるみ[29]（提供: Nancy L. Segal & Aaron T. Goetz）
イヌはTy, Inc. 製造、それ以外はすべてRuss Berrie & Co, Inc. 製造。

実際のネコ、タコ、イヌ、ゾウ、カメ、カタツムリに白目はないのに、定型発達の子どもや大人は、なぜ白目のあるぬいぐるみを選んだのだろう。白目が存在するのはヒトだけである。白目があると、互いの視線がわかりやすく、互いの意図や目的や感情などが理解しやすい。ヒトは相手の白目からさまざまな情報を読み取っている。白目はヒトのコミュニケーションにおいて重要な役割をはたしているのだ。そこで、ぬいぐるみにもヒト特有の白目が存在すれば、そのぬいぐるみとのやりとりの可能性が開かれるように感じるのかもしれない。図18の中の白目のあるぬいぐるみを眺めていると、なんだか話しかけてきそうに思えるのだが、白目のないぬいぐるみに対してはそうは思えない。

もちろん、ぬいぐるみに求めるものは何かと聞かれれば、第一に「かわいいこと」と答えるのではないだろうか。「かわいい」ぬいぐるみということだけで考えれば、大きい黒目を持ったぬいぐるみが一番当てはまりそうだ。しかし、Segalらの結果はそうではない。白目のあるぬいぐるみを選んだということから、ぬいぐるみに求めるものは「かわいい」だけではないということなのかもしれない。白目のあるぬいぐるみは、かわいいだけではなく、話し相手になりえそうな何かを持っているのだ。そしてそういうぬいぐるみを無意識に求めてしまうようだ。

引用文献

(29) Segal, N. L. *et al.* (2016). Preferences for visible white sclera in adults, children and autism spectrum disorder children: Implications of the cooperative eye hypothesis. *Evolution and Human Behavior, 37(1)*, 35-39.

白い目のカラス

日本でよく見かけるカラスは、ハシボソガラスとハシブトガラスだろう。だからカラスと言えば全身が黒く、目も黒いと思いがちだが、冬になると西日本へやってくるコクマルガラスの体は白黒だ。また、ヨーロッパに広く生息しているニシコクマルガラスは、カラスの中では珍しく虹彩が白い（図19c）。顔の色が暗いので、この白い目はとても目立つ。ニシコクマルガラスは日本には基本的にいないのだが、随分前にテレビアニメ「名探偵コナン」に一度、場所を特定する重要な手がかりとして登場したことがある。作品主人公の、何でも知っているコナン君によれば、迷鳥として北海道でのみ、二度の目撃例があるのだそうだ。

さて、ニシコクマルガラスが営巣場所に選ぶのは、木や石壁にぽっかりあいた穴、洞やうろである。キツツキのように自ら穴を掘ることはない。そこで彼らは繁殖時期になると、林の中でうろを探しまわる。うろの数は限られているので早い者勝ちだ。うろをうまく見つけたら、今度はほかの個体に奪われないよう、しっかり守らなくてはならない。ときにはうろをめぐって激しい争いになり、死んでしまうこともあるそうだ。だから、ニシコクマルガラスにとって、うろが空き家かどうか確認することはとても重要なのだ。

暗いうろの中に先客がいるかどうかを確認したとき、そこに先客のニシコクマルガラスがいたら、た

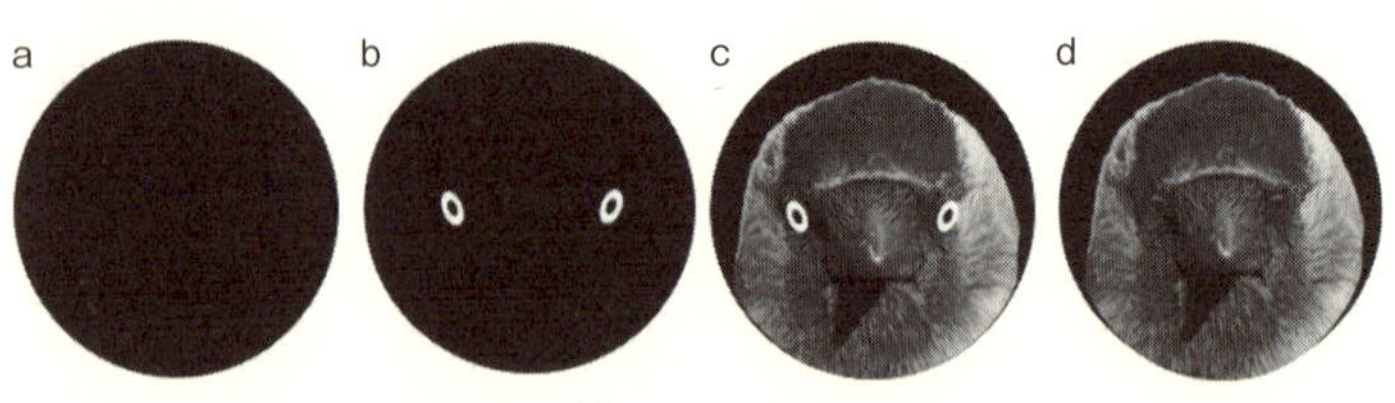

図19　4種の刺激[30]（提供：Gabrielle L. Davidson）

ぶん図19ｃのように見えるのではないだろうか。これが仮に目が黒かったら図19ｄのようになってしまい、これでは図19ａと何ら変わりはないので、巣の中に入られてしまうかもしれない。つまりニシコクマルガラスの白い目は、暗いうろの中でも「すでに先客がいるよ」と知らせるシグナルになっている可能性がある。

そう考えたDavidsonたち[30]は八〇個の巣箱を用意した。巣箱の入り口の真下に止まり木を一本付けた。ここに止まるとちょうど頭が入り口の正面にくるのだ。さらに、少し離れたところから巣穴をうかがえるようにと、巣箱の下にはとても長い止まり木を一本付け、合計二本の止まり木を設置した。そして、巣箱の入り口から五センチメートル奥に、図19ａ～ｄの四種類の画像のうちの一つを天井から吊り下げたのだ。図19は「ａ：コントロールとしての黒い円」「ｂ：白い目だけ」「ｃ：ニシコクマルガラスの正面顔」「ｄ：ニシコクマルガラスの顔にミヤマガラスの黒い目をつけたもの」である。顔の画像は実物大だ。白い目が巣箱に先客がすでにいるかどうかの手がかりとなっているのであれば、図19ｂと図19ｃが設置された巣箱に、ニシコクマルガラスがやってくることはほとんどないだろうと予測される。

八〇個の巣箱は森に設置され、二～三時間ビデオカメラで撮影された。記録された映像から、ニシコクマルガラスが何回巣箱に止まったかをカウントしたのだ。さらに、巣の入り口の止まり木と、巣の下の止まり木に滞在した時間も測定した。その結果、図19aよりも、ニシコクマルガラスの正面顔（図19c）を吊り下げた巣箱に近寄った回数は有意に少なかった。また二本の止まり木に滞在した時間のうち、入り口の止まり木に滞在した時間の割合を調べたところ、図19aよりも白い目だけ（図19b）の巣箱とニシコクマルガラスの顔（図19c）の巣箱では、入り口の止まり木に滞在した時間の割合が有意に小さかったのだ。図19dの黒い目の顔写真の巣箱には、ニシコクマルガラスが何度もやってきて、しかも巣の中にまで入ってしまったこともあったという。以上の結果から、ニシコクマルガラスの白い目は、巣穴に誰かがいるかどうかの重要な手がかりとなっているとDavidsonらは考えている。

顔やくちばしが白くてもシグナルにはなるかもしれない。しかし、白い目なら、「見ている」という意味も加わって、さらに巣を守れるのかもしれない。

引用文献

(30) Davidson, G. L. *et al.* (2014). Salient eyes deter conspecific nest intruders in wild jackdaws (*Corvus monedula*). *Biology Letters, 10(2)*, 20131077. doi: 10.1098/rsbl.2013.1077

IV　目と顔

乳児とデジカメの顔検出

友人宅で夕ご飯を食べていた。お皿の中央にミニトマトが三個寄り添うように残っていて、それをじっと見つめていた二歳の女の子が「あ、ミッキー！」と叫んだ。その子はミッキーマウスが大好きで、大きくなったらミッキーと結婚するのだといつも言っている。だからだろう、三個のミニトマトがミッキーに見えたのは。写真を眺めていたり、大木を眺めていたり、寝転がって天井や空を眺めていたりすると、突然「顔」が見えることがある。この「顔」は、ミッキーのときとはちょっと違って、三個の離れた円からなるものだ。二個の円は横に並んでいて残り一個はその下にある、こんな→（･･）場合にはそれが「顔」に見えるのだ。ときには横に並んだ二個の円だけでも、それらが目に見えて、「顔」に見えてしまうことさえある。

ただの点が顔に見える現象は、ヒトが顔検出や目検出の装置を持っているからだと考えられている。けれど、どうしてそんな装置を持っているのかが不思議でたまらない。不思議でたまらないのは私だけではない証拠に、顔検出に関する研究はたくさんある。

たとえば、乳児に（･･）と（･･）を見せると、（･･）のほうをよく見ることが知られている（図1a）。もちろん、（･･）を見ている乳児が「顔だ！」と思っているのかどうかは本人に聞くことができないのでわからないが、顔みたいなほうをとにかくよく見るようだ。二枚の写真を乳児に示したとき、つねに片

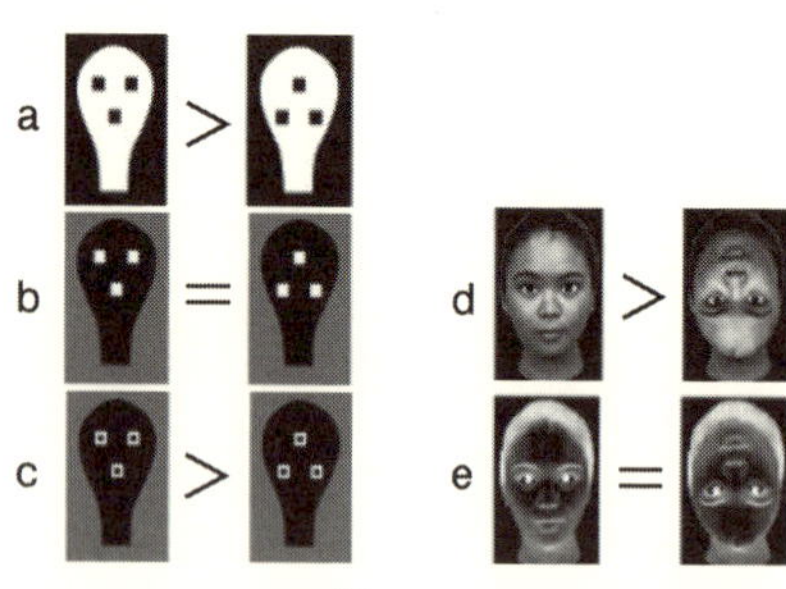

図1　Farroni ら[1] の使用した刺激写真
「＞」は見た時間に差あり。「＝」は見た時間に差なし。

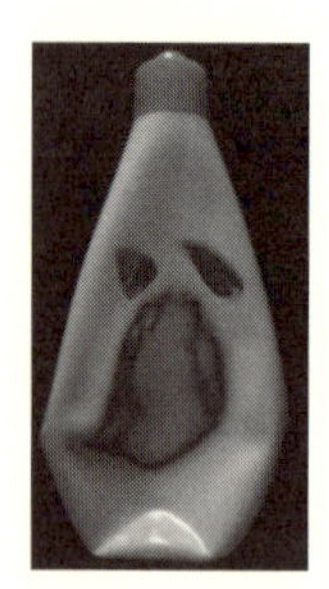

図2　筆者のデジカメが顔と認識したマヨネーズ

方をよく見るのであれば、乳児がそれらを区別しているということになる。なぜ一方をよく見るのだろうか。

　この図形をちょっと変えて、顔部分を黒にして目と口を白にすると、(∵)と(∴)とを見る時間に差がなくなってしまった[1](図1b)。ところが、この白い目と白い口の中に、ちょいちょいと小さい黒丸を入れると、再び(∵)のほうを長く見たのだ(図1c)。顔の色が黒いから(∵)を見なかったのではなくて、目が白一色だったから見なかったということになるだろう。白い目は日ごろ見慣れている目とは違う。それで顔に見えなくて(∵)を見なくなったのだ。その白一色だったところに黒目が入ると、それだけで目らしくなって顔に見え、再び(∵)のほうをより長く見るようになったと考えられる。図形だけでなく白黒の顔写真を使っても、逆さ顔の(∴)の写真はあまり見ないで、やはり上下がちゃんとしたほうをよく見る(図1d)。そしてこの写真の白黒を反転させた写真、つまりネガだと(∵)でも(∴)でも見る時間にまたもや差がなくなってしまったという(図1e)。ネガの目は白目部分が黒色になり、黒目部分が白色になる。それも目らしくないということなのだろう。

目は白目の中に黒目があるのであって、黒目の中に白目があるのは目には見えないし、ましてや白一色というのも目には見えない。しかし黒一色の目は目と見なされる。白目や黒目が白色とか黒色とか、文章にするとひどくわかりにくくて書きながら混乱してくるが、生まれてまもない赤ちゃんがこれらをきちんと区別し検出するのだからすごい。いったいどんな装置がいつ備わったのか知りたくなるのもうなずける。

顔検出と言えば、最近のデジカメは被写体の顔を自動で勝手に検出してくれる。きっと難しい機械があの中に入っていて、目の位置や輪郭や口の位置や重力方向などをあれこれと計算しているのかなあと想像している。そんなすごいことができるデジカメを手に入れたので、このところ顔認識を試しては遊んでいる。ちなみに、私のデジカメはトトロ人形の顔を認識しなかったが、図2のマヨネーズを顔と認識した。そこで図1を試してみた。デジカメはａとｄの（･･）を顔と認識したのだ。これは乳児と同じ結果だ。デジカメもやるなあ。しかし、ｃの（･･）はだめだった。白目の中に黒目があるという詳細な目の図形であるｃをデジカメは顔と認識しなかった。黒目が小さすぎて、何か計算ミスでもしてしまったのだろうか。よくわからないが、私のデジカメは乳児に負けた。

引用文献

（1）Farroni, T. *et al.* (2008). Newborns' preference for face-relevant stimuli: Effects of contrast polarity. *Proceedings of the National Academy of Sciences of the United States of America, 102*, 17245-17250.

視覚的断崖

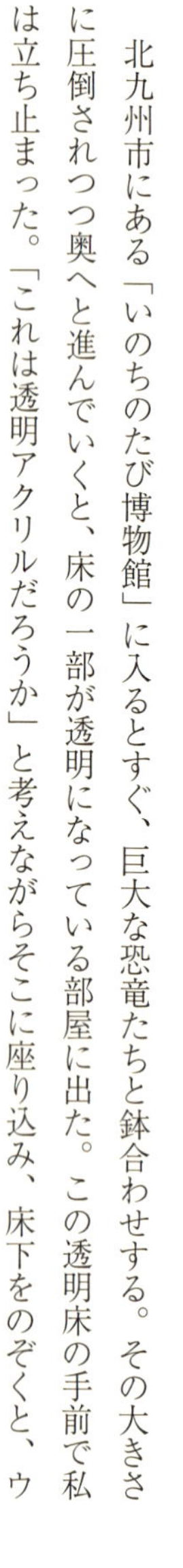

北九州市にある「いのちのたび博物館」に入るとすぐ、巨大な恐竜たちと鉢合わせする。その大きさに圧倒されつつ奥へと進んでいくと、床の一部が透明になっている部屋に出た。この透明床の手前で私は立ち止まった。「これは透明アクリルだろうか」と考えながらそこに座り込み、床下をのぞくと、ウミガメ、エビ、カニ、珊瑚の標本が真っ青な背景の中に並んでいて、まるで海の中をのぞいているかのように美しい。暫く眺めてから、「さて、この床の上は歩けるのだろうか」と周囲を見回し、「透明床進入禁止」の表示を探したが、見当たらない。すると、お客さんが私の横を通り越して透明床の上を歩いていったのだ。そこで私もそっと片足を乗せてみた。落ちなかった。けれど体が嫌がっているのもわかる。大人の私がこんななのだから、子どもはさぞ怖いのではないかと思い、館内にいる子どもたちの様子をしばらく観察した。子どもたちも透明床の前で立ち止まっていた。それから、躊躇しながらそっと足を乗せる子、得意げにその上でジャンプする子、嫌がって絶対に乗ろうとしない子、そんな子を無理矢理透明床の上に引き入れる子。皆、視覚的断崖の奥行き知覚が正常に作動している。

この透明床のような装置（図3）を使うと、言葉を話せない動物の奥行き知覚を調べることができる。一九六〇年[2]から五〇年以上も使用されている装置だ。この中央部に動物を載せると、ウサギ、ブタ、陸ガメ、子ヤギ、子ネコ、子ネズミ、子ザル、孵化直後のヒヨコ、子ヒツジはいずれも深く見える面でな

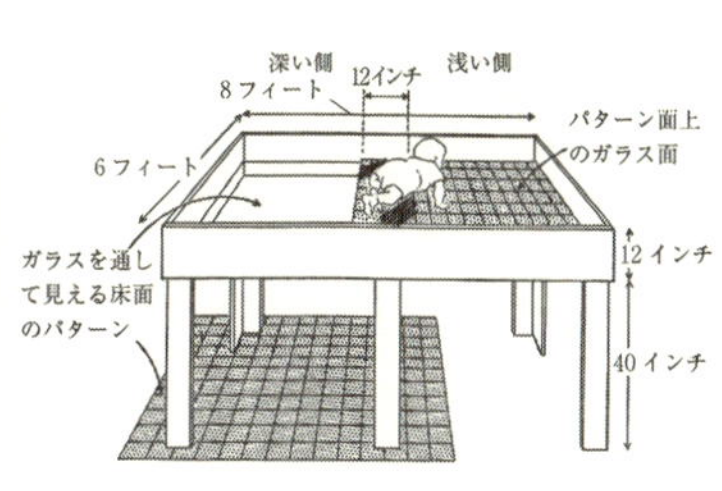

図3　視覚的断崖[3]

図4　視覚的断崖を見ている乳児[3]

く浅く見える面を歩いたが、[3]海ガメとアヒルの子は深く見える面も歩いた。彼らには、水面に見えたのだろうか。

ヒト乳児の調査では、図4の右端の風車をお母さんがくるくる回して、乳児（六～一四カ月児）を呼ぶ。[3]浅く見える面から呼ばれた乳児は全員はいはいして母のもとに行った。そして深く見える面から呼ばれたら皆行かなかった、というのなら美しい結果だったのだが、実は二七人中三人が深く見える面を渡ってしまったのだ。この三人は視覚的断崖に気づかなかったのか、あるいはほかに理由があるのか。そこでWalk[4]は乳児の月齢、はいはいの熟達度、チェッカー柄の色や大きさ、断崖の深さなどいろいろ変えて五〇〇人以上の乳児でくわしく調べた。しかし、どうやっても、幾人かの乳児は深く見える面上を渡ってしまったのだ。[4]これはちょっとおかしい。だって、本当の断崖だったら、一度渡ったら死んでしまうからだ。だから断崖を歩くなんてありえない。きっとWalkもそう思って何度も何度も実験を繰り返したのかもしれない。

風車を回しながら子どもを呼んだお母さんたちの中には、笑顔で手招きをしたお母さんがいたかもしれない。その笑顔が乳児たちに深く見える面を渡らせてしまったとは考えられないだろうか。Walk の調査から二〇年後、Sorceら[5]はお母さんの表情の影響を検証した。お母さんは、喜び顔あるいは恐怖顔で深く見える側から乳児（一二カ月児）を見つめる。すると、喜び顔で見つめられたとき、乳児の七割もが深く見える面を渡ってしまったのだ。しかし、恐怖顔のときは一人も渡らなかった。乳児は判断に迷うとき、自分にとって重要な他者、この調査ではお母さんを見る。お母さんが「大丈夫よ」という顔をしたら進み、そうでないなら進まない。乳児はお母さんの表情で判断していたのだ。でもそれはあくまでも迷ったときだけで、その証拠に浅く見える側でお母さんが恐怖顔をしても、乳児たちはお母さんの顔を一瞥もせずにがんがん進んだという。

Walk や Sorce らの実験映像は YouTube で公開されている。Visual Cliff で検索すると、断崖で躊躇する乳児たちや演技派のお母さんたちを見ることができる。

引用文献

（2）Gibson, E. J., & Walk, R. D.（1960）. The "visual cliff." *Scientific American, 202*, 67–71.

（3）Gibson, E. J.（1969）. *Principle of perceptual learning and development*. New Jersey: Prentice-Hall.（小林芳郎（訳）（一九八三）．知覚の発達心理学　田研出版）

（4）Walk, R. D.（1966）. The development of depth perception in animals and human infants. *Monographs of the Society for Research in Child Development, 31*, 82–108.

（5）Sorce, J. F. *et al.*（1985）. Maternal emotional signaling: Its effect on the visual cliff behavior of 1-year-olds. *Developmental Psychology, 21*, 195–200.

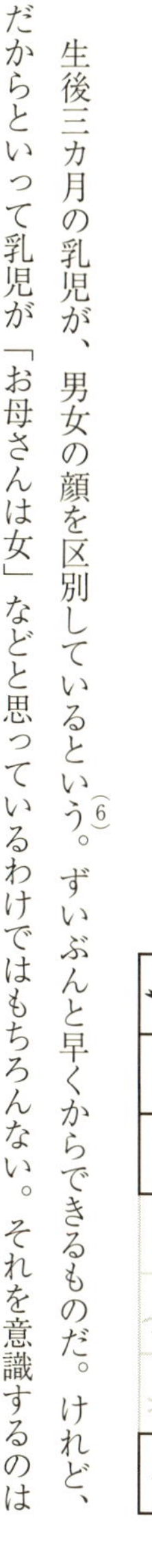
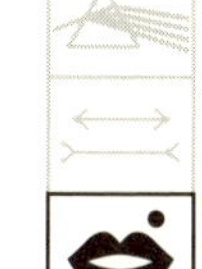

上目遣いで目がパッチリ

生後三カ月の乳児が、男女の顔を区別しているという[6]。ずいぶんと早くからできるものだ。けれど、だからといって乳児が「お母さんは女」などと思っているわけではもちろんない。それを意識するのはもっと後で、「私は女の子だから、あの子は男の子でしょ、そしてお母さんは女の子でお父さんは男の子」なんてことを言いだすのは、幼稚園に通うころだろう。そしてこのころから、女の子らしいしぐさ、見ていて恥ずかしくなるくらいわざとらしいしぐさをするようにもなる。どんなしぐさかと言えば、少しうつむいて上目遣いで首をちょっと傾けて見つめる、というのがその代表例と言えるかもしれない。こんなしぐさをする娘にお父さんたちは、うちの娘が世界一かわいい！と、めろめろになってしまい、「このしぐさがかわいらしさの原因かも？」などとはちらっとも疑わないのだ。しかしこのしぐさが、ある時期明確に意識された。一九八〇年代のかわいい子ぶりっ子隆盛期だ。その代表が松田聖子さんで、彼女のものまねをする人たちは皆そろって、顎を引き上目遣いで目をぱちぱちさせたものだ。このしぐさがかわいい子ぶりっ子の特徴だということになっていたし、これがかわいい女性を象徴していたのだけれど、果たして本当にこのしぐさはかわいいのだろうか。

Burkeら[7]は、男女各一〇名の正面顔から下向き／上向きの顔を作り（図5）、ただし下向き顔も上向き顔も視線は正面を向くようにし、どの顔向きが女性らしい／男性らしいかを参加者に聞いた。その

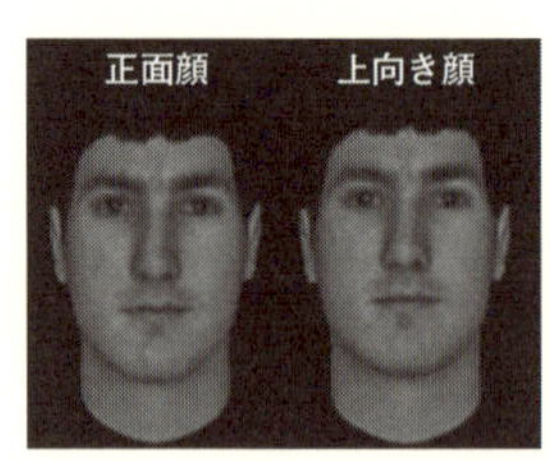

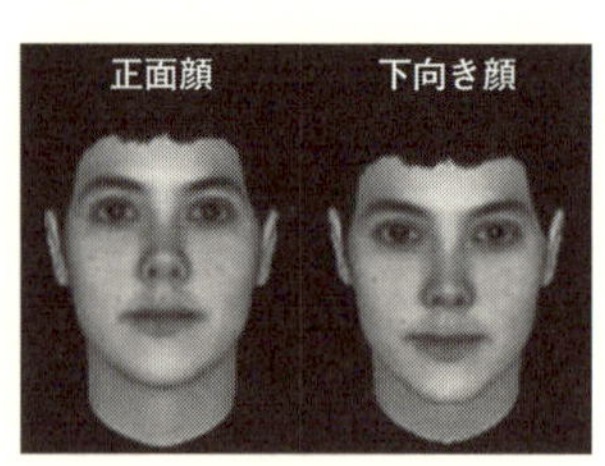

図5　実験に使用された男性（左）と女性（右）の顔[7]

結果、女性顔は下向き顔がより女性らしく、男性顔は上向き顔がより男性らしいと評価されたのだ。さらに、女性顔では、下向き顔がより魅力的と男性からも女性からも評価された。つまり、少しうつむき、上目遣いで相手を見ると、女性らしくて魅力的であると証明されたのだ。しかし、男性顔に対しては、参加者によって下向きあるいは上向き顔が魅力的と意見が分かれ、女らしい＝魅力的とはなっても、男らしい＝魅力的とはならなかったようだ。

Burkeらはなぜこんな実験をしたのだろうか。かわい子ぶりっ子が本当に魅力的かを調べたかったからではもちろんない。男女の顔が異なるのはなぜかを検討したかったからのようだ。男女の顔の特徴として、男性は顎が長くて幅広く、顔の上半分が相対的に小さく、目が小さくて眉弓が高い、そして女性は顎が小さく目が大きく唇が厚く眉弓が低い[8]とされている。かわい子ぶりっ子のしぐさである「顎を引いて上目遣い」がまさに女性顔の特徴（顎が小さく目が大きい）を誇張することになっていることに驚くだろう。そしてその逆が、男性顔だ。えっ、眉弓や唇は？と思うが、Burkeらはそこには全く触れていない。

男女の顔の特徴は身長差からもたらされたのではないかというのがBurkeらの仮説だ。男性は女性を見下ろす。すると相対的に女性の顎は小さく目が大きく見える。逆に女性は男性を見上げる。すると男性の顔は相対的に顎が大きく目が小さく見える。男女間に身長差が出現する以前のヒトの祖先では、顔の形に現在のような性差はなかったが、二足歩行になり身長差が生まれ、異性間での顔の見え方が変化し、その顔の見え方がそのまま女性らしい／男性らしい顔の特徴として認識されるようになり、その特徴を持った異性に魅力を感じ、結果その特徴がより強調され、現在のような男女の顔の差になった、ということを考えているようだ。上記の実験だけでは、この仮説を証明したことにはならないけれど、身長差が顔の性差を生んだのではないかという仮説は面白いなあ。

引用文献

（6）Quinn, P. C. *et al.*（2002）. Representation of the gender of human faces by infants: A preference for female. *Perception, 31*, 1109–1121.

（7）Burke, D. *et al.*（2010）. A new viewpoint on the evolution of sexually dimorphic human faces. *Evolutionary Psychology*, 8, 573–585.

（8）Weston, E. M. *et al.*（2007）. Biometric evidence that sexual selection has shaped the hominin face. *Plos One, 2*, e710. doi: 10.1371/journal.pone.0000710

左目vs右目

ヒトは目を二つ持っている。左右の目は六センチメートルほど離れているから、右目と左目の網膜に映る像はちょっとずれている。しかし日常で、このずれを知覚することはない。見えているのは一つの世界だけだ。左右の網膜の、ちょっとずれている二つの像を、脳があれこれ処理して融合して奥行きのある一つの世界にしているからだ。だから世界が一つであると計算されるには、左右の像がずれている以外は同じでなくてはならない。まあ、もともと世界は一つなのだから通常は同じに決まっているのだけれど、そうではない状況を実験的に作ることはできる。

図6aの一方を右目に、もう一方を左目に映す。実験では図7のような鏡を使った装置などで行うのだが、装置がなくても、少し練習が必要だけれど、「平行法」や「交差法」と呼ばれている方法で見ることはできる。交差法は、画像と目の中間付近に指を一本立て、ちょっと寄り目にして指を見ることで、右目に左の図、左目に右の図を網膜に映す方法だ。寄り目を頑張っていると、指に隠れて三つ目の画像がちらちら見えてくるだろう。そうしたら指をそっと抜くと、中央に左右の図が重なった立体図が見えてくる。図6aの場合は中央が飛び出した立体図形になるはずだ。ちなみに平行法（遠くを見るときの眼球の位置のまま、右目で右図、左目で左図を見る）だと中央がくぼんだ図になる。これは左右の図がちょっとずれている以外は同じなので、それらが融合され一つの奥行きのある図が知覚された

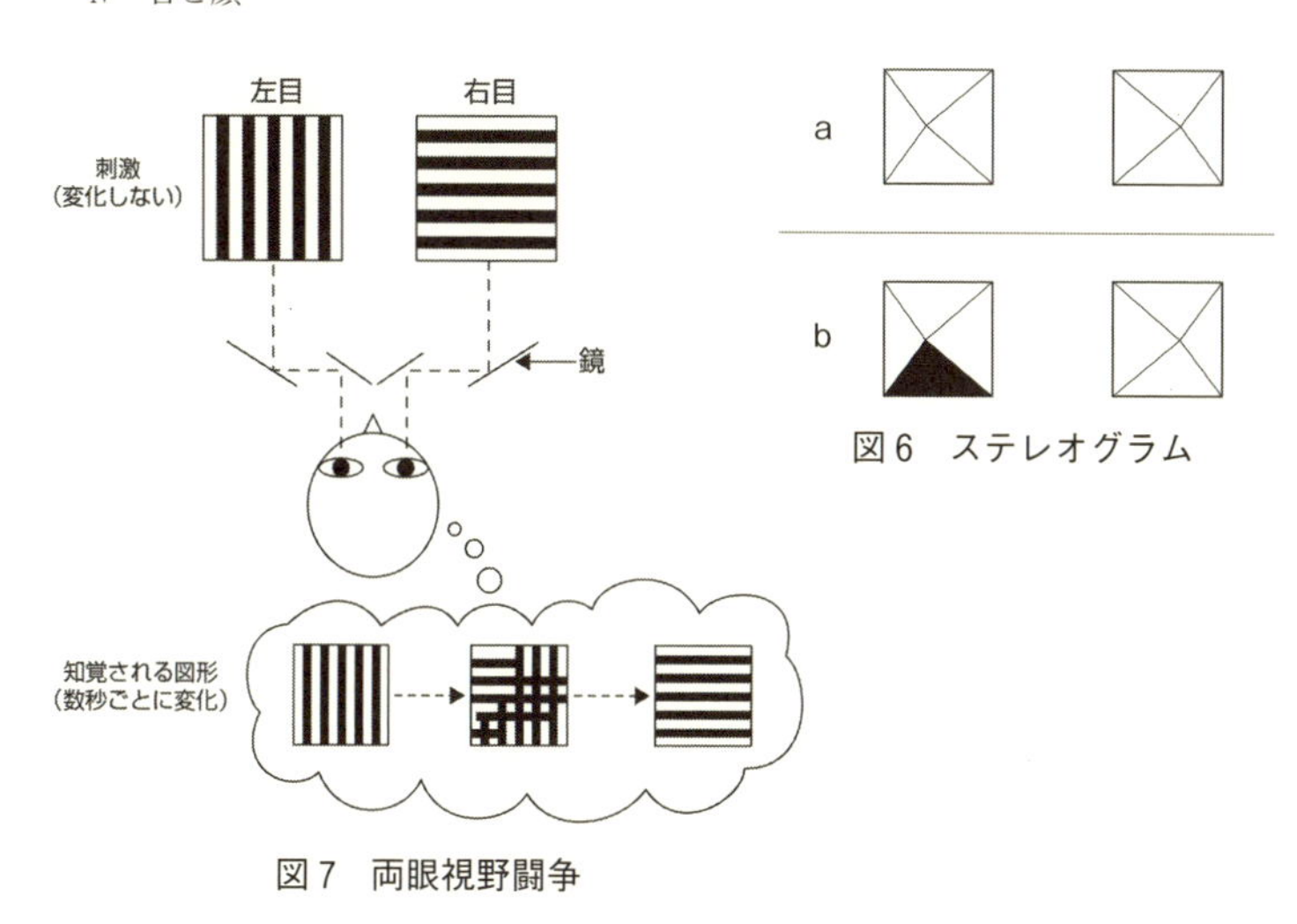

図7　両眼視野闘争

図6　ステレオグラム

のであるが、交差法あるいは平行法で図6bを見てみると、図の下の部分が数秒ごとに黒くなったり白くなったりとゆっくり変化して見えるのではないだろうか。これは左右の色が全く異なっているために融合できず、競合してしまったために起こる両眼視野闘争と呼ばれている現象だ。白と黒が混ざってグレーになるということはない。

交差法で図形を見続けていると目が疲れてきたのではないだろうか。少し休憩して、目を休ませてから、図7に進もう。これも左右の図が全然違うため視野闘争を起こす。改めて言うまでもないが、紙面の画像自体は動いてはいない。しかし交差法で見える図形は、まるで動画を見ているかのごとく、右の図と左の図が数秒ごとに入れ替わるのだ（図7下）。このとき、「縦線の図のほうを長い時間見るのだ！」と強い意志を持って念じて見てもそうはならない。それでもほんのちょっとだけ長くなるのだそうだが、劇的に長くなるということはないようだ。最後の図8がすごい。左右の顔を交差法（もちろん平行法でもよい）で見ると、中央に見えてきた顔はどうなっているだろうか。左右の顔が数秒ごとに交互に変わると思ったら、そうではなくて、中央に斜め線のある、右の顔のほうが長い時間見えるのだ。なぜ左右が均等でなくなるのか。他者がおびえた顔をしているということは、何かそこに怖いものがあるということだ。つまり、危険回避のために必要な情報を得ようとして、恐れ顔のほうを長く見るのではないか、とBannerman ら[9]は考えているようだ。

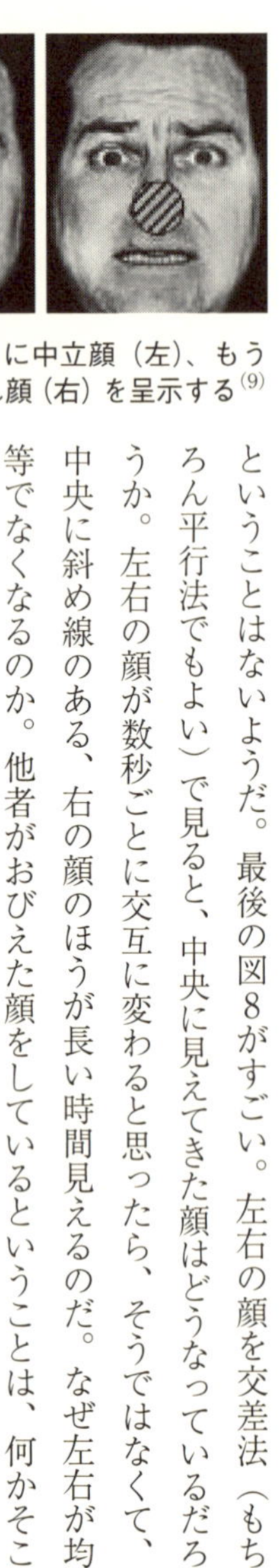

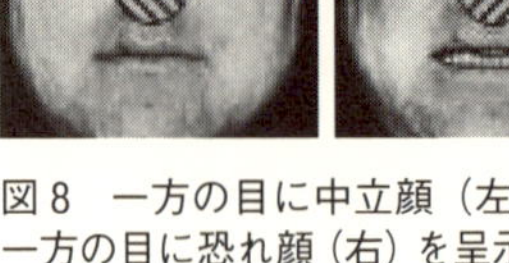

図8　一方の目に中立顔（左）、もう一方の目に恐れ顔（右）を呈示する[9]

右目と左目の、どちらの画像を認識するのかを決めているのは脳なのか？　脳がそういう処理をしているのだろうけれど、見ているのは私なのか？　私は恐れ顔のほうをより長く見ているとちゃんと認識している。私が見ているのは確かなのに、何を見るかを決めているのは私のようで私ではないという、いったい誰が右目の画像にするか左目の画像にするかを決めていると言えばいいのだろうか。よくわからないが、すごいなあ。

引用文献

（9）Bannerman, R. L. *et al.* (2008). Influence of emotional facial expressions on binocular rivalry. *Ophthalmic and Physiological Optics, 28(4)*, 317-326.

シグナルとしての涙

ソチオリンピックで、たくさんの選手が涙を流していた。その姿をテレビで見ていた人たちもまた泣いていたのではないだろうか。真夜中に泣いていた人がどれほどいたことか。それにしてもよく泣いた。ちょうどこの時期、花粉症でも涙が出るが、それとは全然違う涙だ。ヒトは、うれしい、悲しい、悔しいときに涙が出る。しかしなぜ、ヒトだけが情動に伴い涙を流すのだろうか。その進化的な意味を考え続けているのがProvine[10][11]である。Provineはあくび研究[12]のパイオニアであり重鎮だが、「白目を赤く充血させると、その顔の魅力が減少する」という研究で以前紹介したことがある（第III部「白目は白いだけじゃない」）。今回、彼は図9（実際の実験ではカラー写真を使用している）のような、涙のある顔から涙を消し、その顔がどのくらい悲しく見えるかを八〇人の学生に聞くという実験を行った。

この実験のためには、演技ではなく自然に悲しくて涙を流している顔写真を探さなくてはならない。そこでFlickrのようなオンラインで画像が公開されているサイトで悲しくて泣いている写真を探し出し、そこから五〇枚を選んだそうだ。それから画像処理ソフトを使って、写真の涙を消した。これで涙ありの写真が五〇枚、涙なしの写真が五〇枚できる。もし、これら一〇〇枚だけを参加者に見せたら、涙のあり／なしの比較の実験だと参加者にわかってしまう可能性が高い。そこで、さらに一〇〇枚の、苦しそうでもあり、悲しそうでもあり、何かを考えているようでもあるといった、何ともあいまいな表

図9　涙のある顔（左）と涙のない顔（右）（涙以外はすべて同じ）（文献(11)より作成）

情の、涙のない写真を探し出した。これで二〇〇枚になる。これらをモニタ上に一枚ずつ、五秒間呈示し、参加者にはどのくらい悲しそうに見えるかを1〜7の番号（1「まったく悲しそうではない」〜7「非常に悲しそうである」）で答えてもらったのだ。

その結果、涙のある顔は涙のない顔よりも、悲しい得点が高くなった。この結果を聞いてどう思っただろうか。たぶん、「そりゃそうだろう」と思ったことだろう。涙があることで悲しいとかうれしいとかといった感情が強調されるだろうということは容易に想像がつく。だから、涙があると悲しさの点数が高くなった、という結果を聞いても驚かない。

ところが、ここで驚いてほしいのだが、涙を消すとその顔が悲しい顔に見えなくなってしまったのである。つまり、涙があるから悲しい顔だということがわかるのであって、涙がなくなると悲しいのか、怖がっているのか、つらいのか、どこか痛いのか、何なのかよくわからない表情になってしまったというのだ。そう言われて図9の涙のない顔を見てみれば、たしかによくわからない表情なのだった。にわかに信じられないという方は、試しに悲しくて泣いている顔写真をどこかで探して、その涙を指で隠してみるといい。悲しい顔かどうかわからなくなったのではないだろうか。涙は悲しい顔を強調しているのではなく、涙で悲しい顔になるのだとProvineは言っている。

ヒトは互いに相手の表情を読み合う。そして悲しそうにしている人がいたら慰めもする。しかし、そのためには悲しい顔を認識できなくてはいけない。ところが表情筋を使って作れる表情には限界があって、どうやら表情筋だけでは悲しみを相手にうまく伝えられないようなのだ。そこで、涙の登場だ。目に涙があふれることで、悲しいという表出を明確に相手に伝えることが可能になる。以上がProvineの考えているシグナルとしての涙の機能、涙出現の進化的意味のようだ。

引用文献

(10) Provine, R. R. *et al.* (2009). Tearing: Breakthrough in human emotional signaling. *Evolutionary Psychology, 7(1)*, 52-56.

(11) Provine, R. R. (2011). Emotional tears and NGF: A biographical appreciation and research beginning. *Archives Italiennes de Biologie, 149*, 269-274.

(12) プロヴァイン、R・R／赤松眞紀（訳）（二〇一三）．あくびはどうして伝染するのか——人間のおかしな行動を科学する　青土社

ベビースキーマ

幼稚園での記憶をほとんど持っていないのだが、印刷された絵をはさみで切り抜いて、別の台紙に貼るという工作で、切り抜く絵が茶色の熊だった日のことはよく覚えている。熊の顎が長く垂れ下がり、しかもそこに皺まで描かれていたからだ。それがどうにもかわいくなくて、しばらく眺めたのち「顎の部分を切り落とせばいいいんだ」と気がつき、実行した。結果、私の熊はかわいい顔になった。うれしくて達成感に浸っていたら、先生に見つかって、「あら、顎を切り落としちゃったの?」と言われた。まるで、私が誤って切り落としてしまったかのような言い方だったので、わざとやったのだと伝えようと、「かわいくしたの」と言った。だがそんなことは関係ないといった風情で、先生は「熊さんの顎を切ってはだめですよ」とクラスの皆に向かって注意を促したのである。もんもんと嫌な気持ちになったのを覚えている。次の日、皆の作品が壁に並べて貼られたのを見たとき、「やっぱり私の熊が一番かわいい」と思った。なんて頑固な子だろうと今なら思う。

図10のヒトのLowとHighを見比べてほしい。顎の短いHighのほうがかわいいのではないだろうか。ほら、子どもの私は正しかったのだ。ありゃ、これでは今も変わらず頑固だ。もちろん顎以外にもHighの顔がかわいい理由はいろいろある。一九四三年にLorenzが、[14]「かわいい」は養育を必要とする乳幼児への、大人の養育行動を促す機能があると指摘し、その身体的特徴を「ベビースキーマ」と呼んだ。

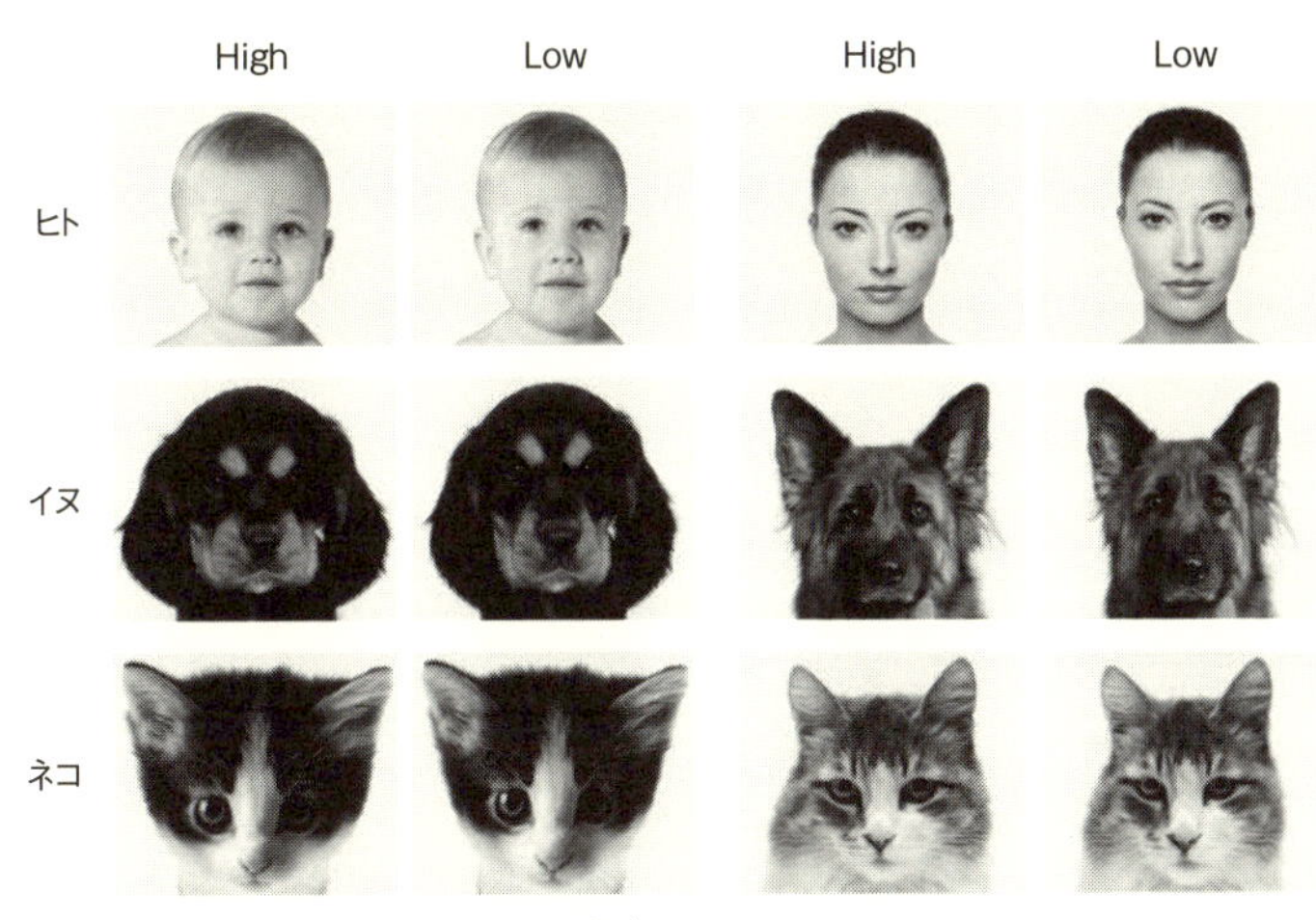

図10　Borgiら[13]の使用した刺激の例

それは、大きな頭、突き出たおでこ、大きな目が顔の下のほうにあること、膨らんだ頬などとされている。

図10のHighとLowは何かというと、本来の顔からベビースキーマの程度を変えたものだ。顔の長さを短く、顔幅を広く、額を長く、目を大きく、鼻を短く、口を小さくしたものがHighである。Lowはその逆で、顔を長く、顔幅を狭く、額を短く、目を小さく、鼻を長く大きく、口を大きくしたものである。こうするとHighはより幼く「かわいい」顔になり、Lowはより大人っぽい顔になる。

これらのHighとLowの写真を左右に並べて呈示したところ、大人も子ども（三〜六歳）もHighの写真のほうをより長い時間見たという[13]。図10のようにHighとLowが並んでいると、つい「かわいい」顔のほうに目が行ってしまうという傾向が、どうやらヒトにはあるらしい。次に写真を一枚ずつ示して、どのくらいかわいいと思うかを1〜5の数字（1「ぜんぜんかわいくない」～5「すごくかわいい」で答えてもらったところ、大人も子どももHighの得点のほうがLowの得点よりも高かった。つまり三歳児も大人も、ベビースキーマの程度の高いHighの顔をよりかわいいと思い、自然とHighの顔を見てしまうのだ。

それはヒトの顔にかぎらず、イヌの顔でもネコの顔でも同じ結果になったそうだ。しかし、そもそもなぜヒト以外の動物の子どもの顔も、ベビースキーマの程度が高いのだろうか。動物の子どもたちに共通する制約でもあるのだろうか。イヌにかぎれば、ヒトが養育してきた歴史の長さから、ヒトに好まれる顔の形態になったということも考えられる。あるいは、ヒトのように母イヌや母ネコにとっても、ベビースキーマの程度の高い形態のほうが養育行動を促すという可能性もないことはないだろう。

幼稚園児のときの、あの熊の罰が当たったのだろうか、私の夫はみごとに立派な長い顎の持ち主だ。

引用文献

(13) Borgi, M. *et al.* (2014). Baby schema in human and animal faces induces cuteness perception and gaze allocation in children. *Frontiers in Psychology*, *5*, 411. doi: 10.3389/fpsyg.2014.00411

(14) Lorenz, K. (1943). Die angeborenen formen möglicher erfahrung. *Zeitschrift für Tierpsychologie*, *5(2)*, 235–409. doi: 10.1111/j.1439-0310.1943.tb00655.x

情報源は〝上〟にある

先日、メディカ出版の編集部の皆さんに「ヒトの顔」を描いてもらった。八名の方が快く（たぶん）引き受けてくださった（図11）。本当にありがとうございました。どれも素晴らしいヒトの顔だ。けれどもちょっと間違っている。気がついただろうか。実は、目の位置が実際の顔のそれよりも上にあるのだ。『眼科ケア』という雑誌を出版しているにもかかわらず、目の位置が不正確とはなんたることだ」とお怒りになる方がいるかもしれない。しかし、ちょっと待ってほしい。そういうあなたも、もちろん私も、同じように描いてしまうものなのだ。

実際の目の位置はというと、頭の上から顎の下に縦線を引いたとき、この線のちょうど半分のところだそうだ。プロの絵描きが顔を描くとき、まず顔の中央に十の形の線を引くのを見たことがあるだろうか。この十字線の横棒上に目を描くのである。そう聞いて、「ずいぶんと下のほうだな」と思ったのは私だけではないはずだ。それくらい、誰もが目の位置は顔の半分より上にあると思っているのである。

しかしなぜ、本来の目の位置よりも上にあると思っているのだろうか？　その答えは、実に複雑で、複数の要因が絡み合っている。[15][16]一つ目は、乳幼児のころは身長が低いため、つねに大人たちを下から見上げることになる。下から見上げたときの目の位置は、本来の位置よりも上に見える。その顔が記憶として蓄えられて顔のプロトタイプとなり、顔を描くと目を上部に配置してしまうという仮説だ。残

図11　メディカ出版編集部の8名が描いたヒトの顔

念ながら、この仮説は検証されていない[15]。二つ目は、ヒトにはものの下半分よりも上半分に注意を向け、上半分からより多くの情報を得る傾向があるようだ。たとえば、縦線を書いた紙を誰かに示し、「線の真ん中に印をつけて」とお願いしてみると、実際の中心よりも上の位置に印をつけてしまうのだ。下半分が長いことに気づかないからだという。それで目より下の部分が長くなってしまうという仮説だ[16]。三つ目は、他者の顔を見るとき、額を無意識に無視してしまう傾向があり[16]、その結果、額以外の部分に注意が向き、額以外の部分からなる顔（額のない顔）を描いてしまうため、目が上に位置してしまうという仮説だ[16]。そして、これらの仮説のどれもが、多かれ少なかれ影響しているようなのだ[15][16]。

目を実際の位置よりも上のほうに描いてしまう傾向は、大人だけに見られるのではない。Clare[17]の調査では、一〇～一四歳の子どもたちでも同様の結果が得られている。面白いことに、大人も子どもも、記憶で顔を描いたときにかぎらず、目の前のモデルや顔写真を見ながら描いても、目を本来の位置よりも上に配置してしまう[15][16][17]。さらに、Ostrofsky[16]らは、大人の参加者に「私たちは顔を描くとき、目を上のほうに描いてしまうことがよくあります。本来の目の位置は、頭から顎までのちょうど中央です」とあらかじめ伝えた。しかしそれでも、参加者は目を上のほうに描いてしまったのだ。

「額を無視」して「顔の下半分に注意が向かない」ということは、結局、目以外の部分は無視しているということではないか。確かに、相手の顔を見るとき、相手の目のあたりに注意を向け、目から多くの情報を獲得している。それも毎日のように続けているので、「目は顔の上半分にある」という錯覚を作り出してしまうのだろう。

引用文献

(15) Carbon, C. C. *et al.* (2014). Neanderthal paintings? Production of prototypical human *(Homo sapiens)* faces shows systematic distortions. *Perception, 43(1)*, 99–102.

(16) Ostrofsky, J. *et al.* (2016). Why do non-artists draw the eyes too far up the head? How vertical eye-drawing errors related to schematic knowledge, pseudoneglect, and context-based perceptual biases. *Psychology of Aesthetics, Creativity, and the Arts, 10(3)*, 332–343.

(17) Clare, S. M. (1983). Drawing rules: The importance of the whole brain for learning realistic drawing. *Studies in Art Education, 24(2)*, 126–130.

胎児が見ている

「フランスのスズメは目がぱっちりしているんです！」とフランス帰りの友人が言い出した。「そんなことがあるのかしら」と当惑していたら、こちらの迷いが伝わったのか、「本当に大きいんですってば！」と繰り返してきたので、そこまで言うのなら、そういうこともあるのかもしれないと思って、家に帰って調べてみた。しかし、目がぱっちりしていて大きいかというと、「そうかなあ」という感じなのである。フランスにいるのは「イエスズメ」という種類で、日本のスズメとは色合いが異なっている。力を込めて何度も「大きいんです」と言うほどでもない気がしたのだが、どうして彼女にはそう見えたのだろう。そもそも、どうしてまたイエスズメの目に注目したのだろう。彼女はフランスにいるときに目について、何か思うことがあったのだろうか。

今どきこんな話かと気が引けるが、プリクラ（写真シール作製機）で撮影すると、自動的に目が大きく補正される。それがどのくらいのものか知りたいと思っていたら、ちょうど知り合いの若い研究者が彼女と一緒にプリクラで撮ったというので、見せてもらった。ずいぶんと目が黒々と大きくなっていて、研究室のみんなで大笑いした。前後して、カナダから来ていた文化心理学者の一行もプリクラで撮っていて、それはそれで笑ったのだが、彼らと話していると、自国のプリクラは日本のように目を大きく補正しないそうで、目が大きくなるという日本のプリクラに彼らが興味を持ったから撮影したのだとい

うことがわかった。

フランスのスズメの目が大きく見えたり、プリクラで目を大きくしたり、日光東照宮の三猿の目が大きくなったと騒いだり、虹彩の大きさや色を変化させるコンタクトレンズが売られていたり、充血した白目をきれいな白目にする目薬が開発されたり、白目部分にタトゥーを入れたりと、数えてみると切りがないほど、目に注目した物事が存在するのは、ヒトの性質からくるものなのだろう。そして、この性質の萌芽が、ひょっとすると胎児期にすでに存在しているのかもしれないという可能性を匂わせたのがReidら[18]の研究だ。

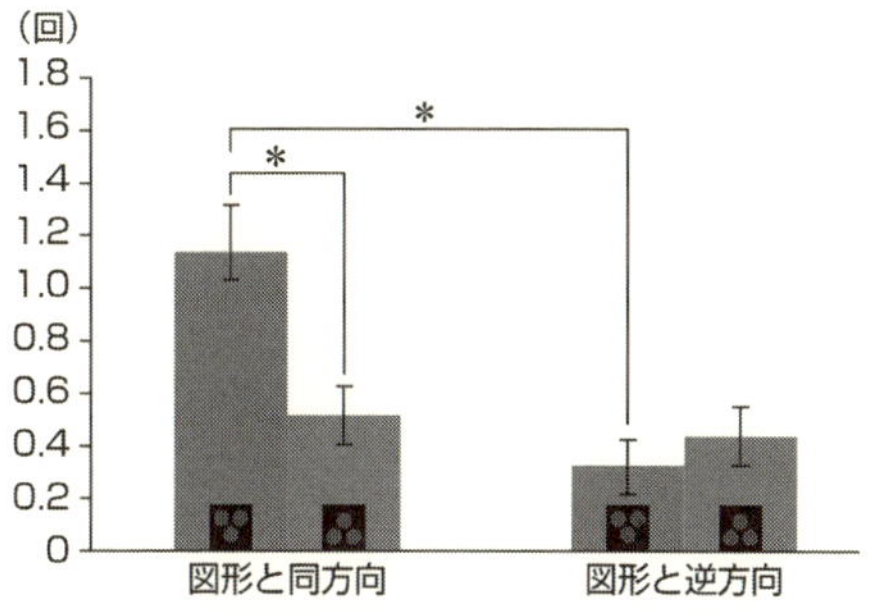

図 12　胎児の頭が動いた方向と平均回数[18]

＊：統計的に差がある。

対象となったのは、妊娠二三一～二五二日齢の胎児である。Reidらは、胎児に三つの赤い光からなる図形を妊婦の腹部の皮膚の上から胎児に呈示し、その図形を一秒間に一センチメートルずつ、とてもゆっくり右や左に動かした。赤い光は皮膚を通過して胎児に届くのだそうだ。三つの赤い光は、上に二つ、下に一つの点からなる、顔の特徴を抽出したものと考えられている図形と、その倒立図形の二種類だ。これら二種類の図形を五回ずつ胎児に示し、そのときの胎児の様子を撮影して、胎児の頭が左右のどちらに動いたかを調べたのである。胎児の頭の動いた方向と図形の動いた方向が同じかどうかを調べた結果、点が上に二つ、下に一つの図形のときに、胎児は図形を追いかけるように、図形と同じ方向に頭を動かしたのだ（図12）。胎児のこの行動が、誕生後の新生児が他者の顔を追視する行動の基盤となっていると考えるのは妥当だろう。視力のまだよくない新生児が目の前の顔を見るとき、それはピンぼけの写真のように、目と口部分がほかよりも暗い、上に二つ下に一つの点からなる図形に見えるからだ。そこで、この三つの点からなる図形を顔図形として、研究者らは長年使用している。しかし、この図形は本当に顔を示しているのだろうか。なぜ、胎児がこのような図形を見ようとするのか。これらは依然として、まだ謎なのだ。もしかすると、想像を超えたとんでもない理由がそこに存在している可能性だって、まだあるのだから。

引用文献

(18) Reid, M. V. *et al.* (2017). The human fetus preferentially engages with face-like visual stimuli. *Current Biology, 27(12)*, 1825–1828.

Beautiful（美しい）と Cute（かわいい）

「あのきれいな人は誰？」と、京都大学霊長類研究所のロビーで、とある先生に聞かれたことがある。もう二〇年以上も前のことだ。当時は誰も携帯電話なんて持っていなかった。そのきれいな人はロビーに置いてある公衆電話を使用していて、私は少し離れたところで彼女の電話が終わるのを待っていたのだ。彼女は確かに美しかった。けれど、壁のほうを向いて電話をしていたし、先生はロビーを歩いて通り過ぎるところだったから、ほんの一瞬で彼女をきれいだと見分けたことになる。「○○さんです」と先生の質問に答えながら、「野生のゴリラを観察している人は違うなあ。一瞬できれいな人を見つけられるんだ」と思ったので、よく覚えている。

女性の容姿を評価する形容詞として、よく使われるのが、Beautiful（美しい）と Cute（かわいい）だろう。心理学の実験で、参加者に女性の顔写真を見せて、「どのくらい美しい（あるいはかわいい）と思いますか」と尋ねるものがよくあるが、そのたびに思うのが、「美しい」と「かわいい」はどう違うのだろうかということだ。美しい女優さんはたいていかわいいし、かわいい女優さんはたいてい美しい。「美しい」と「かわいい」はどうも混ざりがちだ。けれども、美しい顔の判断には、顔の対称性と平均性が関係していて、それは健康と遺伝的な質に結びついていると考えられているため、美しさを扱う研究は、男性による配偶者選択という視点からなされることが多い。一方、かわいさは幼さと結びついてい

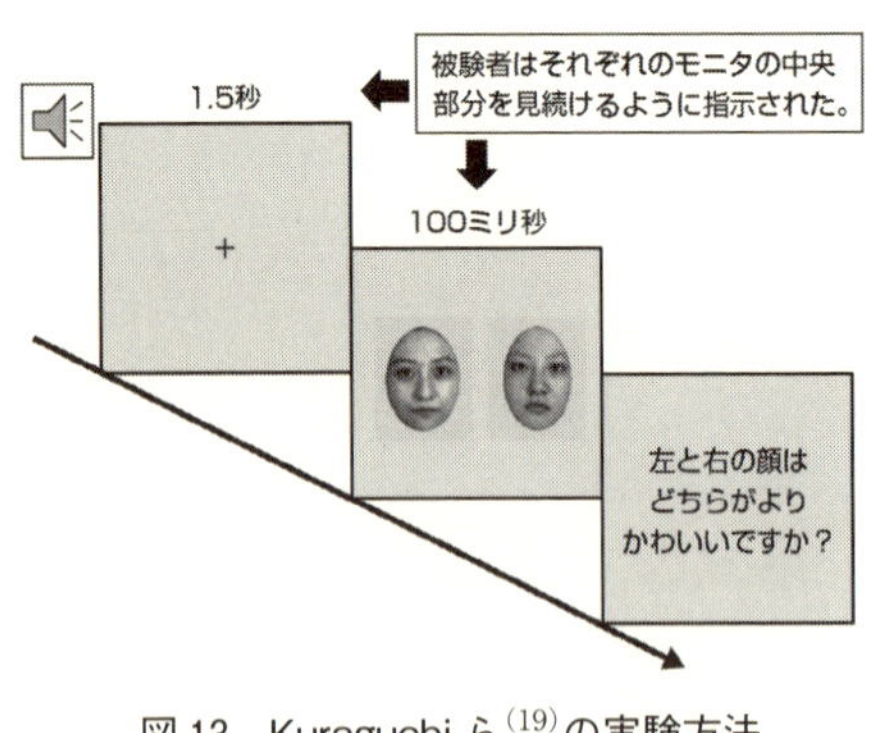

図13　Kuraguchiら(19)の実験方法

て、「ハグしたい」「ケアしたい」といった養育行動が引き出されることから、「かわいい」は養育行動との関係を扱った研究が多いのだ。つまり、研究の上では、美しい顔とかわいい顔の持つ機能がずいぶん違うということになっている。とはいえ、美しい顔やかわいい顔の判断をするときに、いちいちこんなことを考えてはいない。けれども、異なる何かを使って判断している可能性は十分にあるのだ。

Kuraguchiら[19]の実験（図13）を見てみよう。モニタの中央に「＋」が音と一緒に一・五秒間呈示され、被験者は「＋」を見る。その後、左右に並んだ二枚の顔写真が一〇〇ミリ秒間呈示される。被験者はこの間も、顔ではなく中央の「＋」があった場所を見続けるように言われる。顔が消えた後、「どちらがより美しい（かわいい）ですか」という質問に答えて、右か左の顔を選ぶのだ。使用された写真は、事前の調査で「美しい」と「かわいい」の評価が高かった五名と、低かった五名のもので、これら一〇枚の写真から二枚が呈示された。被験者らは、どちらが美しいかを判断するグループと、どちらがかわいいかを判断するグループに分けられた。

二枚の写真は、モニタの中央近くに呈示される場合と、中央から左右に離れたところに呈示される場合があった。写真が呈示されている一〇〇ミリ秒間はモニタの中央を見ていなければならないので、中央に近い写真は中心視野で、中央から離れた写真は周辺視野で見ることになる。Kuraguchiらの目的[19]は、中心視野と周辺視野で同じ顔写真を判断するときに、「美しい」と「かわいい」とで違いが見られるかどうかを調べることだったのだ。

その結果、美しい顔の選択は周辺視野でも中心視野と同様にできたのに、かわいい顔の選択は周辺視野では難しかったのだ。周辺視野では画像がぼやけて見えるから難しいのかもしれない。そこでピンボケ写真を使って、中央近くに呈示したところ、ピントの合った写真と同じようにかわいい顔の選択ができた。周辺視野でかわいい顔の選択ができなかったのは、画像がぼやけて見えるからではなかったのだ。Kuraguchiらは、かわいい顔の判断は養育行動に結びついていることから、注意深く判断する必要があるので、周辺視野では判断が鈍るのかもしれないと考えているようだ。そうすると、周辺視野でも瞬時に見つけることのできる「美しい顔」は、見逃してはいけない、非常に重要なものということになりそうだ。「美人を見つけたら、すぐに行けってことだな」と、隣で夫がつぶやいた。

引用文献

(19) Kuraguchi, K. *et al.* (2015). Beauty and cuteness in peripheral vision. *Frontiers in psychology*, 6, 566. doi: 10.3389/fpsyg.2015.00566

V　目と目

目であいさつ

花粉の季節だ。今日は風が強い。マスクをしっかり着けて家を出た。いつものバスに乗り、入り口近くのいつもの席に座った。しばらくして、たぶん三つ目の停留所だったと思うが、同じようにマスクをし、目を潤ませた青年が乗ってきた。そのとき彼と目が合った。「あ、一緒ですか」「今日はつらいですね」と声を出してあいさつしたわけではないけれど、目が合ったとき、そんなあいさつをしたような気になった。もちろん、そう思ったのは私だけで、彼はそんなこと思いもせず、目が合ったことすらも覚えていないかもしれない。一瞬目が合ったというだけで、あいさつしたように思ってしまった私は、自意識過剰なのだろうか。

この町に引っ越してきてすぐのころ、道ですれ違った小学生に「こんにちは」と突然声をかけられた。びっくりしてしまった。私を誰だか知らないはずなのに、彼らから先に、あいさつしたからだ。それであたふたしてしまい、返答するのに少し時間がかかってしまった。そのことに反省しつつ、ここはいい町だなと思った。

「おはよう」や「こんにちは」といったあいさつ語は、子どものころに覚えるものだが、あいさつそれ自体はもっと幼いころから、実は自然に身につくものらしい。Eibl-Eibesfeldt[1]が“eye-greeting”と呼んだ「目によるあいさつ」がそれだ。“eye-greeting”とは、相手を見て眉をちょっと上げる、すると上のま

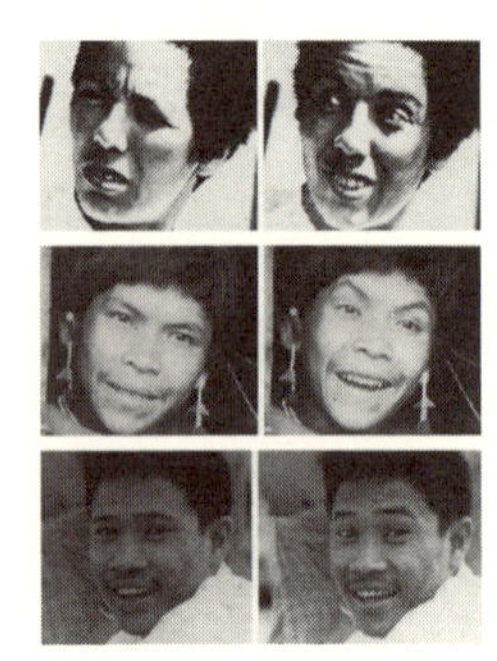

図1　目によるあいさつの例(2)

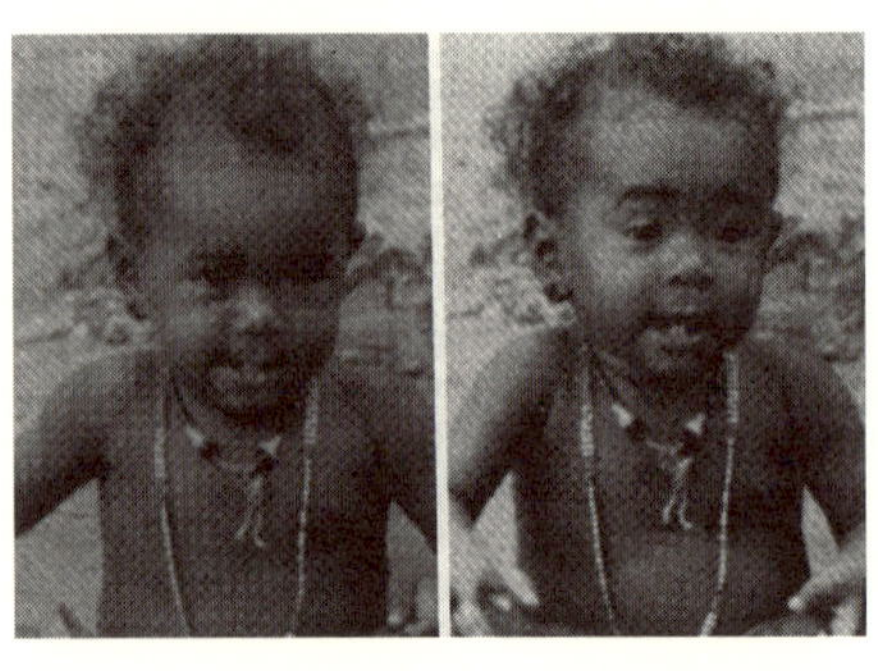

図2　カレウナ族の生後16カ月の乳児の目によるあいさつ(2)

ぶたも引き上げられ眼球がぐっと上方向に露出する、という一瞬の動作のことだ。それはほんとに一瞬で、六分の一秒以内に完了するのだそうだ。眉を上げるのは、「あなたを見つけました、見ましたよ」という視線を強調する行動で、互いに一瞬目を合わせ、「見ましたよ」「私も見ましたよ」という目によるあいさつなのだという。そんなのがあいさつなのか、と思われるかもしれないけれど、「見ましたよ」というのは、「あなたを無視していませんよ」ということでもあるのだ。そう考えるとこれは大切なあいさつだと思えてくるだろう。待ち合わせ場所で遠くから歩いてくる相手を見つけたとき、声には出さない場合が多いが、「あっ」という口の形をしながら、互いに一瞬目を合わせる。あるいは広い会場で、人ごみの中、遠くに立っている知り合いと一瞬目を合わせる。そんな「目によるあいさつ」、けっこう頻繁にしているのではないだろうか。

この目によるあいさつを、フランスでも、アマゾンのヤノマミでも、西ニューギニアのエイポでも、アフリカのクンでも、バリでもするということを、一九六〇年代に、一六ミリフィルムを使って

Eibl-Eibesfeldtらは調べあげた[2]（図1）。撮影したフィルムを一コマ一コマチェックし、六分の一秒というのもそれでわかったわけだが、大人だけではなくて、幼い子どもたちも目であいさつするということをも見つけたのだ（図2）。

何かに注目するときや何かをよく見ようとするとき、眉を上げ目を見開く。もともとそういう顔の動きがある。この動きが相手を見つけたときの「あいさつ」としても利用されるようになったのだろう。だから、いろんな国でいろんな文化で、しかも乳児期から、みんな「目であいさつ」をする。

バスの中で目が合ったとき、あの青年の眉は一瞬上がったのではないだろうか。そして私の眉も上がったのだ。もちろん眉毛がどうだったかなんて覚えてはいないけれども、あいさつをした気分になったということは、そういう目の合い方をしたということなのではないか。そう思えるのだが、思い過ごしだろうか。

引用文献

（1）Grammer, W. *et al.*（1988）. Patterns on the face: The eyebrow flash in crosscultural comparison. *Ethology*, *77*, 279-299.

（2）Eibl-Eibesfeldt, I.（1984）. *Die biologie des menschlichen verhaltens*. Munich: Piper Verlag.（桃木暁子ほか（訳）（二〇〇一）．ヒューマン・エソロジー――人間行動の生物学　ミネルヴァ書房）

私の目を見て

隣家に男の子が生まれた。生後三カ月、体重六キロになったその子を抱いていたら、三〇分ほどで腕がしびれてきた。重いなあ、困ったなあと思いながら、腕の中のその子を見ると、目が合った。あら、かわいい。目が合ったというだけで重さなんかどこかに行ってしまって、なんだかうれしくなり、いっそうかわいらしく思えてくるというのも不思議なことだ。しかし乳児のほうはどうなのだろう。私と目が合ってうれしいのだろうか。

図3の「見つめる目」と「そらし目」をしている女性の写真を、モニタ画面の右と左に同時に示すと、乳児は「見つめる目」の写真のほうをより長く見る。[3] 生後数日の新生児でさえもそうだという。

誰かが何かをじ～っと見つめていたら、その誰かはその何かを好きなんじゃないかと思ってしまいがちだが、本人に聞いてみると、好きとかじゃなくて、すごく派手な色だなと思って見ていたとか、いろいろ理由はほかにあったりする。だから、それを見ているからそれを好きということには必ずしもならない。同じように、乳児が「見つめる目」を見たからといってその女性のほうが好きとはかぎらないのだ。「そらし目」のときの目の色は、黒目がどちらか片方に寄るので（黒白）—（黒白）で、「見つめる目」のときは（白黒白）—（白黒白）となり、見つめる目のほうが目立つ。それで「見つめる目」のほうを見てしまうというだけのことかもしれない。

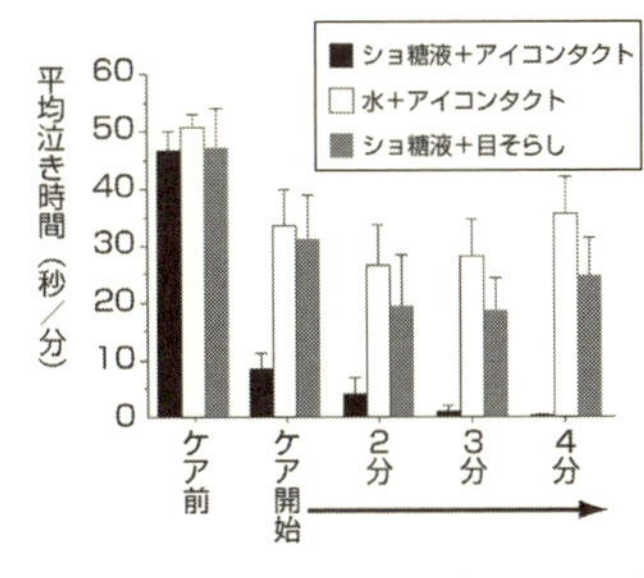

図4　生後4週児の泣きに対するショ糖液とアイコンタクトの効果[4]

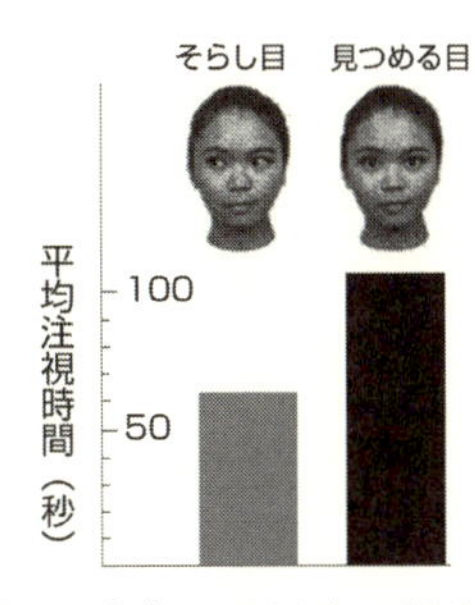

図3　生後5日以内の新生児17人の平均注視時間[3]

赤ちゃんが泣くと、大人たちがあれこれとケアし、やがて赤ちゃんは泣き止む。Blassらは、生後二週の乳児が一分間に四〇秒以上泣くまでじっと待ち、その後、泣いている乳児にショ糖液（あるいは水）をゆっくりと四分間与えた。[4] すると水では泣き止まないが、ショ糖液を与えられた生後二週の乳児はみごとに泣き止んだのだ。ところが、生後四週児は、ショ糖液を与えても泣き止まなかった。これは不思議、なぜだろう。

Blassたちはこの不思議を執拗に追いかけた。まず、実験結果を調べ直したのだ。すると、生後四週の乳児たちの中には泣き止んだ子もいたが、ショ糖液を与えても大泣きし続け実験にならなくなった乳児もいたのだ。その差はどうして生じたのかと、撮影しておいた実験映像を詳細に見直したら、大泣き乳児は実験者と全く目が合っていなかったこと、逆に泣き止んだ乳児は実験者と目が合っていたことに気がついた。謎を解く鍵がここにあるとひらめいたBlassたちは、実験者とのアイコンタクト有／無という条件を、第二実験で追加した。泣いている生後四週の乳児に、ショ糖液＋アイコンタクト、水＋アイコンタクト、ショ糖液＋目そらし（乳児の額を見続ける）、という三通りの対応をした。その結果が図４である。水＋アイコンタクトとショ糖液＋目そらし、では泣き止まなかったが、ショ糖液を与えながら乳児の目を実験者が見つめたとき泣き止んだのである。生後四週児には、ショ糖液を与えながらのアイコンタクトに意味があったのだ。しかもそれは乳児が泣き止むほどの、正の意味だ。生後四週までの経験を通して、「見つめる目」に正の意味が付加したということだろう。「この実験で最も印象的だったことの一つは、目そらし条件のとき、乳児が額を見続ける実験者と目を合わそうとして、粘り強く努力していたことだ」とBlass[(5)]は語っている。きっと、何度も何度も顔を上に動かしていたのだろう。生後四週の乳児がそんなことをするなんてと驚きながらも、その様子を想像してニヤけてしまう。

四〇年ぶりに「太陽の塔」の目が光っている。大阪に行って、太陽の塔と目を合わせたい。

引用文献

（3）Farroni, T. *et al.* (2002). Eye contact detection in humans from birth. *Proceedings of the National Academy of Sciences of the United Stats of America, 99*, 9602-9605.

（4）Zeifman, D. *et al.* (1996). Sweet taste, looking, and calm in 2- and 4-week-old infants: The eyes have it. *Developmental Psychology, 32*, 1090-1099.

（5）Blass, E. M. (1999). The ontogeny of human infant face recognition: Orogustatory, visual, and social influences. In P. Rochat (Ed.), *Early social cognition: Understanding others in the first months of life* (pp.35-66). Mahwah, NJ: Lawrence Erlbaum Associates.

見つめ返せば親友

「夢の共演」と題して、通常はソロで歌っている歌手たちが一緒に歌うことがある。そんな番組で、二人の歌を聴きながら二人の動きを眺めていると、視線のやりとりが妙に気になるものだ。みごとなタイミングで見つめ合って歌っていればそれは心地良く、彼らの歌唱がより調和して聞こえてくる。しかし逆に見つめ合うタイミングが合わないと、「二人の関係はあまり芳しくないのではないか」などと歌とは関係ないことを勝手に想像してしまい、それが歌唱の判断にまで及んでしまうことがあるようだ。自分が歌うときもそうだ。カラオケで友人と一緒に歌うとき、うまく歌えるかはもちろん気になるが、それ以上に気になるのが相手とうまくタイミングを合わせて見つめ合えるかだろう。事前に予測できるような曲ならばいいのだが、そんな曲はそうそうないので、大抵は「いつくるか、いつくるか」とつねに相手の動きを監視しつつ歌うのだ。そしてそのときが来たら、すかさず私も相手を見返す。しかし、なぜそんな縛りを自分で作っているのか、自分でもよくわからない。

目が合うとか合わないとか、ただそれだけで、仲良しかそうではないかの判断をしてしまうのは、文化を超えたヒトの性質らしい。Nurmsoo ら[6]は、四歳、五歳、六歳の幼児を対象にその発達過程を調べた。幼児たちに図5のような動画を示す。登場人物は簡単な線画の三人で、まず下の子どもが上にいるどちらかの子どもを見る。その〇・〇二秒後、上の子どもが下の子どもを見返し、見つめ合う場合

（図5上）と隣の子どもを見て、視線が合わない場合（図5下）とが示される。それぞれ四回繰り返される。このような動画六種類、髪型や髪色の異なるものが示された。各動画が終わった後、子どもは「下の子どものベストフレンドはどっち？」と質問される。図5の場合では、「左上の子ども」を指差すか答えるかしたら正解となる。五歳と六歳児の正答率は約七〇パーセントと高かったが、四歳児の正答率は五六パーセントだった。左上か右上かの二人から一人を選ぶので、ランダムに選んで、偶然に左上を選ぶ確率は五〇パーセントだから、五六パーセントでは有意に正解を答えたとは言えない。ところが、「下の子どもをたくさん見たのはどっち？」という質問には四歳児も左上の子どもだと答えることができたのである（正答率七七パーセント）。

図5　Nurmsoo ら(6)の実験のイメージ図
上は見つめ合いが成立しているが、下は不成立。

四歳児は見つめ合っているか否かを理解はしていたが、見つめ合うことと友好関係とを結びつけてはいなかった。友達という概念自体はすでに四歳児で確立されているそうだから、友達というものがわからないから視線と友達の関係がわからないということではないらしい。誰と誰が見つめ合っていたかを理解できていても、それがどのような意味を持つのかを理解するにはさらなる経験が必要で、それが六歳までに確立するのだろうと Nurmsoo らは考察している。それは六歳児の多くで、友達に選んだ理由を聞かれて、「互いに見つめ合っていた」と相互視線に関する答えをしたこと、さらにこの判断理由が友達選びの正解と関連していたことが示されたからだ。

「アリー my ラブ」というテレビドラマの第四シーズン二〇話にロック歌手のスティングが登場する。ステージ上で歌っているスティングと目が合った（と思い込んだ）ファンの女性は、「スティングは本気で私を好きなのだ。私たちは相思相愛」と信じて、夫に離婚を申し出る。それで夫はスティングを訴えるという話だったと思うが、ありえない話だと思って見ていたが、実は案外ありえるのかもしれない。

引用文献

（6）Nurmsoo, E. *et al.*（2012）. Best friends: Children use mutual gaze to identify friendships in others. *Developmental Science, 15(3)*, 417-425.

あっち向いてホイ

今さら言うのもなんだが、任天堂の Wii はすごいなあ。あの Wii のリモコン（その後、Wii は販売終了してしまったが、今なら Swicth のコントローラーが同様か）を手に持って、あるときはテニスラケットとして、またあるときは剣として、そしてまたあるときは指揮棒として振り回すと、振り回した動きがそのままゲームに反映され、テニスラケットなら画面の中のテニスボールを打つことができるのだ。なんとも不思議だが、やってみると Wii リモコンの動きが瞬時に、しかも正確に画面上に反映されるので、楽しい。一時間なんてすぐに経ってしまう。Wii リモコンの中の複雑な回路についてはどうなっているのかさっぱりわからないが、あの中に加速度センサが入っているということだけは知っている。なぜ知っているかというと、ずいぶん前に参加した実習で、Wii が爆発的に売れたおかげで加速度センサの値段がものすごく安くなり、さまざまなメーカーから販売されるようにもなり、誰もが手軽に使えるようになったのだとうれしそうに工学の先生が話していたからだ。もちろん、手軽といっても加速度センサが手に入りやすくなったというだけのことであって、使うためにはそのセンサをあれやこれやにつないでプログラムを書いて制御してというような、ややこしいことをしなくてはいけないのだけれど、それでも使えるという話を聞くと何だか使いたくなってくる。

とはいえ、私には使えないので、代わりに加速度センサを使ったWangら[7]の実験を紹介しよう。この実験の参加者は事前に、「画面の女性の手が動いたら、指示されている手の動き（開くあるいは閉じる）をできるだけ早く行ってください。ただし、女性の手が動かなかったら動かさないでください」と言われている。参加者の手の動き（閉じるか開くか）は前もって決められており、画面の女性の手の動きと自分の手の動きが一致するときもあればしないときもあるのだ。始めは画面（図6の最上段）に+が呈示されるので、参加者はこの+を見る。すると（図6の二段目）、目を閉じて向かって左を向いている女性と手が現れる。手は半開きだ。参加者もまずは画面の手のように、自分の右手を半開きにして待つ。次に（図6の三段目）、画面の女性は目を開いて顔を正面に向けこちらを見る、あるいは向かって右を見る。最後に（図6の四段目）、女性の手が開く、あるいは閉じる、あるいは動かず終わる。ここで、参加者は画面の手が動くかどうかを確認して、できるだけ早く手を動かさなくてはならない。図では正面を向いた顔のときに手が開き、向かって右を向いたときに手が閉じているが、もちろん逆の場合もあるし、動かない場合もある。画面の女性の手が動かないときには参加者も手を動かしてはいけないので、そろそろだなという予測だけで自分の手を動かすことはできない。参加者はこれを二四〇回も行う。開くように指示されるのが一二〇回で、閉じるように指示されるのが一二〇回だ。途中休憩は入るが、右手がつりそうだ。

加速度センサは、参加者の親指と中指に装着される。これで、画面の女性の手が動いてから参加者の手が動くまでの時間を測定し、同時に指示された手の動きが正確に行われたかもチェックできる。実験条件は、女性の手の動きと参加者の手の動きが一致する、あるいは一致しない場合と、さらに女性と

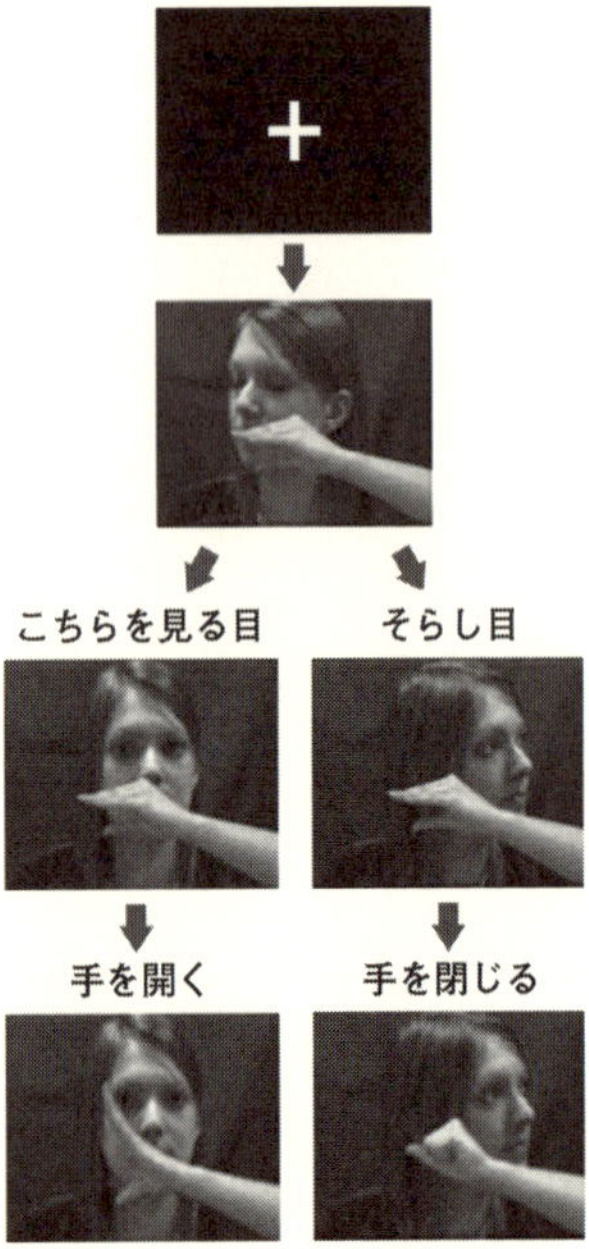

こちらを見る目
そらし目
手を開く
手を閉じる

図６　Wang ら[7]の実験の流れ

目が合う場合と合わない場合の、合計四通りとなる。これらを分析した結果、参加者は画面の女性と偶然動きが一致したときに自らの手をより早く動かし、女性と目が合うとさらに素早く手を動かしたのだ。

画面の女性の手が動くかどうかを確認しなくてはいけないので、そのとき、女性の手の動きが目に入る。すると参加者はついつられて画面の女性と同じように動いてしまいそうになる。参加者が指示されていた動きと画面の動きが偶然一致していれば、そのまま動かせばよいからすぐ動かせるが、不一致の場合は画面と同じように動きそうになる自らの手の動きをぐっとこらえて、逆の動きをしなくてはならないので動き始めるのが遅くなる。興味深いのは、目が合っているかどうかで一致のときにさらに早く動いたことだ。自動的に同じ動きをしてしまうという傾向が、その相手と目が合うことによってより促進されてしまう。目が合うだけなのに、不思議なことだ。

この実験で思い出すのが「あっち向いてホイ」という遊びだ。「あっち向いてホイ」は、互いに向かい合って行うものだから、つい相手の目を見てしまって、相手の指の動きにつられてしまうのだ。指を動かす相手の目を見ないですめば、指につられて顔が動くことを押さえることができそうだけど、それではずるになるのだろうか。そういうルールがあったかどうか覚えていないので、動画サイトで「あっち向いてホイ」で検索してみた。いくつかの映像を見るかぎり、相手の目を見なくてはいけないというルールはどうもなさそうだ。それならば、ジャンケンに負けたときは相手の目を見ないで顔を動かし、ジャンケンに勝ったときは相手の目をじっと見つめて、なるべく目を合わせるようにして指を動かす、これで次からは勝てる、かもしれません。

引用文献

(7) Wang, Y. *et al.* (2011). Eye contact enhances mimicry of intransitive hand movement. *Biology Letters, 7(1)*, 7–10.

天賦のアイコンタクト

ある場所に生まれたら、そこで暮らす人たちが共有している知識（「この毛虫に触らない」「この果物はおいしい」「雨の日には傘をさす」など）を身につけ、それをまた次の世代へ伝える、ということを誰もが自然に行っている。このような共有知識の伝達と、「私は毛虫を触らない」「私はこの果物が好き」「私は傘をさす」などの個人的な情報の伝達とは違うものだ。当たり前だと思われるかもしれないが、ではどうやってこれらの情報を区別して相手に伝え、あるいは相手から受け取っているのか、と聞かれると答えられないのではないだろうか。もちろん、これらの区別をとうとうと言葉で説明することは可能だ。しかし、日常、いちいち言葉でなど説明してはいない。ではどうしているのか。実は、アイコンタクトを使ってそれを実現しているのだ[8]。

Egyed ら[8]は図7の実験でこのことを明らかにした。一歳半の幼児とテーブルを挟んで実験者Aが座る。テーブルの上には、幼児が初めて目にするおもちゃが二つ置いてある。図7aでは、実験者Aは幼児とアイコンタクトを取り、さらに「○○ちゃん、こんにちは」「ねぇ、見て」と笑顔で話しかけてから、向かって左の三角のおもちゃを笑顔で見つめ次に幼児を見て、再び三角を見てと、三角と幼児を交互に笑顔で見た。次に、向かって右の四角いおもちゃを嫌そうに見つめて幼児を見てと、幼児と四角を交互に嫌そうに見た。これらをもう一度繰り返したのち、実験者Aは席を立ち、部屋から出て行く。その

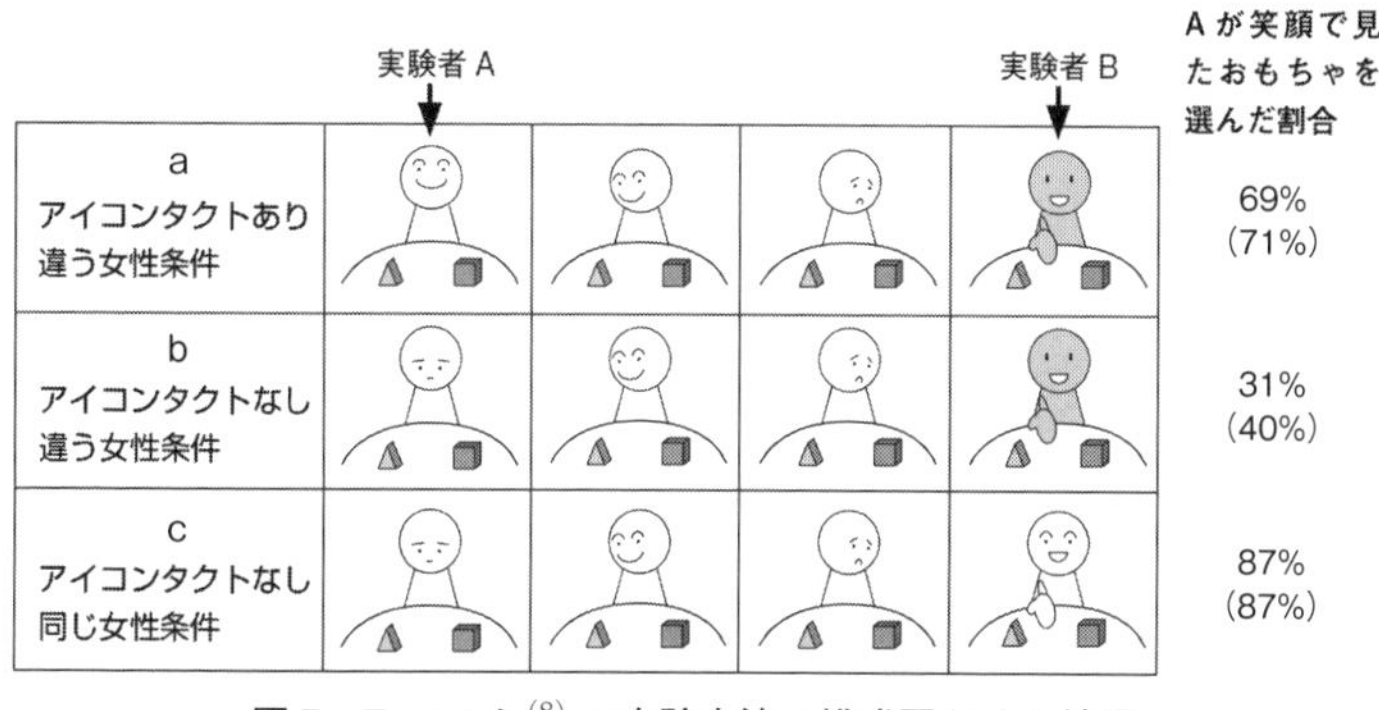

図7　Egyed ら[8] の実験方法の模式図とその結果
（　）内は先駆けて行われたパイロット実験の結果。

後、実験者Bが部屋に入ってきて席に座り幼児を見つめ、話しかけた後、手を差し出し、「一つちょうだい」と言うのだ。さて、幼児たちはどちらのおもちゃを渡すのだろうか？　図7aの右がその結果である。六九パーセントの幼児が、実験者Aが笑顔で見つめた三角のおもちゃを実験者Bに渡したのだ。ところが、図7bでは、実験者Aが幼児を見ず、さらに話しかけずに、それ以外は図7aと同様に振る舞うと、実験者Bに四角よりも三角を渡すという傾向は見られなくなった。最後に図7cでは、図7bと同様に実験者Aは振る舞い、席を立った後、再び席に戻り自ら手を出して「一つちょうだい」と言うと、八七パーセントの幼児は実験者Aが笑顔で見つめた三角のおもちゃを渡したのだ。

さて、これらの結果をどのように考えたらよいのだろう。図7のbとcで、実験者Aが乳児と何のやりとりもせずに、三角のおもちゃを笑顔で眺めている状態を、幼児はどのように解釈したのか。多くの幼児は実験者Aには三角のおもちゃを渡したが、実験者Bにはそうしなかったことから、実験者

Aの振る舞いを、「Aは三角が好きで四角が嫌い」と解釈したと考えられる。ところが、図7aで、実験者Aが幼児を見つめ、話し掛けながら行った場合、多くの幼児は実験者Bにも三角のおもちゃを渡したことから、この場合の実験者Aの振る舞いを、Aの個人的な好みではなく、「三角は良いもので四角は悪いもの」という共有知識として解釈したと考えられる。

熱い鍋を触ったら、自動的に「熱い！」という表情をして手を引っ込めるだろう。これを第三者として観察したら、「あの人は熱かった」と解釈する。一方、「熱い鍋を触ってはいけない」ということを幼児に伝えるときはどうだろうか。大人はわざと触ったふりなどして、幼児を見ながら、「熱い！」という顔を作って、触ると熱いということを教えようとするのではないか。これらの違いは、アイコンタクトを使ったやりとりの有無だけなのだ。

誰に教えられたわけでもないのに、ヒトはアイコンタクトを使った教え方を身につけている。これを"natural pedagogy"とCsibraら[9]は名付けたが、これに「天賦の教育」という訳を夫が当てていたので、ちょっとそれを拝借して、「天賦のアイコンタクト」というタイトルにしてみた。

引用文献

（8）Egyed, K. *et al.*（2013）. Communicating shared knowledge in infancy. *Psychological Science, 24(7)*, 1348-1353.

（9）Csibra, G. *et al.*（2009）. Natural pedagogy. *Trends in Cognitive Sciences, 13(4)*, 148-153.

ぱちぱち

目薬の後に、「はい、ぱちぱちしてください」と言われた子どもが、目を閉じたまま両手を打ち合わせたという話を聞いたことがある。そう、ぱちぱちといったら、手をぱちぱち、たき火がぱちぱち、そろばんをぱちぱち、と実際にぱちぱちという音がするのに、まばたきはぱちぱちという音がしないのだ。なぜまばたきもぱちぱちなのだろう。もしかしたら、写真を撮るときにも「ぱちぱち撮った」と言うから、これと関係があるのかもしれない。まばたきは、カメラのシャッターを切るような、見ているものを写真に納めるような、そんな行為に似ているからカメラと一緒のぱちぱちを使うのだろうか。と書いてはみたものの、ちょっとこれはいかにもこじつけだなあ。

まばたきは目の潤いを保つために行うものだと思っていたが、潤いを保つためなら一分間に三回ほどでよいらしい。しかし実際は二〇回もしているのだ[10]。どう考えても多すぎだ。この多すぎるまばたきの回数に疑問を持ち、まばたきの意味を解明し続けているのがNakanoら[10][11]である。

相手の話を聞いているとき、どのようなタイミングでヒトはまばたきをするのだろうか。テレビを見ている人に向かって話しかけている男性（話し手）の映像（約三分間）を呈示し、それを見ている人（聞き手）のまばたきを計測したところ、話し手のまばたきの後、〇・二五～〇・五秒で聞き手がまばたきをする割合が高かった[10]。

この、「話し手がまばたきした後に聞き手がまばたきをする」というまばたきの同期が、話の流れの中でいつ生じたのかをくわしく分析したところ、発話内容の切れ目で話し手がまばたきをしたときに、聞き手はまばたきを返していた。しかし、話し手が話の途中で行ったまばたきに対しては、聞き手はまばたきを返さなかったのである。このことから、話し手のまばたきとは関係なく、話の切れ目で聞き手はまばたきをしているだけかもしれないとも考えられる。そこで、映像をなくして音声だけ流してみたところ、聞き手が話の切れ目でまばたきをするということは観察されなかった。つまり、聞き手のまばたきは話の内容の切れ目だから生じたのではないのだ。では逆に、話し手の映像から音声を消したらどうなるか、この口パクの話し手のまばたきに対しても、聞き手はまばたきを返さなかった。話し手のまばたきを見たことによって自動的に聞き手のまばたきが生じたのでもないのだ。

以上の結果から、映像と音声の両方が存在するときにのみ、聞き手は話し手の話の切れ目でまばたきを返す。つまり、話し手と聞き手は話の切れ目でまばたきを互いにやりとりすることで、一つの話のまとまりを無意識に共有しているのではないか、これによって、円滑なコミュニケーションが行われるのではないか、とNakanoら[10]は考えているようだ。

「ミスター・ビーン」というイギリスの人気コメディの映像を見ているときのまばたきと脳の活動の関係を調べた研究[11]では、映像の内容の切れ目で視聴者のまばたきが生じることが再び確認された。さらに、まばたきをすると、安静時に活動するデフォルト・モード・ネットワークと呼ばれている脳の活動が増加し、まばたきをする前に活動していた注意のネットワークと呼ばれている部位の活動が低下した。

しかし、まばたきとほぼ同じ時間である一六五ミリ秒間のブランク（まばたき同様、網膜に視覚刺激の入力がない）を映像中に挿入したところ、このブランク時には、視聴者の脳の活動部位の交替は見られなかったそうだ。つまり、視覚刺激の入力がなくなることが、脳の活動部位の交替を生じさせたのではなく、まばたきをするということ自体が、脳の活動部位を交替させたのである。まばたきによる脳の活動部位の交替は、一つの話のまとまりを閉じて処理し、新たな話へと注意を向ける準備のようなことをしているのかもしれないとNakanoら[11]は言う。

乳児のまばたきは一分間に三回ほどだという。これは目を潤すために必要な回数とまさに一緒だ。その後、成長とともに回数が増していく。それは目を潤すため以上の意味を持つぱちぱちなのだ。

引用文献

(10) Nakano, T. *et al.* (2010). Eyeblink entrainment at breakpoints of speech. *Experimental Brain Research, 205(4)*, 577-581.
(11) Nakano, T. *et al.* (2013). Blink-related momentary activation of the default mode network while viewing videos. *Proceedings of the National Academy of Sciences of the United States of America, 110(2)*, 702-706.

瞳を合わせて

あるテレビドラマを見ていた。全部で十数話だったか。その第三話あたりで主役の男女が二人してジーンズのポケットに軽く指をひっかけて歩いた。別の場面では、準主役の男女が同じタイミングで両手を腰に当てた。どちらもとても自然な動きだった。しかし当時、行動の同期について考えていたので、それが際立って見えたのだ。そんな時期でないかぎりは気にも留めない、些細な動きなのだと思う。ところが一度気づいてしまってからというもの、ストーリーよりも同期行動を探すためにドラマを見るようになってしまった。ちなみに、このドラマの結末はというと、行動が同期した二組ともにハッピーエンドであった。この結末からさかのぼって考えてみると、動きを同期させるという演出は、二人が仲良しになりつつあるということを、視聴者にそれとなく感じさせるためのものだったと思われる。演出家とは行動学者でもあるようだ。

動きの同期と言えば、以前まばたきが同期するという研究を紹介したが、実はまばたきよりもさらに細かい、瞳孔径が同期するという報告[12]がある。相手の瞳孔なんていちいち見てないよと思うかもしれないが、どうやらそうでもないらしいのだ。

図8は実験に使用された動画（http://langint.pri.kyoto-u.ac.jp/ai/ja/publication/MariskaKret/Kret2014-a.html）の一部である。上二つはヒトで、下二つはチンパンジー、左は瞳孔が一番小さい状態で、

右が一番大きい状態だ。実験では、図8の左と右のちょうど中間の大きさの瞳孔径から始まって、瞳孔がだんだん拡大して右の状態になる動画と、中間の瞳孔径からだんだんと瞳孔が縮小して左の状態になる動画をモニタに呈示した。それをヒトとチンパンジーに見せ、彼らの瞳孔径を測定した。その結果、ヒトはヒトの、チンパンジーはチンパンジーの動画の瞳孔が拡大すると見ている側の瞳孔も拡大し、動画の瞳孔が縮小すると見ている側の瞳孔も縮小したのだ。

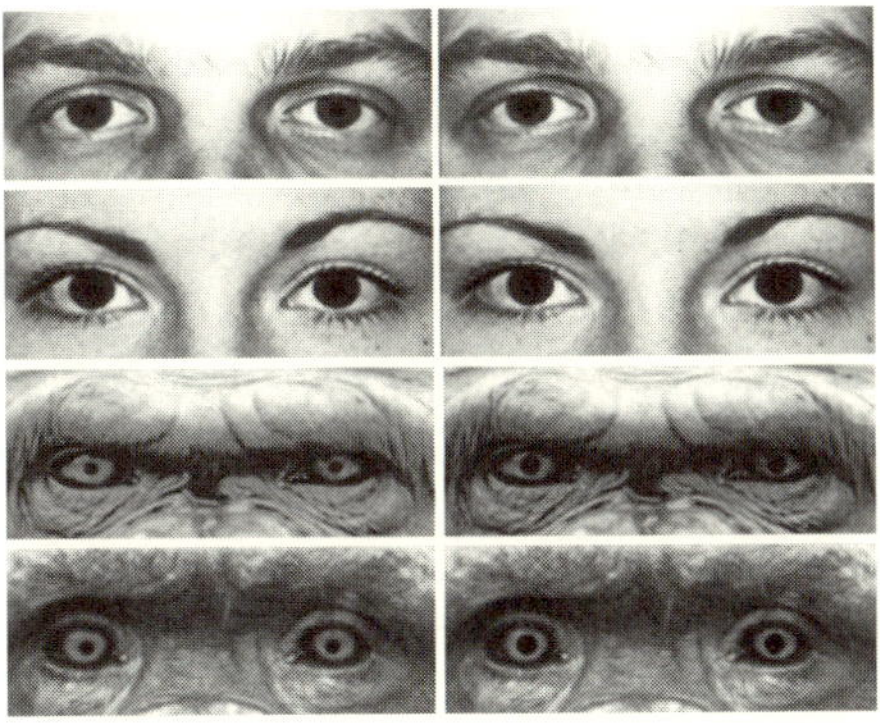

図8　刺激の例[12]（左が瞳孔径最小、右が瞳孔径最大の状態）

けれども、ヒトがチンパンジーの動画を見ているときや、チンパンジーがヒトの動画を見ているときには、瞳孔径の同期は観察されなかった。さらに、この同期は、チンパンジーよりもヒトで顕著に現れたという。ヒトがいかに互いの目に注目しているかが示されたのだ。

瞳孔径の同期にはどのような機能があるのだろうか。そもそも行動の同期はお互いの社会的な結びつきを形成し、維持する機能があると考えられている。瞳孔径の同期も同様の機能があり、瞳孔径が情動に関係していることから、相手との共感に結び付いている可能性をKretら[12]は指摘している。

ところで、ヒトはヒト以外の動物に対しても簡単に感情移入してしまうので、ヒト以外の動物の瞳孔径にも同期しそうなものだ。しかし、結果はそうではなかった。それが不思議でしかたがない。実験参加者の平均年齢が二五歳と若いからだろうか。もっとこう、私ぐらいの、「えっ、こんな話で泣くんですか」というぐらいの、乳幼児と小動物が出演していれば泣いてしまうぐらい涙もろくなっている、つまりは簡単に共感してしまう年齢の方ならどうだろう。Kret らの結果でも、子どものチンパンジーよりも、その母親のチンパンジーのほうがより同期したというから、ヒトも年齢の影響があるかもしれない。さらに、刺激動画がチンパンジーではなくて、飼い犬や飼い猫ならどうだろう。猫の瞳孔はヒトと形が異なるけれど、それでも同期するかもしれない。

テレビドラマの中でも、まばたきや瞳孔が同期しているのだろうか。同期していたとして、それはさすがに演出ではないだろう。演技者たちの自然な動作だろうが、それだけ役になりきっているということかもしれない。

引用文献

（12）Kret, M. E. *et al.*（2014）. Chimpanzees and humans mimic pupil-size of conspecifics. *PLoS ONE, 9(8)*, e104886.

見つめ合う→オキシトシン→快→見つめ合う……

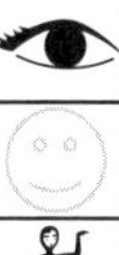

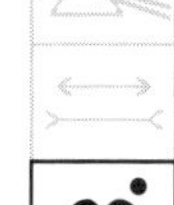

「オキシトシン」という単語を最近よく目にする。オキシトシンはギリシャ語で“rapid birth”という意味らしい。二〇世紀初めに子宮を収縮させる物質として発見されたことから名付けられたようだ。そののち、乳汁分泌を促すことや女性だけではなく男性にも存在すること、脳内の報酬系と呼ばれている一連の部位にも作用することなどがわかってきている。

報酬系が活性化すると、その個体は「快」の感覚を得る。好ましい相手と見つめ合ったり、抱擁したりするとオキシトシンが分泌され、それが報酬系を活性化して快の感覚をその個体に与え、さらに相手への注視を促す、ということのようだ。このような見つめ合いとオキシトシンを介したループが形成されることで、男女間や母子間など、ヒト同士の結びつきが強まると考えられている。「愛情ホルモン」だの「絆ホルモン」だのという面妖な名前で呼ばれたりしているのはそのせいだ。ヒト以外の動物にもオキシトシンは存在していて、ヒトと同様に、分娩や乳汁分泌、子に対するケア行動を促すという。

二〇一五年四月一七日付の*Science*誌の表紙を飾ったのは、こちらをじっと見つめているイヌの写真だった。こんなふうに見つめられたら、ヒトはオキシトシンを分泌してしまいそうだが、イヌのほうはどうなのだろうか、という論文[13]がこの号に掲載されたのだ。イヌはヒトと暮らすようになった最初の動物で、それは一万五〇〇〇〜三万年前ごろからだと言われているが、まだよくわかっていない。ヒトと

図9　見つめるネコ

の共生の結果なのだろう、イヌはチンパンジーよりも、オオカミよりも、ヒトの出すコミュニケーション信号、たとえばヒトの指差し方向や視線方向などをよく理解できる。Nagasawaら[13]はヒト同士で形成されるオキシトシンのループが、イヌとヒトとの間でも形成されるのではないかと考え、一連の実験を行った。実験1では、室内でイヌ（あるいはオオカミ）がその飼い主と三〇分間過ごし、その前後で、ヒトとイヌとオオカミの尿中のオキシトシン濃度を測定した。その結果、三〇分間の最初の五分間に、長い時間見つめ合ったイヌとヒトでは、イヌもヒトもオキシトシン濃度が上昇した。しかしオオカミとヒトのペアや、見つめ合う時間の短かったイヌとヒトではオキシトシンの上昇は見られなかった。オオカミでは相手を直視することは威嚇を意味するが、イヌはそうではない。むしろヒト同士の見つめ合いと同様な意味を持ち、飼い主であるヒトのオキシトシン分泌を促し、その結果、ヒトからのケアを引き出しているようなのだ。実験2で、イヌの鼻にオキシトシン（コントロール実験として生理食塩液）をスプレーし、その後飼い主に対するイヌの行動を観察したところ、オキシトシンをスプレーされたメスイヌは飼い主を見る時間が長くなり、その飼い主のオキシトシン濃度が上昇したのだ。しかし、生理食塩液をスプレーされたイヌやオキシトシンをスプレーされたオスイヌでは「見る」という行動に変化はなかったという。

実験2で、なぜメスイヌだけなのかはわからないが、実験1と2から、オキシトシンは（メス）イヌにおいて相手を見る行動を促し、ヒトと（メス）イヌは互いに見つめ合い、その結果オキシトシンが両者に分泌され快感情を生じさせ、さらに互いに相手を見つめ、オキシトシンが分泌され……と、（メス）イヌとヒトとの間でも見つめ合いとオキシトシンのループがあるようなのだ。

相手がイヌでなくて、図9のようなネコでもヒトはオキシトシンを分泌してしまうのではないだろうか。でもネコのほうはと言えば、ヒトに見つめられても快ではないかもしれない。ヒトとネコの共生は五〇〇〇～九〇〇〇年前と言われている。イヌに比べると短い。ネコとヒトとの間に見つめ合いによるオキシトシンループが形成されていないとしたら、あとどのくらいの時間が必要なのだろうか。あるいはどんなに長く共生しても形成されないのだろうか。

引用文献

（13）Nagasawa, M. *et al.*（2015）. Social evolution: Oxytocin-gaze positive loop and the coevolution of human-dog bonds. *Science, 348(6232)*, 333-336.

女性はアイコンタクト好き

男性と女性はいろいろ違う。眼球の大きさ、脳の大きさ、身長、それに伴う力の強さ。このような形態に関する違いだけではなく、「男性は電車好き」といったように興味や得意分野が異なっていたりもする。形態の男女差に関しては、「生まれながらに違うよね」「そうだよね」と進化の産物であることを疑う人はいないだろう。しかし、興味や好き嫌いといった心的なことについてはどうだろうか。男の子が男の子らしく怪獣好きに、女の子が女の子らしくお人形好きに育つのは、環境から来る経験が大きく影響していると考えるのではないだろうか。たとえば、お腹の子が女の子だとわかったときから、かわいいぬいぐるみやピンク色の産着を揃えたりするように、性別が判明した瞬間から乳児の性別に適した（と大人が考える）環境が用意され始めるからだ。そして誕生後、大人たちの乳児に対するケアも乳児の性で異なる。女児よりも男児に対する扱いのほうが荒いとか、男児より女児に対して言葉かけやアイコンタクトを多用するという報告があるように、大人たちは無意識にそうしてしまうのだ。

だから新生児の女児のほうが男児よりも母の声により反応し、母の顔をより長く見るといったことが報告されても、新生児とはいえすでに男女で異なる経験を積んでいるのだから、経験によるのか生まれつきそうなのか、どちらがどの程度影響しているのかわからない。

そこでSimpsonら(14)は、アカゲザルの赤ちゃん四八頭（メス二一頭、オス二七頭）を、誕生直後に母ザ

ルから離し、全く同じ部屋で、同じおもちゃを与え、同じ方法手順に従って育てた。つまり、四八頭の赤ちゃんたちの経験は同じだ。このアカゲザルの赤ちゃんにもし性差が見られれば、それは生まれつき備わっているということになる。

この赤ちゃんが生後二～三週齢のときに、図10の動画を呈示した[14]。図10に描かれたラインは、顔全体、目、口の領域を示している。赤ちゃんの視線がこれらの領域のどこに、どのくらいの時間停留したかを調べたのである。この動画のアカゲザルは、横を向いたり表情表出をしたりする。表情は三種類あり、デモの動画（https://www.youtube.com/watch?v=1-pJL3UwTvI）では、最初にリップスマックという相手をなだめる親和的な表情、次がグリメイスという怖いときにする表情、そして最後が相手を威嚇するときの表情となっている。幼い赤ちゃんなので、一日に一つの表情の動画だけを見せたそうだ。その結果、メスの赤ちゃんは動画の顔、とくに目の部分をオスよりも長い時間見たのだ[14]。さらに生後四～五週のときに、映像ではなく、実際のヒトへの接近や注視といった親和的行動を調べたところ、メスのほうがオスよりもヒトに接近し、ヒトをより長い時間注視したという[14]。Simpsonらの研究結果は、メスのほうがオスよりも社会的であり、この差は誕生後の環境とは独立に生起している可能性を示した。

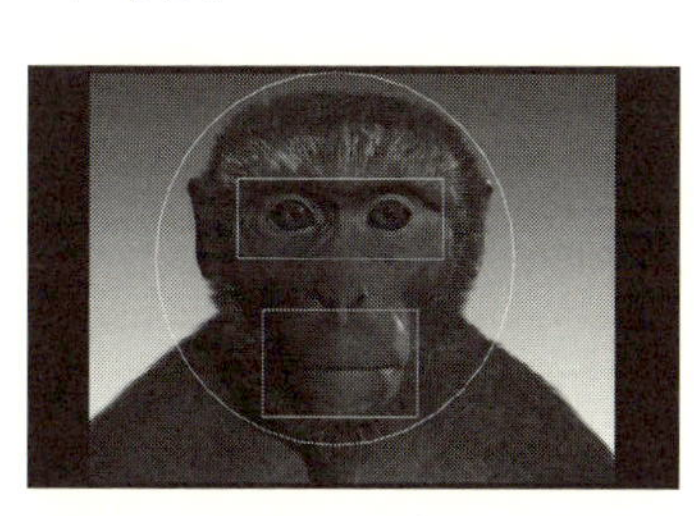

図10　アカゲザルの赤ちゃんが見た動画の一部[14]
Webの動画中の赤い丸は、実際に赤ちゃんが見ていた場所を示している。

多くの動物種において、メスは主要な養育者である。だから、メスは乳児の要求に反応できるよう、乳児のちょっとした変化に対しての解釈技術に長けるよう進化したのだという、社会的行動の性差の起源に関する進化的仮説がある。Simpson らの結果はこれと一致する。けれども、「生まれながらに」と言われてもなんだかピンとはこないのは、好みとか興味とかそういったものは、すべて自分で選んできたように思えるからだろうか。しかし、そうではない。生まれながらに好みが決まっていることもあるようなのだ。

引用文献

(14) Simpson, E. A. *et al.* (2016). Experience-independent sex differences in newborn macaques: Females are more social than males. *Scientific Reports, 6*, 19669.

見れば解決

幼い女の子が袋に入ったお菓子を差し出し、あなたをじっと見ている。「あ～、はいはい、開けるのね」と、あなたはお菓子の包みを開けるだろう。ペットのイヌがドアの前にぺたんと座り、振り返ってあなたを見つめる。「あ～、はいはい、開けるのね」と、あなたはドアを開けるだろう。見つめられると手助けしてしまう習性がヒトには存在するようだ。そして、そういうヒトに育てられた幼児やイヌは、困ったときにヒトを見つめるようになるのかもしれない。

Udell[15]は、オオカミと比較することで、ヒトに育てられたイヌが問題解決にどのくらい自力で頑張るかを調べた。まず、飼い主は彼らのイヌ（あるいはオオカミ）にソーセージを見せ、匂いをかがせた後、タッパーにそれを入れた。タッパーにはロープがつながっていて、これをくわえて引っ張れば簡単にふたが開く仕組みだ。イヌとオオカミに与えられた時間は二分。飼い主はこのタッパーを床に置いたのち、数歩後ろに下がり、二分間その場にたたずむ。すると、イヌもオオカミも、タッパーが床に置かれるやいなや突進していったのである。やる気満々といった感じだ。しかしふたを開けることができたのは、二〇頭のイヌのうち一頭だけだった。ところがオオカミは、一〇頭のうち八頭がふたを開けることができたのだ。

次に、タッパーを床に置いたら飼い主が部屋を出ていくことにした。このときも、タッパーが床に置かれるとすぐにイヌもオオカミもタッパーに向かっていった。ふたを開けることができたのは、二〇頭のイヌのうち、またもや一頭だけだった。オオカミは一〇頭のうち八頭がふたを開けることができたのに、だ。なぜイヌはふたを開けることができなかったのだろう。それは、彼らがたった五秒でタッパーから離れてしまったからである。その後イヌたちは何をしたかというと、飼い主がいる場合は、飼い主を振り返って見つめていたのだそうだ。ところがオオカミは飼い主を全く見なかったという。なぜなら彼らは自力でタッパーを開けようと、ほぼ二分間ずっとタッパーを見て、タッパーに触れていたからだ。だからオオカミたちはふたを開けることができたのだ。Udell は最後に、ふたを開けることができなかったイヌたちに、飼い主が二分間声援を送るという方法を試みた。前回タッパーを開けることができなかったイヌのうちの一七頭で行ったところ、五頭がタッパーのふたを開けられた。残念ながら統計的には、「飼い主が声援しなかったとき（二〇頭のうち一頭が成功）よりも、声援したとき（一七頭のうち五頭が成功）のほうがより成功した」とは言えない。しかし、イヌがタッパーを見た時間とタッパーをいじった時間は、飼い主が声援したとき、統計的に有意に長くなったのである。

タッパーのふたを開けることが、オオカミには簡単でイヌには難しかったということではない。イヌは飼い主の顔を見て、飼い主はそれに応えるという日々のやりとりが、イヌの自力での解決を阻んだのだろうと Udell は考えている。同様の実験をヒト幼児で行ったら、幼児たちはどうするだろう。イヌと似たような結果になってしまうのだろうか。

映画の題名を思い出せなかったり、ピアニストの名前が出てこなかったり、授業中の板書で漢字が思い出せなかったりすることがある。あるとき、携帯電話を持っていない私のために学生が瞬時に調べてくれた。授業中だったのでそれは助かったのだけれども、検索してすぐに答えを見つけるよりも、私は時間がかかってもいいから自力でなんとか思い出したいのだ。些細なことでも「思い出せた！」とガッツポーズをしてしまうぐらいの達成感がそこにはあるからだ。ヒトにとって、自力で問題解決をすることは楽しいことなのかもしれない。イヌにとっては違うのだろうか。そもそも、自力で解決することにどのような意味があるのだろうか。これらをゆっくりじっくりと、自力で考えてみたい。

引用文献

(15) Udell, M. A. R. (2015). When dogs look back: Inhibition of independent problem-solving behaviour in domestic dogs (*Canis lupus familiaris*) compared with wolves (*Canis lupus*). *Biology Letters, 11 (9)*, 20150489. doi: 10.1098/rsbl.2015.0489

ヤギがきている

一人では解決できない課題に直面したとき、ヒトは誰かに助けを頼む。まだ言葉がままならない子どもでさえ、お菓子の袋を開けられないときや、おもちゃを動かせないときに、親を見つめながらそれを差し出す。そうして自分では解決できない課題を他者に解決してもらうのだ。イヌに自分では解決できない課題を与えると、ヒトの子どものように飼い主のそばに近づき、飼い主を見つめるという研究を以前紹介したが、その後、同様の研究がウマでも行われた[16]。ウマから見えるが届かない柵の外に、実験者が餌の入ったバケツを置く。するとウマは実験者を振り返り、ヒトの指差しのように鼻先でバケツをさし、再び実験者を振り返り見るという行動を示したのだ[16]。

ヒトやイヌだけでなくウマも、解決できない課題に直面すると、他者に助けを求めたのだ。これらの結果から、イヌやウマは、ヒトの伴侶動物として数千年、あるいはそれ以上、長い年月をヒトと共に暮らしたので、ヒトに対して視線を送ったり、物体を指し示したりしてコミュニケーションを取るようになったと解釈された[16]。

先日、とある研究者が「ヤギがきている」と言っているのを耳にした。その証拠となるヤギの研究の一つが、Nawroth[17]らの研究だ。彼らは図11のように、餌を入れたタッパーのふたが開かないように糊付けしてヤギに示した。すると、自分ではふたを開けることができなかったヤギは、ヒトに近づき、ヒトの顔を見つめ、餌が入ったタッパーを鼻先で指し示し、再びヒトの顔を見つめるということを繰り返したのだ[17]（https://www.youtube.com/watch?v=Thg_x0alcAI）。ヤギは伴侶動物（いわゆるペット）だろうか？　Nawroth らは、ヤギは家畜だという。ヤギは紀元前七〇〇〇年ごろに、ウマは紀元前四〇〇〇年ごろに家畜化された。その後もヤギ[17]は家畜として、一方ウマ[16]はある時期から伴侶動物として、飼育されてきたそうだ。伴侶動物として長い年月、飼育され続けた結果、イヌとウマはヒトのシグナルを理解し、ヒトとのコミュニケーションにそれを使用するようになったというのが、これまでの考え方だった。ところがヤギである。家畜のヤギである。さあ困った。けれども、伴侶動物と家畜の飼育方法がどの程度違うのか、実のところ私にはよくわからないので、さらに困っている。それほど違うものなのだろうか。とはいえ、伴侶動物だけではなく、家畜にも範囲が広がったことで、視線を使ってヒトに何かを伝える動物の種類はさらに増える可能性が出てきたのだ。ヒトから始まった研究は、イヌ、ウマ、ヤギまで来た。今後は、鳥類、爬虫類、両生類、魚類と、一体どこまで行ってしまうのか。

図11　餌を入れたタッパーを開けられないヤギが実験者を見つめている様子[17]（提供：Queen Mary University of London）

ヒトもイヌもウマもヤギも、群れで生活する動物だ。同じ種の個体同士でさまざまな方法でやりとりをして生活している。たとえば、同種の他個体とのやりとりに、相手を見つめたり、視線や足先や鼻先を使って相手に物体を指し示したりといった、ヒトと似たような行動を使っていて、それをヒトとのやりとりにも利用することができるということかもしれない。いやいや待て待て、群れで生活していない動物が、視線を使ってヒトに何かを伝える、なんてことが今後見つかるかもしれないぞ。

引用文献

(16) Malavasi, R. *et al.* (2016). Evidence of heterospecific referential communication from domestic horses (Equus caballus) to humans. *Animal Cognition, 19(5)*, 899–909.

(17) Nawroth, C. *et al.* (2016). Goats display audience-dependent human-directed gazing behaviour in a problem-solving task. *Biology Letters, 12(7)*, 20160283. doi: 10.1098/rsbl.2016.0283

私は見られている

女子大生たちと話していると、彼女たちと同じ年ごろの自分に戻っていくようだ。それはとても楽しい時間で、楽しければ楽しいほど、今の自分が遠くに行ってしまうのだが、その直後、何気なく行った洗面所で鏡に映った自分をふっと見たときに、とてつもなく大きな衝撃を受けることがある。先ほどまで私が眺めていたつやつやの肌の女子大生とは異なり、鏡には、あちこちにしみやしわのある顔が映っているからだ。このときに「ああ、そうだった」と、何とも言えない感覚を私は体験する。彼女たちよりも年齢がずっと上であるということだけではなく、もはや女子大生ではないことや（当たり前だ）、結婚していることなどいろいろ再認識するのだが、鏡に映っている顔が私自身であるという認知ができているからこそ生じる感覚と言えるだろう。この自己鏡映像認知が成立するのは、ヒトでは二歳以降と言われているが、実際に自己というものを意識する瞬間は、そう頻繁にあるものではない。鏡を見たときや、名前を呼ばれたときぐらいではあるまいか。

「『セールスマンは――を説得して辞書を買わせようとした』の――に当てはまると思うものを『私、彼女、私たち』から選んでください」「『――以外は皆、試験に落ちた』の――に当てはまると思うものを『彼ら、私たち、私』から選んでください」という質問がある。皆さんなら、どの人称代名詞を選ぶだろうか？　ちなみに、どの人称代名詞を入れても文法的に誤りではないので、どれを選んでも大丈夫。

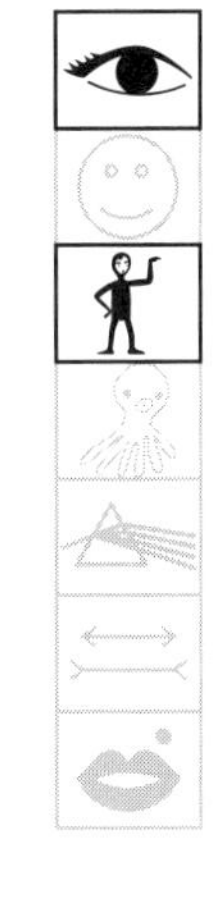

図12　アイコンタクトありの場合[19]
（提供：Jari K. Hietanen）

だから選ぶ基準は「なんとなく、これがしっくりくるかな」という感覚だけだ。この質問は一九八〇年の論文[18]で考案され、二〇一七年の論文[19]で再び使用された。質問文は前述の二例だけではもちろんなく、もっとたくさんある。しかし、これでいったい何が見えてくるというのだろう。

この質問の一文がモニタに呈示される直前、図12のように、知らない人物が目の前に現れる[19]。映像などではなく、まさしく本物の人間が、実験の参加者の真正面に五秒間、出現するのだ。その間、その人物は参加者に顔を向け、参加者とアイコンタクトを取りつつ（あるいはアイコンタクトを取らずに）、無言で座っている。全参加者の半数は、質問の直前に必ず「アイコンタクトあり」で、残りの半数は「アイコンタクトなし」だ。五秒たつと、人物は見えなくなり、モニタに質問文が一つのみ呈示される。参加者が人称代名詞を一つ選ぶと、その一秒後、再び目の前に人物が現れる、という手順で質問が繰り返された。

その結果、アイコンタクトありの直後に質問に答えた参加者のほうが、アイコンタクトなしの参加者よりも、「私」の人称代名詞を選ぶ頻度が高かったのである。アイコンタクトとは何だろう。それは、お互いに「あなたを見ていますよ」と示し合う行為であり、相手に見られていることを認識し、見られている「私」を意識するものだ。人称代名詞を選ぶという課題で、「私」を選んでしまったのは、直前のアイコンタクトによって、与えられた文章の内容に無意識に自己を当てはめて考えてしまったからなのだとHietanenら[19]は考察している。

午後遅く、小腹が空いたので、おにぎりを一つ食べてから、同僚と打ち合わせをしていた。ふとした拍子に「おにぎりの海苔が歯に付いていないだろうか」という不安が頭をよぎったのだ。そうなるともう、落ち着いて話などしていられない。この「ふとした拍子」というのは、相手とのアイコンタクトの直後に生じるのかもしれない。

引用文献

(18) Wegner, D. M. *et al.* (1980). Arousal-induced attention to self. *Journal of Personality and Social Psychology*, *38*(5), 719–726.
(19) Hietanen, J. O. *et al.* (2017). Genuine eye contact elicits self-referential processing. *Consciousness and Cognition*, *51*, 100–115.

Ⅵ　視知覚

主観的まぶしさ

初孫の顔をのぞき込む祖父母、花嫁姿の娘を前にした父、真新しいランドセルを背負ったわが子を見送る親という場面で、必ずと言っていいぐらい「目を細めて眺めている」という表現を祖父母や父母たちに使う。この表現を耳にするたび、「まぶしいからですか?」と彼らに尋ねてみたいと思うのだが、感動の場面でこんなことを聞いたら、何とぼけたことを言っているのかと訝しがられてしまうのが落ちだろう。目を細めて見ているのは、感激してうれしくて微笑んでいるときの表情表出の一部だと素直に考えればそうだ。けれど、もしかしたら彼らは本当に目の前の子どもや孫が輝いて見えて、それで何だかまぶしいなあと感じて目が細くなっているとは考えられないだろうか。もちろん子どもや孫の体が光を放っているわけではないし、花嫁衣装やランドセルに電飾が仕込まれているわけでもないし、成長した子どもの姿がまぶしいという言い回しは、単なる決まり文句なのかもしれない。それでも、もしかしたらと思っている。

物理的な光エネルギーの変化に対して瞳孔径は自動的に変化する。強い光が網膜に届くと瞳孔が収縮し、逆に光が弱ければ瞳孔は拡張するのだが、図1aを見てほしい。何だかまぶしい、と感じるのではないだろうか。しかし、ここに印刷されているということからわかるように、この図形が光り輝いているわけではもちろんない。でもまぶしいのだ。これは明るさ錯視図形というそうで、「朝日」という

a　中心が明るく感じる錯視図形「朝日」

b　aの花びらの方向を変えた図形

図1　実験に使われた図形[1]

名前がついている[1][2]。まさに図の中心に朝日が射し込んでいるようなまぶしさだ。この、実際には明るくないのに、明るく見えるaを見ているこの瞬間、皆さんの瞳孔は収縮しているのだろうか？というのが今回紹介する論文[1]の問いだ。

Laengらは、このaと、花びらの方向を変えたbとを使って、これらを見ているヒトの瞳孔の収縮を測定した。aはまぶしいけれどbはまぶしくない、つまり主観的な見えではaのほうがまぶしいが、同じ花びらからなる図形なので、aとbの実際の物理的輝度は一緒、というところがみそである。瞳孔の収縮が実際の物理的光刺激の強さのみによるのであれば、aを見ているときもbを見ているときも瞳孔径は変わらないはずだ。しかし、もしもaを見ているときのほうがbを見ているときよりも瞳孔の収縮率が大きければ、瞳孔は実際の物理的輝度だけによるのではなくて、主観的なまぶしいという感覚によっても収縮するということになる。

結果、aの図形を見ているときのほうがより瞳孔が収縮していたのだ。この収縮は図形呈示後一〇〇ミリ秒ほどで生じ、その後二秒ほどかけて徐々に回復している。主観的なまぶしいという感覚で瞳孔が瞬時に収縮したが、いったん収縮したものの、実際には物理的輝度が大きいわけではないので、その後徐々に瞳孔径が回復したということらしい。ところが、aをどんなに見続けてもまぶしいという主観的感覚はなくならないだろう。瞳孔は騙され続けないが、私は騙されたままということなのだろうか。

このaを見ているときにまぶたは動いたか。まぶたや眉間あたりが、何だか動いたように思うのだがどうだろう。しかもまぶたは一瞬ではなく、見ている間中ずっと緊張していたような気さえする。これは瞳孔と異なり、目を細めるという動作は騙されたままの私によっているということなのかもしれない。そういえば、わが子を眺めて目を細めるという動作も、一瞬というよりも長く続く印象がある。ますますそういう場面に遭遇して確かめてみたくなってきた。

引用文献

（1）Laeng, B. *et al.* (2012). Bright illusions reduce the eye's pupil. *Proceedings of the National Academy of Sciences of the United States of America, 109(6)*, 2162-2167.
（2）「朝日」図形を発明した立命館大学の北岡明佳教授のホームページ（http://www.psy.ritsumei.ac.jp/~akitaoka/illnews15.html）

青ざめるサル

気分が悪いと顔が青くなる。怖い思いをしても青くなり、悲しいときや寝不足のときも青くなる。恥ずかしいと頬が赤くなる。酒を飲んでも赤くなり、怒ったり興奮したりしても赤くなる。そもそもヒトの顔は黄色と茶色と赤色と青色などが混ざった、はっきり何色とは言えない色をしている。その微妙な色がさらに変化して赤みや青みが増すということになると、それはもう複雑な色変化と言えるだろう。でもその変化をすぐに察知できるのがヒトだ。ヒト以外にも、ニホンザルのメスの顔や尻は繁殖期に赤みを増すし、チンパンジーのメスの尻も繁殖期になると赤く大きく腫れあがる。彼らもそれを互いに察知している。

色の知覚と言えば錐体だ。もともと哺乳類は、青、赤、緑、紫外線に対応した錐体を持つ四色型色覚だったと言われている。それが中生代になり恐竜が出現すると哺乳類は夜活動するようになったので、緑と紫外線の錐体がなくなり、二色型（青錐体と赤錐体）になった。その後、恐竜がいなくなり昼行性に戻ると、二色型色覚から三色型色覚へと再び進化した種が、ヒト、ニホンザル、グエノン、コロブス、ホエザル、オランウータン、チンパンジー、テナガザル、ゴリラなどだ。しかし、なぜ三色型になったのかは謎なのだ。二色型より三色型のほうが、広葉樹林帯という環境の中で、より栄養価の高い葉や果物を見分けるのに有利であるという報告もあるにはあるが、それでは果実食や葉食のサルに二色型の

1色型のヨザル

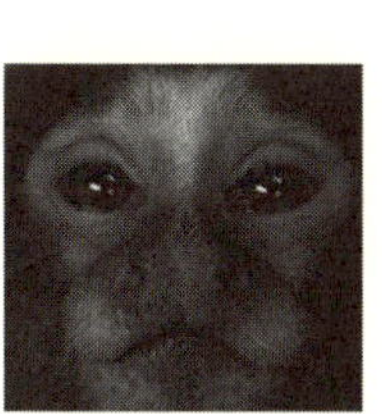

色覚多型のマーモセット

3色型のチンパンジー

図2　霊長類の顔と色覚型の例

種が存在することを説明できない。

Changizi らは[3]、二色型から三色型へと変化したのは社会的な要因ではないかと考えた。ヒトの顔色は、血中ヘモグロビンの濃度とヘモグロビンの酸素飽和度によっていて、ヘモグロビン量によって青から黄に、酸素飽和度によって赤から緑に変化する。皮膚の青―黄の変化は二色型色覚で知覚可能なのだが、赤―緑の変化は、五三〇ナノメートルと五六〇ナノメートル付近の波長の変化によるもので、それはまさに三色型の赤錐体と緑錐体の吸収極大波長に一致する。そこで顔色の微妙な変化を知覚するのに適した三色色覚が進化したのではないかというのが、Changizi らの説である。なんて斬新なアイデアなのだろう。

それならば、三色型の種ほど顔の皮膚が広く露出しているだろうという仮説を立て、霊長類の顔写真から毛で覆われていない部分の割合を調べた[3]。次に霊長類を色覚型で一色および二色型、色覚多型（同一種内に二色型と三色型が存在する）、三色型の三グループに分けた（各色覚型の例を図2に示す）。すると三グループの皮膚露出率は、一および二色型が約二〇パーセント、多型が約八〇パーセント、三色型が約九〇パーセントだったのだ。三色型ほど皮膚が露出しているという彼らの仮説通りの結果だ。もちろんこの結果が、三色型色覚と顔色知覚とが共進化したという仮説を決定的なものにするわけではない。三色型のヒトが他者の顔色を読み、三色型のニホンザルがメスの顔や尻に赤みが増したことを知覚し、三色型のチンパンジーがメスの尻に赤みが増したことを知覚する。確かに三色型が有利なのだろう。しかし、ゴリラやテナガザルやオランウータンもが三色型なのはなぜか、ほかの霊長類の色覚型をすべて皮膚色知覚との関係で説明できてはいない。顔色知覚と三色型色覚との共進化説はまだまだ検証が必要だけれど面白い。

そう言えば、洋服を着ているのでわからないが、ヒトもニホンザルのように顔が赤いとき尻も赤いのだろうか。そして顔が青ざめているとき尻も青ざめているのだろうか。

引用文献

(3) Changizi, M. A. *et al.* (2006). Bare skin, blood and the evolution of primate colour vision. *Biology Letters*, *2*(2), 217–221.

稲妻が光ると雷鳴が聞こえる

稲光と雷鳴のタイミングが一致しないということを、いつごろ知ったのだろうか。稲妻が光ったら「い〜ち、に〜い、さ〜ん……」と数えてすぐに音が聞こえたら雷が近いということも、そのころ同時に知ったように思う。そういうことを知らずに窓から外を眺めて、稲光を見ながら音を聞いたら、光と音が一致しないことを不思議がるのだろうか。そう言えば、腹話術師のいっこく堂さんのネタで、「あれ……声が……遅れて……聞こえるよ」というのがあるが、これも視覚刺激と聴覚刺激がずれている例だ。彼の口の動きに遅れて音声が聞こえるという芸で、初めて見たとき、どうしてそんなことができるのかとその技術に驚いた。その後、何度見ても見るたびに面白く、ずれの違和感もいっこうになくならないことにさらに驚いたのだ。稲妻は視覚刺激と聴覚刺激があまりにもずれているので違和感がなくなるが、いっこく堂さんの芸は少しのずれだから違和感が消えないのだろうか。それとも、口の動きと音声という毎日親しんでいるものだから、妙に気になってしまうのだろうか。

しかし日常では、音と動きとはだいたい一致していてずれたりはしない。拍手する音と手の動きが一致しないなんてことはないし、写真を撮るときのカメラのシャッター音とフラッシュだってだいたい一致している。それがずれたりすると、雷のようになぜずれるのかが気になったり、いっこく堂さんのネタのように何度見ても魅力的だったりするのだ。一致しないということはそれぐらい逸脱したこと

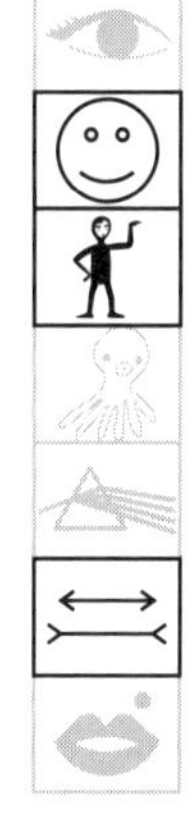

で、とても目立つことのようだ。音と光は一致する、というのはタイミングばかりでなく、回数だってそうだ。三回音がしたら三回光るし、三回音がしたら三回拍手している。音と光の回数が異なるなんてことはありえない。しかし、日常にはありえないことを実験的に作ることは可能なのである。

Shamsら[4]は、黒い背景に白い円をモニタ画面上に呈示した。この円の呈示時間は一七ミリ秒と短く、映し出されるのは一瞬だ。だから実験参加者は、モニタの中央の＋マークをじっと見続け、この＋の真下に一瞬出てくる円を待ち構える。しかもこの円、一回だけではなく続けて二回、三回と、四回まで出てくるのだ。その点滅回数を答えるのが課題だ。円が一回出て消えて、次の円が出るまでの時間が五〇ミリ秒だから、ピカピカッと光が素早く点滅している感じだ。仮に、円が連続一四回点滅したとして、やっと一秒ほどとなる、それぐらいの速さだ。しかし、速いけれども円の点滅回数がわからない速さではない。なぜなら、参加者はモニタに出現した円の点滅回数を正確に答えることができたからだ。そこで次に、円と同時にビープ音を呈示した。この音も短くプッと七ミリ秒間鳴る。

では、円は一回しか呈示されないのに、ビープ音が二回（ビープ音の間隔は五七ミリ秒）鳴ったらどうなるのだろうか、というのが彼らの問いだ。Shamsのホームページにデモ（http://shamslab.psych.ucla.edu/demos/）があり（デモでは白い背景に黒い円）、ここで体験できるのだが、答えを先に言ってしまうと、音が二回鳴ると円が二回点滅したように見えてしまうのである。音がプププッと四回鳴ったら四回点滅が見えるかというと、さすがにそこまでは行かないようだが、音二回と円一回のときは、視覚刺激と聴覚刺激が頭のどこかで統合され、その際に聴覚刺激が優先に働き、円が二回点滅したように見えるということのようだ。円の点滅と同時に最初の音を出し、次の音が出るまでの間隔を徐々に長くしていくと、間隔が一〇〇ミリ秒以上で、円が二回見えるということが起こらなくなった。視覚刺激と聴覚刺激のずれが大きくなると、それらは統合されない。
いっこく堂さんの口の動きと発声のずれは統合するには長すぎ、無関係と考えるには短すぎるということか。どうしても気になってしまう絶妙な長さだったのだ。

引用文献

（4）Shams, L. *et al.* (2000). Illusions: What you see is what you hear. *Nature, 408(6814)*, 788.

鼻の穴はなぜ二つ？

目は右目と左目、耳も右耳と左耳、鼻孔も右と左、と二つある。目が二つあることには意味があり、耳が二つあることにも意味がある。左右の目や耳に届く視覚情報や聴覚情報の差異を使って、立体視や音源定位が可能となるからだ。左右の差を使うのだから、右目と左目、あるいは右耳と左耳はある程度離れて存在していなければならない。それなら鼻孔はどうなるのだろうか。こんなに近接している左右の穴ではどうしようもないのではないだろうか。でもだったらなぜ二つあるのか。一つが壊れたときのための保険なのだろうか、と誰もが一度は考えたことがある謎ではないだろうか。だが、大概の人は考えただけで終わってしまう。それを終わりにしないで、真剣に取り組んだのがPorterら[5]だ。その実験方法が感動するやらおかしいやらで、彼女らの論文[5]の図（figure1 & figure3）を見て笑ってしまったのだけれど、それは本当に素晴らしい方法なので、この素敵な図を論文で確認してほしい。

Porterらはチョコレートの香りを染み込ませた一〇メートルの紐を大学構内の草原に這わせた。次に、目や耳を覆われ、鼻だけが唯一使える被験者たちに、香りをたどるように依頼したのである。この実験の動画がこちら（http://www.nature.com/neuro/journal/v10/n1/extref/nn1819-S2.mov）。吸気を測定する装置、膝当て、グローブ、アイマスク、耳当てなどの重装備で、這いつくばってチョコの香りをたどる姿が映っている。その向こうに、何の関係もない人が道を普通に歩いている。こういう、ど

ここにでもあるような原っぱで行う実験っていいものだなあ。さて、実験の結果、三二人のうち二一人が紐をたどることに成功した。しかし本当に嗅覚を使って成功したのだろうか。もしかして何かほかの方法で成功したのかもしれない。それを確かめるために、鼻をクリップで塞いで、もう一度香りをたどってもらったところ、一人も成功しなかったので、彼らは嗅覚を使って香りをたどっていたことになる。さらに被験者たちは、実験を重ねるごとに香りをたどる速度が上がり、同時に、鼻でくんくんと香りをかぐ速度も上がったという。ちなみにイヌはこのかぐ速度が非常に速いのだそうで、かぐ速度と探索速度には関係があるのではないかとPorterらは述べている。ここまでが論文の前半で、後半はさらに鼻孔が二つある謎に迫っていく。

鼻で息を吸うときの気流を調べたところ、二つの鼻孔に入っていく流れが重ならないことがわかった[5]。つまり、右と左の鼻孔はこんなに近いにもかかわらず、どうやら別々の空気を吸い込んでいるようなのだ。そうなると、右と左で知覚される匂いを比較することに重要な意味がありそうだ。そこで、被験者の鼻に図3のような装置を着け、再び草原で実験をした。図3aでは右の鼻孔には右の空気、左の鼻孔には左の空気が流れ込むが、bでは右も左も同じ空気が流れ込むことになる。もちろん、この装置を装着している被験者たちは自分がaあるいはbのどちら

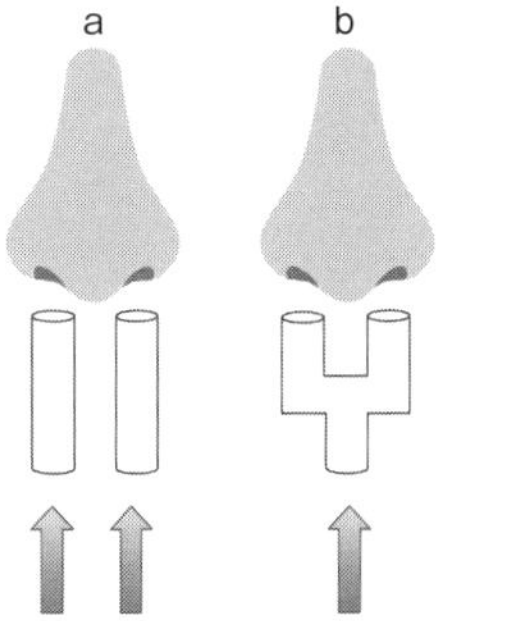

図3　Porterら[5]が実験で使用した装置の模式図
鼻aは左右の鼻孔にそれぞれ異なる空気が入るが、鼻bには同じ空気が入る。

を着けているか知らない。この結果、ｂの装置を装着した被験者たちは、ａの被験者たちよりも最後まで香りをたどることが難しく、その速度も遅かったのである。

匂い物質は、その匂いの源から急激に拡散するので[6]、匂いの源付近ではほんの少し距離が離れただけでも匂い物質の濃度が大きく異なるのだそうだ。目や耳とは異なり、左右の鼻孔に入る空気はほんの数センチしか離れていない。しかし、それで十分なのだ。目的物に近いあたりでは、左右の鼻孔に吸い込まれた匂い物質の濃度差を判断することができる。

目や耳や鼻といった顔のパーツの配置は、こういう機能からも決定されたのだろうか。それにしてもよくできているものだ。そう言えば、ちょうど二月一四日のバレンタインデーのころからこの原稿を書いていることに、今気がついた。

引用文献

（5）Porter, J. *et al.*（2007）. Mechanisms of scent-tracking in humans. *Nature Neuroscience, 10(1)*, 27-29.

（6）Catania, K. C.（2013）. Stereo and serial sniffing guide navigation to an odour source in a mammal. *Nature Communications*, 4, 1441. doi: 10.1038/ncomms2444

〇・一秒先を読む

今見ている世界は、本当に「今」なのだろうか。なぜこんなことを考えているかというと、私の周りの光が私の網膜に届いてから私が認識するまでには時間がかかるからだ。その処理時間はだいたい〇・一秒だそうだ。[7] 〇・一秒ぐらいならたいしたことないと思うかもしれないけれど、時速六〇キロメートルで走っている車だったら一・七メートルも進んでしまうことになる。そう考えると〇・一秒前の認識で大丈夫なのかと不安になってくるだろう。もちろん、大丈夫ではない。だからそれを補うように視覚機能は進化してきたのだという。たとえば、こちらに向かって飛んできたボールを手で捕まえようとしても、「今」より〇・一秒過去を認識していたのでは、手を伸ばしたらすでにボールは額にぶつかっているなんてことになる。そこで、運動している物体の動きを予測し、〇・一秒先の物体の位置を、脳が私に見せているのだ。つまり、今見ている世界は脳が作った〇・一秒先の世界なのである。

こんなことを突然言われたら、くらくらしてくるだろう。実は私もくらくらしていて、あれこれ悩みながらこれを書いている。そこで、フラッシュラグ錯視[8]という図4を考えてみたい。少しだけだが、この錯視で〇・一秒先を予測しているという感じを、なんとなくだが体験できるような気がしないでもないからだ。画面の上を左から右に長方形が動いている。画面下中央に突然フラッシュが生じる。図4aのように長方形がちょうどフラッシュの真上にきたときに光るように作ってあるのだが、図4bのよ

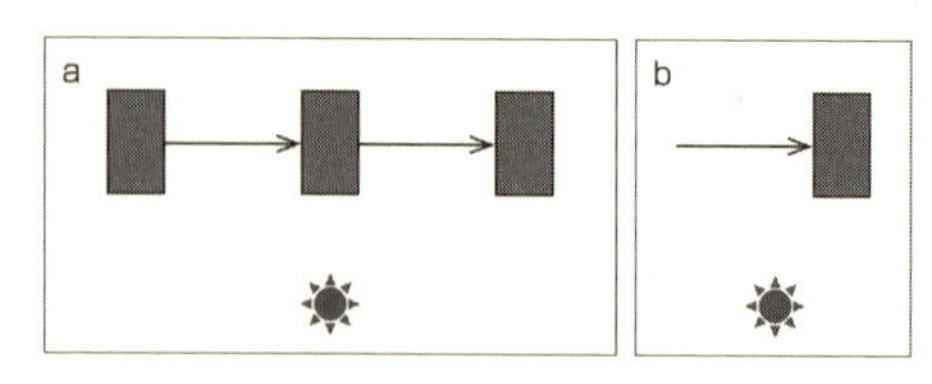

図4　フラッシュラグ錯視の例
長方形はフラッシュよりさらに移動した位置で知覚される。

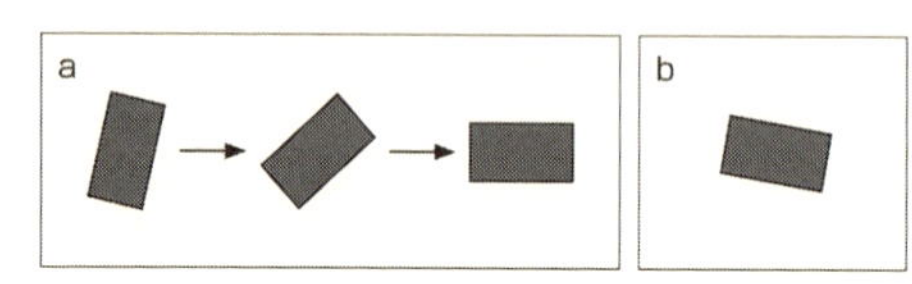

図5　表象的慣性（Representational momentum）の例
最後に見た図形よりも、さらに回転が進んだ状態を記憶してしまう。

うに長方形が中央よりもさらに右に動いたときに光ったと知覚してしまうのだ（YouTubeなどで「フラッシュラグ錯視」で検索すると動画があります）。長方形の動きに関しては予測が可能なので、〇・一秒先の長方形の位置を予測している。しかし、フラッシュは予測できないからフラッシュの知覚は遅れてしまう。なので、長方形はフラッシュより右の、さらに進んだ位置で知覚される、と解釈されている。なんとなくそうかなという気がしてきたのではないだろうか。ではもう一つ、図5。こちらの長方形は時計方向に回転している。回転は図5aの向かって一番右の長方形の状態で終わり、消える。これを見ていた人に、最後に見た長方形の状態を聞くと、実際よりもさらに回転が進んだ状態（図5b）を答えてしまうのだ。表象的慣性[9]と呼ばれているこの現象も、脳が先を予測した結果であるという解釈が可能だ。

今見ているこの世界が、実はリアルな今ではないということを考え始めると、なんだか不安になってきた。

引用文献

（7）Nijhawan, R.（1994）. Motion extrapolation in catching. *Nature, 370(6487)*, 256–257.
（8）Nijhawan, R.（2002）. Neural delays, visual motion and the flash-lag effect. *Trends in Cognitive Sciences, 6(9)*, 387–393.
（9）Freyd, J. J. *et al.*（1984）. Representational momentum. *Journal of Experimental Psychology, 10(1)*, 126–132.

充血錯視

充血錯視[10]というのがある。図6がそれだ。一番上の写真の女性は正面、つまり写真を見ている私を見ている。その下の写真は、上の写真の目の、向かって右側の強膜部分を暗くしたものだ。それ以外はすべて一緒なのに、写真の女性の視線は私の右側にシフトしているように見える。向かって左側の強膜部分を暗くしたのが一番下の写真で、今度は女性の視線は私の左側にシフトしているように見えるのだ。なかなか視線がシフトしているように見えないのなら、腕を伸ばして、本から目少し離してみるといいかもしれない。そうすると錯視が起こりやすい。もし、それでも見えないというのなら、公開されている動画（http://www.perceptionweb.com/misc.cgi?id=p3332）をお試しください。この動画の女性の視線が、右に、左に、右に、左にと動いているように見えるだろう。充血錯視は強力だ。この充血錯視を発見したAndo[10][11]はモニタに図6のような女性の画像を映し、日本人と欧米人にその女性の視線方向を判断させた。その結果、人種にかかわらず強膜の片側を暗くすればするほど、女性の視線は暗くした方向へ大きくそれて見えたという。

視線情報は、黒目と白目の「暗い／明るい」といった輝度情報と、目の輪郭と虹彩の輪郭といった幾何学的情報の二種類からなる。ヒトは、これら二種の情報を使って他者の視線方向を判断している。図6の写真の虹彩の位置はどれも一緒なので、幾何学的情報に差はない。にもかかわらず、視線が変化

して見えるということは、輝度による、おおざっぱな視線知覚をしているからなのだ。図6の虹彩の色を薄くすると、強膜を暗くしたほうへよりシフトして見えるという[11]。さらに、虹彩より強膜が暗くなると、強膜が虹彩であるかのように見えてしまうこともあるそうだ。「目の輪郭の中で暗いところが虹彩である」という自動的な処理がなされてしまうのだろう。しかしそうなると、青い虹彩の目の視線方向を判断するとき、虹彩と強膜の輝度の差が小さいため、輝度情報に依存するとミスをしやすくなる。欧米人（自分の周りに虹彩色の薄い人が多い環境で生活している人）は、目の輝度情報に日本人ほど依存していないかもしれない。

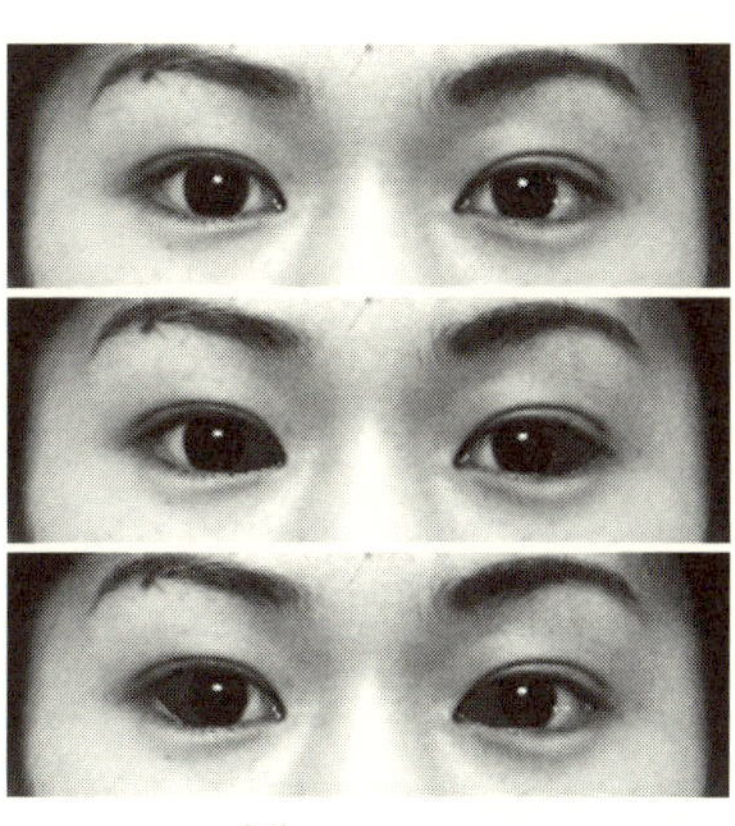

図6　Ando[10] を参考に作成した図形
上はオリジナル画像、真ん中は向かって右側の強膜部分を暗くしたもの、下は左側の強膜部分を暗くしたもの。

そこで、欧米人と日本人との充血錯視を比較したところ、日本人は欧米人より充血錯視の量、つまり片側強膜が暗いとき視線がそれて見えてしまう度合いが大きかったのである[11]。虹彩色が濃い人たちの中で生活している日本人は、虹彩色の薄い人たちの中で生活している欧米人に比べて、他者の視線方向を知覚するとき、輝度情報により頼っているのだ。だからこそ、強膜の濃さを変化させた錯視に簡単に騙されてしまう。もちろん、日常で図6のような目の強膜の片側だけが暗くなる、なんてことはまず起こらない。だから輝度による他者の視線知覚は、処理する情報量が少なくてすみ、簡単で瞬時に判断可能な方法として、いつもはとてもうまく機能する。そして、それを逆手に取ったとき、新しい錯視が生まれたのだ[11]。

新たな種や化石が発見されたとか、新たな錯視図形を見付けたと聞くと、なぜだかいつも気持ちが高まる。まだお互い学生だったころ、安藤くんに充血錯視を見せてもらったときもそうだった。

引用文献

(10) Ando, S. (2002). Luminance-induced shift in the apparent direction of gaze. *Perception, 31(6)*, 657–674.

(11) Ando, S. (2003). Effect of luminance on perception of gaze direction in Japanese. *Japanese Journal of Psychology, 74(2)*, 104–111.

青い目のトナカイ

スカンジナビア半島北部、そこは北極圏。夏（五月中～七月終）は太陽が沈まず、冬（一一月終～一月終）は太陽が昇らない。ちょうど今ごろ（これを書いていたのは一二月）は、二カ月続く冬の暗闇の真ん中で、クリスマスの時期だが、さぞや暗いに違いない。きっと赤鼻のトナカイが大活躍することだろう。

この地にあるトロムソ大学のStokkanら[12]は、北極圏に住むトナカイが夏と冬との太陽光の大きな違いに、どうやって対応しているのかを調査するため、北極圏で暮らしているトナカイを入手しなくてはならなかった。そこで、今ではだいぶ少なくなったそうだが、ノルウェー北部に住むサーミの人たちから、彼らが放牧しているトナカイを購入した。そうして、冬至と夏至、つまり冬と夏の季節のまっただ中にトナカイの眼球を調べたのだ。食べ物の影響が眼球に及んでは困るので、トナカイには夏も冬も同じものを食べさせたそうだ。そのトナカイの眼球から角膜、レンズ、硝子体、さらに網膜を取り除いたら、図7a、bの美しいタペタムが出現した。タペタムは、夏は金色、冬は深い青色だったのだ。季節によってタペタムの色が変化するという初めての報告である。

タペタムというのは、夜、車を運転しているときに前方にネコがいると、車のライトで、ネコの目がぴかっと光るあれだ。タペタムと呼ばれている層が網膜の後ろに存在し、瞳孔から入った光を反射させ

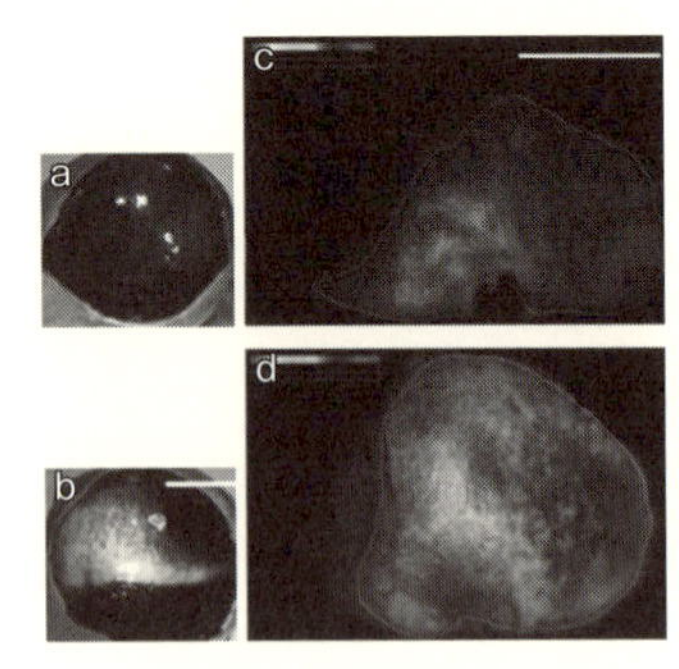

図7　ac は冬、bd は夏のトナカイのタペタム[12]
cd は平らにしたもの。

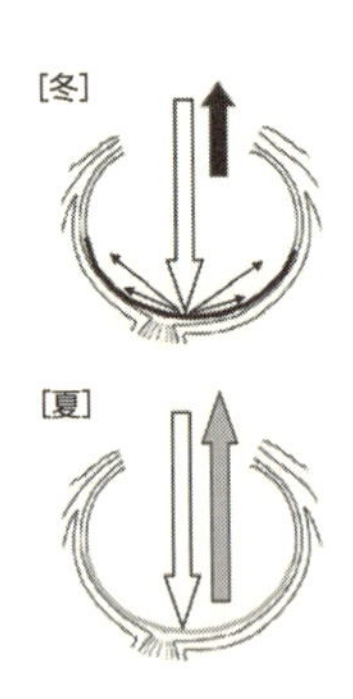

図8　タペタムが瞳孔から入る光を反射する様子[12]

るからネコの目は光る。だからタペタムのないヒトの目は光らない。瞳孔から入った光は網膜にある視細胞に吸収されるが、すべての光子が吸収されるわけではない。明るい昼ならこれで十分な量が吸収されるのだが、暗い夜には不十分なので、網膜をすり抜けた光子をタペタムで反射させ、再び網膜の視細胞に届けるという仕組みだ。こうすることで、夜のわずかな光の中でもネコたちは歩き回れる。ちなみにネコのタペタムは青白色だ。

トナカイのタペタムはなぜ夏と冬で変化するのだろう。Stokkanら[12]が調べたタペタムによる光の反射の様子が図8だ。金色のタペタムはほぼまっすぐ光を跳ね返したが、深い青色のタペタムは光をまっすぐ跳ね返すのではなく、反射角度を大きくし、網膜層の通過距離を長くし、多くの光子をロドプシン（光受容体）に届けると考えられる。そのぶん画質は低下する。画質より明るさ優先というわけだ。ところで、Stokkanらが大学で飼育したトナカイのタペタムを冬至に調べたところ、そのタペタムは深い青色ではなく、緑色だったそうだ。これは大学が街に近く、街の灯りがトナカイの目に届いてしまったからではないかという。深い青色のタペタムになるには、瞳孔の十分な拡大が長期間続くことによって、高い眼圧が長期に維持されることが必要で、その結果、タペタム層のコラーゲン密度が高くなり、深い青色になるのだそうだ。大学では暗さが足りず、瞳孔の拡大が不十分だったために、金色と深い青色のちょうど中間の緑色だったのだろうと解釈している。

タペタムの構造変化がもっと短時間に、瞬時にでき、それに費やすエネルギーもごく少量ですむのなら、ネコのタペタムも昼には金色、夜には深い青色に変化していたかもしれない。もし、サンタにもこんなタペタムがあったら、暗い夜道もへっちゃらで、赤鼻トナカイも必要なかっただろう。

引用文献

(12) Stokkan, K. A. *et al.* (2013). Shifting mirrors: Adaptive changes in retinal reflections to winter darkness in Arctic reindeer. *Proceedings of the Royal Society B: Biological Sciences, 280*, 1773. doi : 10.1098/rspb.2013.2451

ラバーハンドイリュージョン

ラバーハンドとは、文字通りゴムの手だ。そしてゴムの手のイリュージョンとは、ゴムで作られた手を自分の手であると錯覚してしまうことで、この現象は一九九八年、Botvinickら[13]によって報告された。このイリュージョンを生み出す方法は、図9にあるように実に簡単だ。参加者は自身の左手をテーブルの上のボードの向こう側、自分から見えない位置に置く。そして参加者の目の前には、参加者本来の手の代わりとしてゴムの手が置かれ、参加者はゴムの手を見るように促される。次に、実験者がこれら二つの手を同時にブラシで同じ方向になでる。そうすると、ゴムの手を見つめている参加者は、このゴムの手がだんだん自分の手のように思えてくるのだ。この方法で、ただのゴムの手が自分の手に見えてしまうなんてちょっと考えられないのではないだろうか。しかしちょっと考えられないくらいこのイリュージョンはすごいのである。そしてさらにこのゴムの手イリュージョンを利用したさまざまな研究が行われている[14][15]。今回はその中の一つ、Kanayaら[14]の研究を紹介したい。

図10がそれだ。まず、参加者の本物の手とゴムの手を、実験者がブラシでなで、ゴムの手イリュージョンを生じさせる。参加者がゴムの手を自身の手だと思えたところで、参加者の本物の手とゴムの手の上に透明なプラスチック片を三秒間載せる。次に、これらのプラスチック片を取り去り、今度はゴムの手には氷を、本物の手には先ほどと同じプラスチック片を三秒間載せる。すると、参加者は、自分

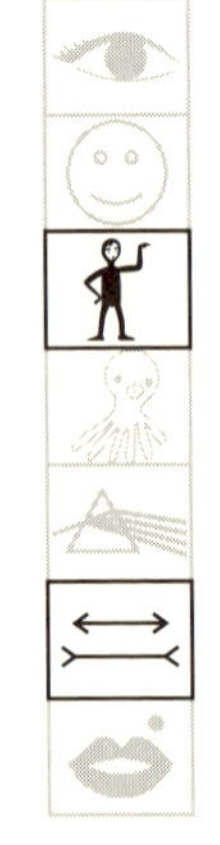

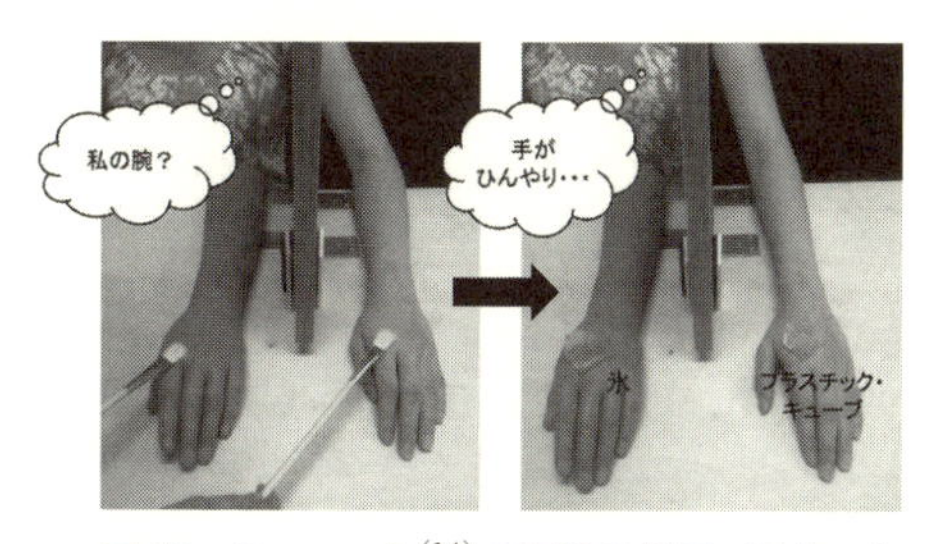

図10　Kanayaら(14)の実験の様子（提供：東京大学文学部心理学研究室）

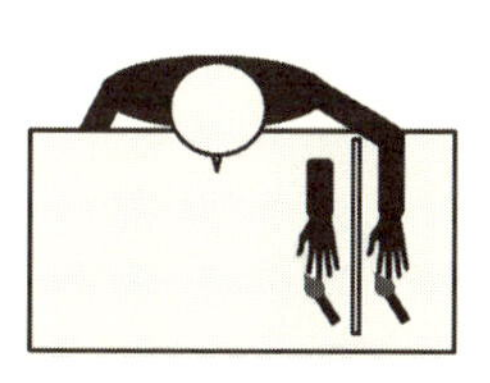

図9　ラバーハンドイリュージョン実験の配置図(14)

の手がさっきよりも冷たくなったと感じたのだ。実際には同じプラスチック片が再び本物の手に載せられたのだから温度は同じはずなのに、ゴムの手に氷が載っている様子を目で見ているだけで、自分の手が冷たいと感じてしまう、温度感覚イリュージョンが生じたのである。ゴムの手イリュージョンを使って温度感覚イリュージョンを証明したエレガントな実験だ。イリュージョンでイリュージョンを証明するというのがなんとも面白い。

それにしても、目の前のものを見ているだけで、それが自分の手として、自分の手に置かれたものとして感じてしまうとは、ヒトの知覚は大丈夫なのだろうかと不安になるが、そもそも「私」とは何か、そしてその「私」は「私の身体」をどのように知覚しているのかということを、難しいけれども考えなくてはいけないのだろう。このイリュージョンはブラシでなでるタイミングを本来の手とゴムの手で一致させないと生じないこと、ゴムの手を逆向きに置いたら生じないこと、しかし肌の色の白い人に、濃い茶色のゴムの手を使用しても生じること(15)、などから考えを突きつめていくのも一つの手立てかもしれない。そう言えば、壁や地面に映った影を「私の影」だと思うのと、ゴムの手を「私の手」

だと思うのとは、どこまで同じでどこが違うのだろう。子どものころ、影踏み遊びで、自分の影を踏まれたときの、まるで自分自身が踏みつけられたかのような、あの嫌な感覚は、ゴムの手イリュージョンとつながっているのだろうか。

引用文献

(13) Botvinick, M. *et al.* (1998). Rubber hands 'feel' touch that eyes see. *Nature, 391*, 756.
(14) Kanaya, S. *et al.* (2012). Does seeing ice really feel cold? Visual-thermal interaction under an illusory body-ownership. *PLoS One, 7(11)*, e47293.
(15) Maister, L. *et al.* (2013). Experiencing ownership over a dark-skinned body reduces implicit racial bias. *Cognition, 128*, 170-178.

シャコの視物質は一二種類

地球上で一番カラフルな環境と言われている熱帯珊瑚礁の浅瀬に住んでいるシャコの目には、視物質が一二種類（このうち四種は紫外領域に反応）もあるという[16]。そして、彼らの体もカラフルで美しく、そのカラフルな体色は状況によって変化する。シャコたちは、カラフルな環境の中で仲間のカラフルな体色変化を知覚するために、一二種類の視物質を使って、きっと並外れた色覚情報を得ているに違いない、と多くの研究者は考えているのだ。しかし、それらがどのように働いているのかは実はまだよくわかっていない。

そもそも視物質はそんなに必要なのだろうか。一八〇二年にYoung[17]は、色認識には異なるスペクトル感度を持った視物質が必要だが、視物質の数が増えると、その分、空間解像度が落ちるから、可視領域の色を知覚するには三種類ぐらいが最適だと言った。二〇〇年以上も前の論文だが、その後に発見された生物の多くは、まさにその通りの、二～四種類の視物質を持っていたのだ。ヒトも三種類だし。だから一二種類もあるシャコは変なのだ。

話はそれるが、シャコと言われて私が思い出すのは、あのお寿司のおいしいシャコだ。あれも一二種類の視物質を持っているのだろうか。体も地味だし、熱帯珊瑚礁に住んでもいないし、浅瀬でもない。水深三〇～五〇メートルの泥地にいるシャコだ。どう考えても論文に登場するカラフルシャコたちとは様子が違う。気になったので調べてみたら、シャコ目シャコ科の *Oratosquilla oratoria* というのが、お寿司の地味なシャコの学名で、カラフルなシャコはというと、フトユビシャコ科やハナシャコ科だった。つまり、シャコ目まで一緒だが、科から違っていたのだ。これには驚いた。なぜかと言えば、ヒトとオランウータンとゴリラとチンパンジーは同じヒト科なのだ。それなのに、カラフルシャコと地味シャコは科から違うというのだ。科から違うと言われた以上、お寿司のシャコの視覚に関して調べないわけにはいかないだろう。あれこれ論文を探したら、一九八五年にCronin[18]がシャコ科はモノクロだと書いていた。シャコ目の中で、シャコ科だけがモノクロで、もともとはいくつも視物質を持っていたが、深い泥地に暮らすことで失われたのだろうということだった[19]。あのおいしい地味シャコにもこんな歴史があったのである。

一二種類の視物質を持つカラフルシャコの話に戻ろう。最近、Thoen ら[20]は、カラフルシャコであるフトユビシャコ科（*Haptosquilla trispinosa*）に、ある色を選ぶと餌がもらえるということを学習させた後、その色ともう一つ別の色を呈示して、学習したほうの色を選ぶことができるかを調べた。その結果、フトユビシャコは二つの色の波長が五〇ナノメートル以上離れていると、正解の色を七〇パーセント以上の確率で選んだ。しかし、その差が二五ナノメートルになると正解率六〇パーセントとなり、さらに差が小さくなると正解率五〇パーセント、つまり色の区別ができなくなってしまった。二五ナノメートルの差とはどのくらいかと言えば、純粋な黄色とオレンジ色の差だ。ちなみにヒトは三種類の視物質の反応を比較するという神経処理によって、数ナノメートルの差があれば色を見分けることができる。

ということは、シャコは一二の視物質の反応を比較してはいないのだろうか。

視物質の感度曲線をヒトとシャコで比べてみると、ヒトと異なるのはその数だけではない。ヒトの感度曲線はなだらかな山型だが、シャコのそれは鋭い。鋭い感度曲線を持つということは、それぞれの視物質に反応する波長が短く限定されているということだ。だからカラフルシャコはどの視物質が反応したか、それだけを知覚しているのではないかとThoenらは言う。[20] そうすることで、視物質間の反応を比較するという複雑な神経処理は必要なくなり、素早い反応が可能になるということらしい。しかし二五ナノメートル以上の差がないと区別できないような方法で、カラフル環境の中のカラフル体の体色変化を認識できるものだろうか。まだまだシャコの色知覚は謎のままだ。

引用文献

(16) Osorio, D. (1997). Stomatopod photoreceptor spectral tuning as an adaptation for colour constancy in water. *Vision Research, 37(23)*, 3299–3309.

(17) Young, T. (1802). The Bakerian lecture: On the theory of light and colours. *Philosophical Transactions of the Royal Society of London Series A, Physical Sciences and Engineering, 92*, 12–48.

(18) Cronin, T. W. (1985). The visual pigment of a stomatopod crustacean. *Squilla empusa. Journal of Comparative Physiology A, 156*, 679–687.

(19) Porter, M. L. *et al.* (2010). Evolution of anatomical and physiological specialization in the compound eyes of stomatopod crustaceans. *Journal of Experimental Biology, 213(20)*, 3473–3486.

(20) Thoen, H. H. *et al.* (2014). A different form of color vision in mantis shrimp. *Science, 343(6169)*, 411–413.

赤と黒

お土産にもらったフィンランドのナプキンに黄色い実が描かれていた。それはクラウドベリーという実で、赤いベリーよりも貴重なのだと教えてもらった。そう言われてみると、いちご、ラズベリー、クランベリー、みんな赤い。さらに赤い実を思い出してみると、クワ、グミ、ナンテン、クコ、サンザシ、サクラとたくさん思い出せる。しかし、黄色はパパイヤと、ほかに何があるだろうか。バナナは熟すと茶色だし。そこで果実色について調べてみると、果実が成熟したときの色は赤や黒が圧倒的に多いのだそうだ[21]。

中国南西部の熱帯地域である雲南省シーサンパンナの森には、四一一種の果物があり、その四〇パーセントが黒色、一九パーセントが赤色、一三パーセントが茶色、一三パーセントが黄色、残りが緑や白や青だそうだ。黒色と赤色の実が多いことがわかる。この森にすむ留鳥（渡りをせず、年間を通して同じ場所に住む鳥）は、これらの実を食べる。実を食べた鳥は、糞としてその種を離れた土地に落とすので、鳥は重要な種子散布動物だ。また色覚の発達した動物でもあることから、果実の色は鳥の色選好と関係があるのではないかと考えられてきた。

Duanら[21]はこの森に棲む留鳥、小型の果実食鳥類が何色の実を好むのか、それが生まれつきによるものか学習によるものかについて調べた。この森にたくさんいるシロガシラ、コシジロヒヨドリ、アオノドゴシキドリの巣と卵を見つけ、それらが孵化した後四～六日で巣からヒナを取り上げ、実験室で飼育した。ヒナたちにミールワームと皮をむいたリンゴ、ナシ、バナナを与えることで、果実色の学習経験のない幼鳥に育てたのだ。そうして孵化から五～七週後に実験を行った。

森から熟した黒、赤、青、黄、緑色の実を採取し、白いボードの上に透明のシャーレを四〇個並べて、そこに一つずつ実を入れる。五色あるので、各八個ずつになる。幼鳥に全四〇個を一度に見せ、そのうちの八～一〇個食べるまで観察し、どの色を食べたかを調べた。これを一日に一回、九日間続けて行ったところ、幼鳥たちは黒色の実を最も好むこと、次に赤色を好むことがわかった。日を追ってみると、最初の数日は黒のみ食べ、六日目ごろから赤も食べるようになった。同じ方法で、森から成鳥を捕まえて実験したところ、森で実を食べた経験のある成鳥たちは、黒色と赤色の実を同じぐらい好んで食べ、さらには黄色や青色の実も少し食べた。こちらも日を追って見てみると、成鳥たちは初日から黒、赤、黄、青色の実を食べていた。

黒色の実は完熟する前に赤色のことがある。つまり、赤色の実は必ずしも熟しているとはかぎらない。しかし、黒色の実は必ず完熟している。生まれつき黒色を好むことで、幼鳥は必ず完熟している実を食べることができるのだ。また、森には黒色の実が多いので、黒い実を見つけることもたやすい。そうして徐々に森で生活し、経験を積むことで、熟している赤色の実を学習し、さらには黄色や青色の実も食べられることを学習するのだろう。しかしそれでも、基本的に黒と赤を選好するという傾向は、経験を積んだ成鳥でも変わらない。実は、この「変わらない」ということが重要なのだ。基本の選好色が変わらないからこそ、植物の実の色はそれに合わせて進化することが可能となる。そうして森には赤や黒色の実が多くなったと考えられている。もちろんほかの色の実も森には存在する。それらは鳥以外の動物が種子散布したり、別の方法で種子を遠くまで運んだりしているのだろう。

トマトソースを使ったパスタ、お赤飯、カニ、キムチ鍋。赤い料理は食欲をそそる。イカスミスパゲティのような黒い料理はどうだろう。私は好きだけれど、食欲をそそる色かと問われると微妙だ。ヒトには、好きな色の食べ物というのは存在するのだろうか。

引用文献

(21) Duan, Q. *et al.* (2014). Bird fruit preferences match the frequency of fruit colours in tropical Asia. *Scientific Reports, 4*, 5627. doi: 10.1038/srep05627

トワイライト・ゾーン

「トワイライト・ゾーン」と言われて、「あなたの知らない不思議な世界」と返してしまうのは私ぐらいの年齢の方だけだろうか。さらにそういう人は、トワイライト・ゾーンが超常現象や怪奇現象の起こるところだと思ってもいるに違いない。もちろんＳＦドラマの強い影響だ。だから、このエッセイの引用文献[22]のタイトルにトワイライト・ゾーンという単語を見たとき、とっさにそう思ってしまったのだけれど、冷静に考えてみればそんなわけはなくて、たぶんトワイライト・ゾーンは薄明のぼんやりした区域を指しているのだ。けれども、論文の著者たちは、わざと狙ってそういうタイトルにした可能性もないではない。そう考える根拠は、同じ著者たちの別の文献[23]のタイトルにライトセーバーという単語が入っているからだ。これは、あの「スター・ウォーズ」に出てくる武器、光るサーベルのことをさしていて、サメの光る背びれがライトセーバーのような役割をしていると著者たちは述べている。そうなるとトワイライト・ゾーンも何か狙いがあって付けたのかもしれないと思えてくるだろう。

そんな期待を持って論文を読んだのだが、ちっとも怖くなかった。トワイライト・ゾーンとは、海の垂直分布でいうところの中深層（二〇〇～一〇〇〇メートル）のことだったのだ。これが論文のタイトルの意味するところで、本当にトワイライト・ゾーンと呼ばれている。この中深層にはわずかに日光が届いている。そして約一〇〇〇種類もの魚がここに生息しているのだそうだ。身近なところでは、キン

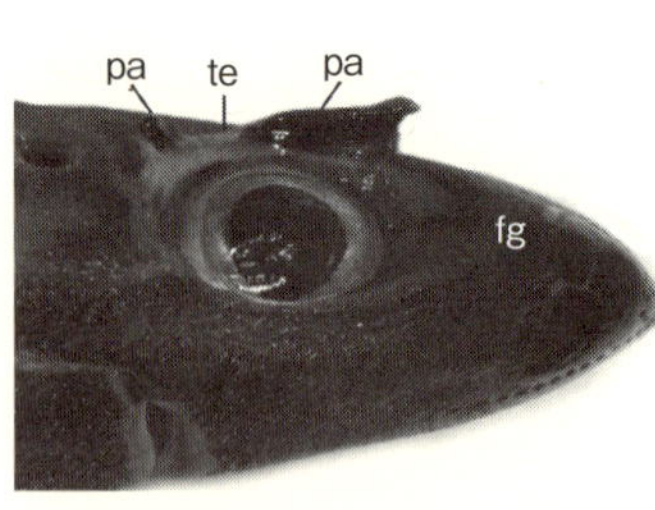

図11　カラスザメ科のベルベットベリー・ランタンシャークの頭部[22]

teが眼瞼上部の透明な部分。前方の視界を確保できるようにfg部分がへこんでいる。pa部分は発光する。

メダイやハダカイワシがそうだ。彼らはトワイライト・ゾーンで生活するのに適した大きい眼球を持っていたり、タペタムを持っていたりと、薄明かりの中で周囲を見るための何らかの方法を持っている。さらに、体の一部が発光するものもいる。たとえば、図11のカラスザメ科（体長二〇～五〇センチメートル）は背びれや腹などが光る。

発光にはいくつか機能がある。第一に餌をおびきよせる機能。第二に体の一部を光らせ、目立たせることで敵を威嚇する機能。カラスザメ科では棘のある背びれが発光するのはこの機能、ライトセーバー機能ではないかと考えられている[23]。第三に蛍のように体の一部を発光させて同種同士のコミュニケーションを行う機能。カラスザメ科では生殖器や体側面を短時間発光させる。この発光にはコミュニケーション機能があると考えられている[24]。第四に隠蔽擬態を行う機能。海面を見上げたとき、そこに魚がいると魚は暗い影になり捕食者から目立ってしまう。そこで小型の魚は腹部を発光させることで、海面と同じ明るさにして捕食者から身を隠す。このような隠蔽擬態を「カウンターイルミネーション」と言うらしい[24]。中深層に棲むカラスザメ科やツラナガコビトザメ科の小型のサメたちの腹部も発光する[24]。

嗅覚に頼って生活していると思われていた深海ザメたちだが、体の発光を使って互いにコミュニケーションを取っている可能性が高いことから、実は視覚がけっこう優れているのではないかと考えられるようになってきた。Claesら[22]が、カラスザメ科など深海ザメの眼球やその周りの構造を調べたところ、図11のfgのような眼球の前方の皮膚のえぐれが見つかった。これによって、前方の視界が確保され、その結果、両眼視野の範囲が広くなる。さらに不思議な構造、図11のte部分が発見されたのである。この眼瞼上部は、皮膚が透明になっているのだ。ほかの小型のサメ四種も同様、眼瞼上部に透明な部分が存在している[22]。

なぜ眼瞼上部の皮膚が透明なのだろうか。Claesら[22]は、海面から入る日光の明るさを察知するのに都合がよく、その明るさに合わせて自らの腹を発光させているのではないかと考えているようだ。

そう言えば、映画「トワイライト・ゾーン」の監督の一人であるスティーヴン・スピルバーグは、「ジョーズ」の監督でもあったなあ。

引用文献

(22) Claes, J. M. *et al.* (2014). Photon hunting in the twilight zone: Visual features of mesopelagic bioluminescent sharks. *PLoS One, 9(8)*, e104213.

(23) Claes, J. M. *et al.* (2013). A deepwater fish with 'lightsabers': Dorsal spine-associated luminescence in a counterilluminating lanternshark. *Scientific Reports, 3(1308)*, 2-13.

(24) Claes, J. M. *et al.* (2010). Functional physiology of lantern shark (Etmopterus spinax) luminescent pattern: Differential hormonal regulation of luminous zones. *Journal of Experimental Biology, 213(11)*, 1852-1858.

赤で覚醒

六甲に行った。木々の緑葉の間に黄色や赤色の葉が混じり、それを太陽が照らしていた。山が赤や黄に輝いている紅葉というのは、それらの木や葉を見るというよりは、色を見るものだったのだと思った。

紅葉にかぎらず赤色は目を引く。そのためか、赤色がヒトに与える影響を調べた研究は数多い。たとえばモニタに白い四角が一つ、中央に呈示される[25]。その背景色は黒だ。参加者がマウスの中央のボタンを押すと、その四角が消え、しばらくしてから(四〇〇ミリ秒あるいは一六〇〇ミリ秒)、今度は二つの白い四角が左右に呈示される。参加者はモニタに何もない状態、つまり一つの四角が消えてから二つの四角が出現するまでの黒色スクリーン状態が、長いと思ったらマウスの右ボタンを押し、短いと思ったら左ボタンを押す。四〇〇ミリ秒と一六〇〇ミリ秒の二つしかないので、練習すると正解できるようになるそうだ。そうなったら、四〇〇ミリ秒と一六〇〇ミリ秒の間の長さ(五〇四ミリ秒、六三五ミリ秒、八〇〇ミリ秒、一〇〇一ミリ秒、一二七〇ミリ秒)を加え、いざ本番となる。

本番では、これら七種の長さがランダムに呈示され、それを四〇〇ミリ秒に近いと思ったら「短い」、一六〇〇ミリ秒に近いと思ったら「長い」とマウスのボタンを押して答える。四〇〇ミリ秒と一六〇〇ミリ秒の間の長さなので、短いか長いかの判断に迷いが生じるだろう。この迷いが、モニタの背景色を、

本番では黒色ではなく、赤色にする場合と青色にする場合で異なるのかを調べたのだ。

問題は全部で一二六問。青色で六三問、赤色で六三問だ。くわしくは、青色の一〇〇一ミリ秒が九回、赤色の一〇〇一ミリ秒も九回、青色の五〇四ミリ秒も九回……が、ランダムに出てくる。答えは「長い」と「短い」の二つしかないので、通常なら一二六問の約半分を「長い」と答えるだろうから、参加者が「長い」と答える割合はほぼ〇・五になるはずだ。図12の縦軸が「長い」と答えた割合だ。これを見ると、スクリーンが赤色のとき男性が「長い」と答えた割合が、スクリーンが青色のときよりも統計的に上回っている。つまり、男性は赤色の時間を、青色よりも長いと感じたのだ。

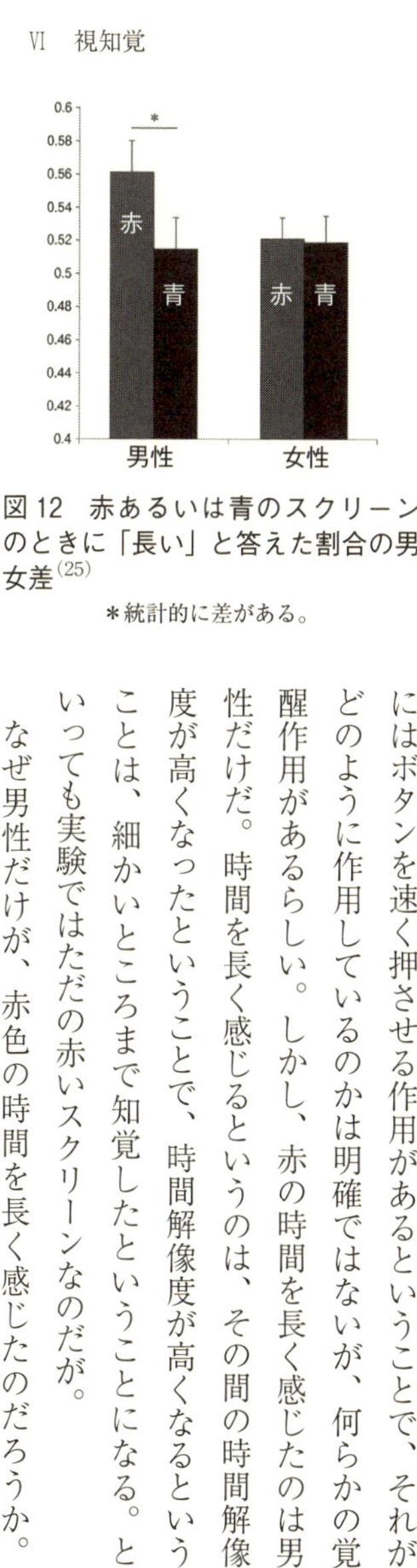

図 12　赤あるいは青のスクリーンのときに「長い」と答えた割合の男女差[(25)]

＊統計的に差がある。

また、参加者が長いか短いかを答えるまでの時間を調べたところ、男女ともスクリーンが赤色のときのほうが青色のときよりも速く答えていた。これは、赤い色にはボタンを速く押させる作用があるということで、それがどのように作用しているのかは明確ではないが、何らかの覚醒作用があるらしい。しかし、赤の時間を長く感じたのは男性だけだ。時間を長く感じるというのは、その間の時間解像度が高くなったということで、時間解像度が高くなるということは、細かいところまで知覚したということになる。といっても実験ではただの赤いスクリーンなのだが。

なぜ男性だけが、赤色の時間を長く感じたのだろうか。

Shibasaki[25]らは男性同士の闘争において、赤色に対する感受性が高いことが有利に働いたのではないかと考えているようだ。ヒトは闘争時、興奮すると血流が増加し顔が紅潮する。その赤色による時間解像度の増加で、相手の動きや情動の些細な変化を見逃さないのかもしれない。そしてそれが自身を勝利へと導く助けになる。だから男性においてのみ、赤色への時間解像度が高くなるという現象が見られたのではないかとShibasakiらは述べている。

横断歩道で信号待ちをしている。そんなとき携帯電話を眺める人もいるだろうが、ただただ赤い信号を見つめ続けていることも多いのではないだろうか。「なかなか信号が変わらないな」と赤信号をいまいましく、長く感じているのは、女性よりも男性なのかもしれない。

引用文献

(25) Shibasaki, M. *et al.* (2014). The color red distorts time perception for men, but not for women. *Scientific Reports*, 4, 5899. doi:10.1038/srep05899.

三億年前の網膜

五億年前とか三億年前とか言われると、「えっ、それってどのくらい前？」とうかつにも聞き返してしまいそうになるぐらいピンとこないものだ。それはあまりにも桁が大きすぎるからだが、多少耳にしたことのあるカンブリア紀というのが五億年前だそうで、三葉虫やアノマロカリスがいた。無脊椎動物である彼らの化石には、一対の目がある。無脊椎動物の目は固いから化石として残るのだ。しかし、目があることは確認されても、彼らが色を見ていたかどうかまではわからない。

三億年前は石炭紀というそうだ。なぜなら石炭のある層だからだ。ということは石炭紀には大きな森があったということになる。大量の植物が存在し、酸素濃度は三五パーセントにも達していたらしい。それで生物が巨大化していき、数億年後には恐竜が出現する。カンブリア紀にいた三葉虫は石炭紀にも健在だ。しかし、アノマロカリスはもういない。石炭紀の気候は温暖で、海があって陸もあって森もあって、となると今と似ているのだろうか。それとも酸素濃度が高く二酸化炭素濃度が低いと、世界は今とは異なるのだろうか。さっぱりわからない。

この石炭紀のハミルトン層（米国カンザス州）というところから出土したアカントーデス（*Acanthodes bridgei*）という棘魚類（きょくぎょ）の化石（図13）を、Tanakaらが電子顕微鏡などでくわしく観察したところ、なんと化石に網膜構造が保存されていたのである[(26)]。くり返します、三億年前の網膜構造が化石となって残っていたのです。

三億年前の網膜と言われ、再び「それってどのくらい前？」と聞き返したくなるだろうが、それは三億年前だ。これで四回言ったが、何度でも言いたくなる。だって三億年前の網膜ですよ。これで五回言った。通常、脊椎動物の眼球は軟組織なのですぐ腐る。どれくらい速く腐るかというと、アカントーデスを含め棘魚類はすでに絶滅しているので、これと近縁なヤツメウナギの幼生を使った腐敗実験[27]によれば、ちょっと想像したくない実験だが、その眼球は六四日以内に腐ったそうだ。それが化石として、三億年もの間保存されていたというから驚きだ。

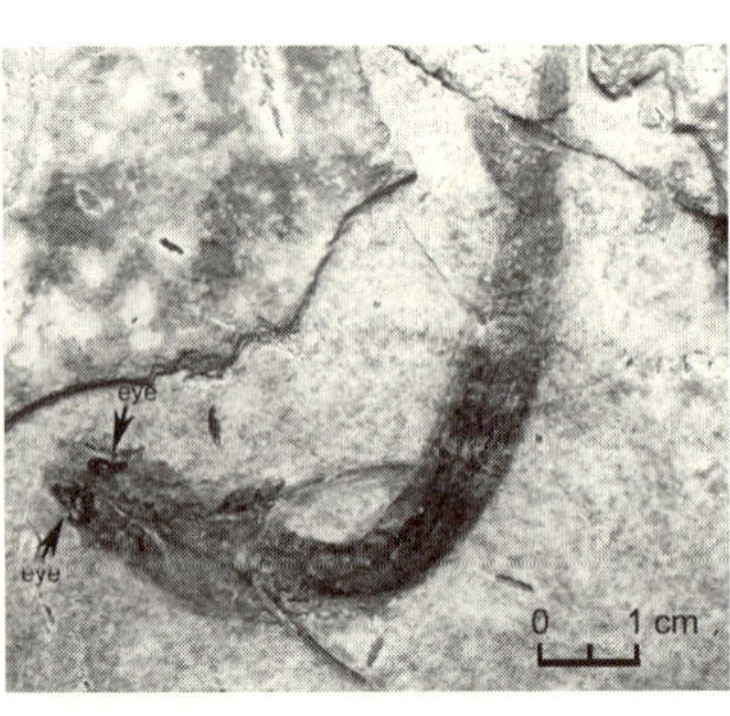

図 13　石炭紀の魚である *Acanthodes bridgei* の化石（提供：田中源吾）

この化石には、網膜色素であるユーメラニン、さらには桿体と錐体細胞が保存されていた[26]。この化石の鉱化した桿体と錐体は世界初の記録だそうだ。三億年前のアカントーデスの目に桿体と錐体とユーメラニンが存在していたということはつまり、三億年前のアカントーデスが、薄暗いときには感度の高い桿体細胞を使い、明るいときには錐体細胞を使って世界を見ていたかもしれないのだ。そして、錐体の存在は、三億年前に生息していたアカントーデスが色覚を有していた可能性をも示している。もちろんオプシンという光受容体タンパク質が見つかったわけではないので、色覚の可能性があるとしか言えないのだけれど、脊索動物の分子系統解析[28]からオプシン遺伝子それ自体はカンブリア紀からすでに存在していたことはわかっているので、アカントーデスが色覚を持っていた可能性はきわめて高い。

　アカントーデスは長い流線型の体で、棘のあるひれを持ち、ごく浅瀬の汽水域に棲んでいたそうだ。水面が静かに波打ち、その輝きの中にアカントーデスが見え隠れしている、そんな情景が目に浮かぶ。その様子は現生のハゼ科のヨシノボリのようだ。アカントーデスの桿体と錐体の存在比率はヨシノボリのそれに類似しているという。ヨシノボリには色覚がある。三億年前、アカントーデスは何を見ていたのだろう。海は、空は、何色に見えたのだろうか。

引用文献

(26) Tanaka, G. *et al.* (2014). Mineralized rods and cones suggest colour vision in a 300 Myr-old fossil fish. *Nature Communications, 5*, 5920. doi: 10.1038/ncomms6920

(27) Robert, S. *et al.* (2010). Non-random decay of chordate characters causes bias in fossil interpretation. *Nature, 463(7282)*, 797–800.

(28) Collin, S. P. *et al.* (2003). Ancient colour vision: Multiple opsin genes in the ancestral vertebrates. *Current Biology, 13(22)*, R864–865.

赤ちゃんは肌色ちゃんだ

最初にちょっとお願いしたいことがあります。この本のカバー袖に掲載されている私の写真の中にある色をすべてリストアップしてください。さあ、何色が見つかりましたか？　黒、青、赤、白、黄色？　ここで、一つ予言をしよう。「ヒトの肌の色を色として答えた人はいないであろう」。どうです、当たったでしょう。そう、ヒトは髪や服の色は色として答えるけれど、皮膚の色に関しては無視してしまうという傾向がある、これがチャンギージー[29]の最初の発見だった。

肌の色と言えば、「赤い赤ちゃんなど見たことない、肌色ちゃんだ」というセリフを思い出す。これはラーメンズのコント、「いろいろマン」のセリフだ。そう言われてみるとその通りで、肌色は間違いではない。しかし、肌色とは何色なのか。肌色は色を示しているわけではない。バナナ色と言っているのと同じだ。そして、バナナ色は黄色と答えられるのに「肌色は何々色だ」と答えられない。

もちろん無理をすれば、肌色はベージュ色、薄いオレンジ色、象牙色などと答えることは可能だ。しかしそう答えた直後に、「いや、ちょっと違うんだよな」と思ってしまう。そう、ちょっと違うと思ってしまうことこそが重要なのだ。「バナナは黄色」についてはちょっと違うとは思わない。けれどバナナだって実はちょっと違うはずで、茶色っぽいのもあれば、まだ緑色っぽいものだってある。だけど、それについてはちょっと違うとは思わない。肌色について「ちょっと違う」と思ってしまうのは、ヒトが

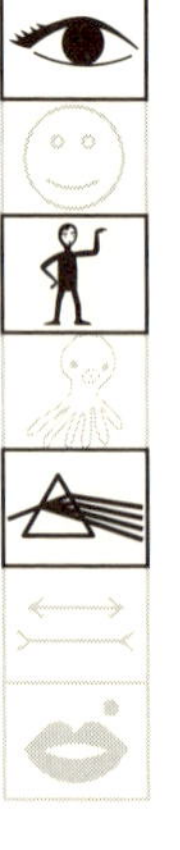

ヒトの肌の色のちょっとした違いにあまりにも敏感すぎるからだとチャンギージー[29]は考えたのだ。

皮膚からの反射光を調べたものが図14である。皮膚は状態によって微妙に、そしてさまざまに色が変化するが、この皮膚色の変化は、実は血液の変化なのだ。図14に描かれているのは、皮膚に光が当たり反射するときの光の反射率（縦軸）を、波長ごと（横軸）に示している。そして、青、赤、緑、黄色の四つの図の中央（二本の矢印の交点）に平常時の皮膚色が存在すると考えるとわかりやすいだろう。

皮膚の血液量が増えると青く見え（図14青）、血液量が減ると黄色くなる（図14黄）。このときのそれぞれの皮膚の光の反射曲線を比べてみると、M・L錐体の最大感度波長部分（五五〇ナノメートル付近）に差がある。黄色い肌は五五〇ナノメートル前後の波長を多く反射するのだ。つまり、ヒトの目は反射光をとらえるので、M・L錐体の活性がS錐体に比べてぐっと高くなると、皮膚は黄色に見える。逆に考えれば、M・L錐体の活性が平常時より低くなれば青く見えるということだ。では、皮膚が緑っぽくなる場合と赤くなる場合を比較してみよう。血液の酸素飽和度が高いと赤く、低いと緑色の皮膚になる。M錐体の最大感度波長では反射率に差が見られないが、L錐体の最大感度波長で赤色のときに緑色のときよりも反射率が高い。つまり、M錐体の活性は変化せず、L

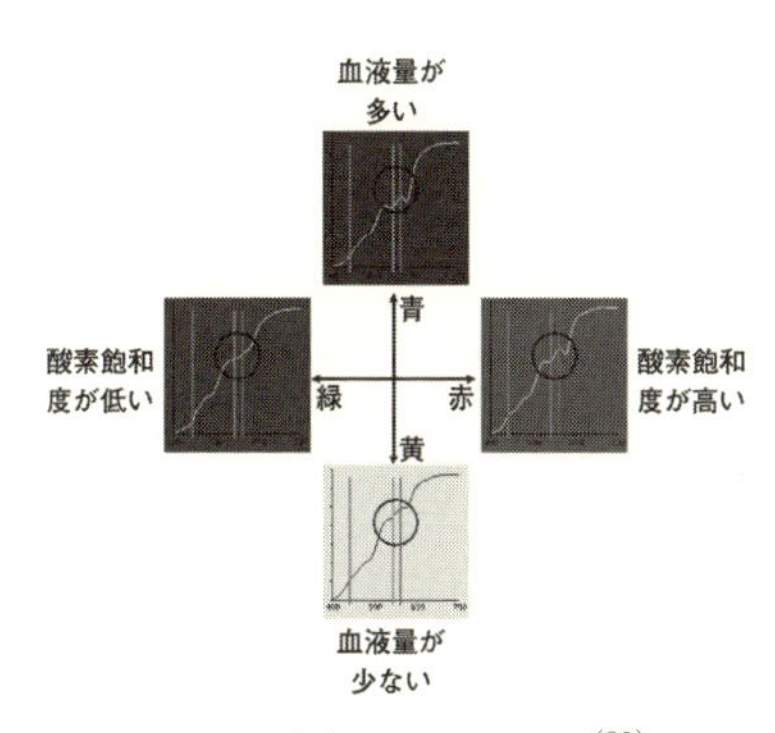

図14　皮膚からの反射光[30]

各図の横軸は波長（nm）で縦軸は反射率。また各図の縦棒は左からS（青）・M（緑）・L（赤）錐体の最大感度の波長を示している。

錐体の活性が高くなると赤く見え、逆にL錐体の活性が低くなると緑に見えるということになる。
不思議なことに、顔の微妙な変化をとらえるのに適したかのように、顔色が変化するときの光の反射率の変化波長と、S・M・L錐体の最大感度波長とがぴったり一致する。いや、不思議とか偶然とかではなく、ヒトのS・M・L錐体は、他人の顔色を見分けることに適応して進化したのだとChangizi[30]らは考えている。肌色は何色と答えにくいのも、微妙な皮膚色の違いをとらえて赤ちゃんというのも、そのせいなのだ。

引用文献

(29) チャンギージー、M／柴田裕之（訳）（二〇一二）．ひとの目、驚異の進化——4つの凄い視覚能力があるわけ インターシフト

(30) Changizi, M. A. *et al.* (2009). Harnessing color vision for visual oximetry in central cyanosis. *Medical Hypotheses*, *74*(*1*), 87–91.

Hybrid Images

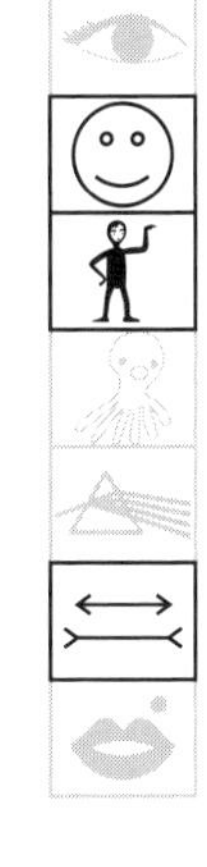

富士山はすごい。新幹線に乗っていて富士山が見えると、それだけで気持ちが晴れる。車窓から望む富士山の裾野は広く、わずかに緑がかって見えるから、そこは樹林なのだろうと想像することはできるが、その中の木の一本を目で確認することは遠すぎてできない。たいていは木の存在すら意識に上らないだろう。「木を見て森を見ず」ということわざがあるが、この場合は反対だな。

錯視図形にはいつも驚かされる。図15の画像も、実はその類いのものだ。大きいほうの顔は、そう、アルベルト・アインシュタインである。アインシュタインの理論は全くわからないけれど、これがアインシュタインの顔であることは私にもわかる。小さいほうの顔はマリリン・モンローだ。実は、これらは大きさが異なるだけで、同一画像なのである。その証拠に、本を目から徐々に離すと、視力にもよるが、だんだんと大きいほうの顔が、アインシュタインではなく、モンローに見えてくるだろう（動画はこちら——https://www.youtube.com/watch?v=tB5-JahAXfc）。これは「Hybrid Images」と呼ばれ、Oliva らが作成したものだ[31][32]。アインシュタインの顔は細い線で描かれているので、遠くからでは見えない。しかし、モンローの顔は顔全体がぼんやりとした濃淡で描かれているので、遠くから見ると、それらが顔として処理され、モンローに見えてくるのである。逆に近寄れば、細い線画のアインシュタインが見えてきて、モンローは見えなくなってしまう。

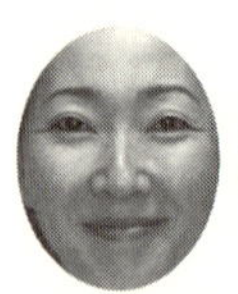
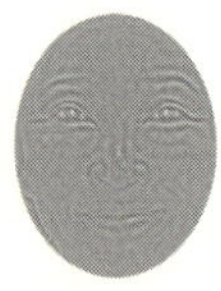
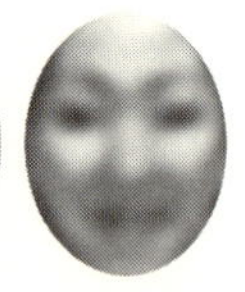

図16　筆者の顔写真（左）を高周波数成分のみ（中央）と低周波数成分のみ（右）の画像に変換したもの

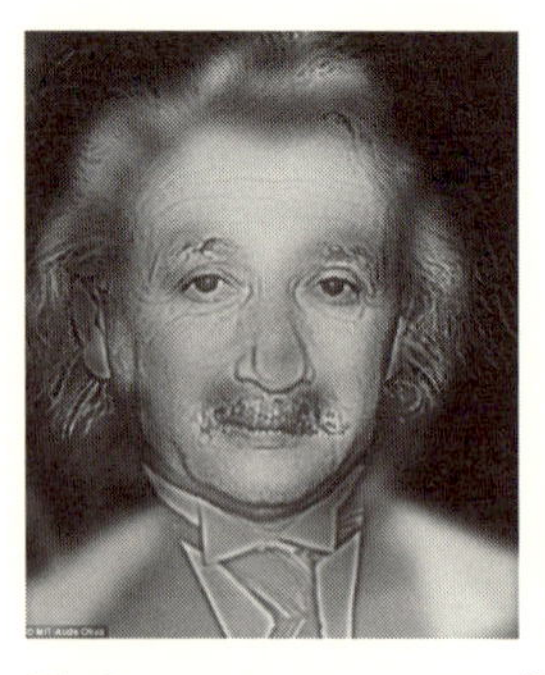

図15　Hybrid Imagesの一例(31)(32)
（提供：Aude Oliva）
同一画像だが、大きいほうはアインシュタイン、小さいほうはモンローに見えるだろう。

図15の画像は、アインシュタインの写真とモンローの写真を合成したものだが、それぞれの写真には、ある処理がなされている。[31] 図16の写真は、その処理をした。左の顔写真から空間周波数の高い成分のみを抽出して作成したものが中央の画像で、低い成分のみを抽出したものが右の画像である。つまり、アインシュタインの写真は空間周波数の高い成分のみで作成され、モンローの写真は空間周波数の低い成分のみで作成されているのだ。これらの画像を合成したものが図15となる。

ヒトの脳の視覚情報処理過程では、最初に低周波数成分を処理し、次に高周波数成分を処理する。そこで、図15の大きい写真を三〇ミリ秒ぐらいの瞬間呈示にすると、モンローの画像だけが処理され、なんと、モンローの顔が意識に上るそうだ。ところが、一五〇ミリ秒以上の長時間の呈示では、今、皆さんが見ているように、高周波数の成分からなるアインシュタイン画像が処理されるので、アインシュタインの顔が意識される。アインシュタインの顔はモンローの顔の上にみごとに覆いかぶさるように描かれているので、モンローの画像は最初に処理されたはずなのだが、全く意識に上らない[31]。

画像までの距離や呈示時間によって、アインシュタインに見えたり、モンローに見えたりするが、アインシュタインとモンローの両方を同時に認識することは、ヒトの脳にはどうもできないらしい。

引用文献

（31）Oliva, A. *et al.*（2006）. Hybrid Images. *ACM Transactions on Graphics, 25(3)*, 527-532.
（32）Oliva, A.（2013）. The art of hybrid images: Two for the view of one. *Art & Perception, 1*, 65-74.

まぶたスイッチ

腹話術と言えば「いっこく堂」を思い出すが、最近、米国のオーディション番組に登場した一二歳の少女も素晴らしかった（https://www.youtube.com/watch?v=rk_qLtk0m2c）。少女が歌っていると頭ではわかっていても、ウサギの人形が歌っているように見えてしまう。テレビやパソコンでこういう番組を見ているので、声の出どころを正確に定位できないからではないかと考えられなくもないが、目の前でじかに観察する機会に恵まれたとしても、同じことになりそうだ。これを腹話術イリュージョン[33]という。

複数の感覚からの入力があるとき、これらを統合して判断する。このとき、ある感覚と別の感覚とに何らかのずれが生じると、どちらかが優勢になったり、抑制されたりする。腹話術では、視覚刺激として入力された人形の口の動きが優勢に働き、聴覚刺激からの音源定位が抑制されるということらしい。このようなことは視覚と聴覚にかぎらず、さまざまな感覚で観察される。Brodoehlら[33]は、触覚刺激に対する感受性が、明るい室内、あるいは完全な暗闇の中で、目を開ける、あるいは目を閉じる状態で変化するかどうかを調べた。完全な暗闇であれば、目を開けていても眼球に光刺激は入ってこないし、明るい室内でも、目を閉じれば視覚刺激はかなり減少する。眼球に入ってくる視覚刺激の多少によって触覚の感受性が変化すると仮定するならば、明るい室内で目を開けているときが、一番触覚の感受性が

低くなり、完全な暗闇であれば、目を開けていても閉じていても、触覚の感受性に差はないと予想される。そこで、これらの四条件（①明るい室内で目を開ける、②明るい室内で目を閉じる、③暗闇で目を開ける、④暗闇で目を閉じる）で実験を行い、参加者の右手の人差し指にごく弱い電流を流した。ヒトが感じることのできない弱い電流から開始し、徐々に大きくしていき、参加者が電流を感じたときの値を電流知覚閾値（図17の縦軸）とした。その結果（図17）、実験室が明るくても暗闇でも、目を開けているときよりも閉じているときのほうが、より弱い電流を知覚できたのだ。図17を見ただけでは、実験室が明るいときのほうが、暗闇のときよりも閾値が低いように見えるが、分析の結果、室内が明るいか暗闇かでの閾値に差はなかったという。当初、考えた仮説である「眼球に入る視覚刺激の多少で触覚の閾値が変化する」ではなく、まぶたを開けているか閉じているかという、まぶたの状態によって触覚の閾値が変化したのだ。そう、まぶたが視覚を優位にしたり、抑制したりするスイッチだったのである。

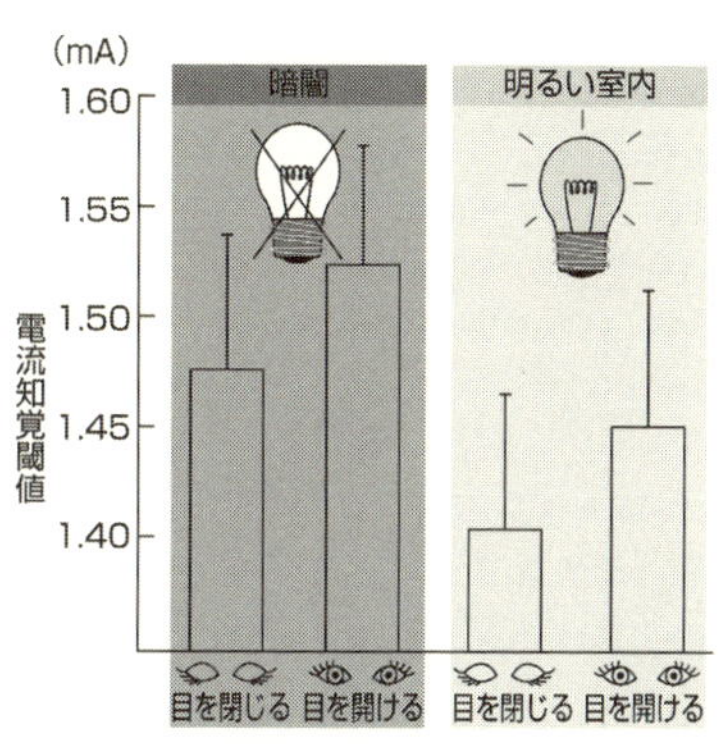

図17　4条件（①明るい室内で目を開ける、②明るい室内で目を閉じる、③暗闇で目を開ける、④暗闇で目を閉じる）での電流知覚閾値[33]

Brodoehlら[33]は、さらに機能的磁気共鳴画像法（functional magnetic resonance imaging: fMRI）を用いて、目を開けているときと閉じているときの脳の活動を暗闇で測定した。その結果、まぶたを開けると視覚野と視床や体性感覚野との接続が強くなり、まぶたを閉じると、それらが弱まり、体性感覚野と視床の強い接続が現れた。感覚野間の接続が、まぶたの状態によって変化することが脳の活動からも明らかとなったのだ。

ものかげに落としてしまった消しゴムを手探りで探すときや、麻雀牌を指の腹で識別するとき、身体の状態を見るために触診するときに、目を閉じて、まぶたスイッチを使うと良い結果が得られるかもしれない。

引用文献

（33）Brodoehl, S. *et al.*（2015）. Eye closure enhances dark night perceptions. *Scientific Reports*, 5, 10515. doi: 10.1038/srep10515

VII　目の進化

これは目なの？

メジロという名前の鳥がいるけれど目が白いわけではない。メジロの目は茶色で、白いのは目の周り。だから正確にはメマワリシロだけれど、実際はメジロという名前だ。目のちょっと周りぐらい目でいいじゃないか、ということだろうか。そうするとパンダはタレメグロか。

パンダの目周りの黒い部分は、どれも同じたれ目型と思っていたけれど、パンダごとに形や大きさが微妙に異なるという[1]。そう言われて「パンダ」で画像検索して見比べてみると確かに違う、皆ちょっとずつ違っている。今まで気づかなかった、というか全く考えもしなかった。そういうところに注目したDunglたちに脱帽する。さらに彼らは、「あのたれ目具合はトントン」というような、たれ目模様が個体識別の手がかりになっているのではないかと考え、動物園で飼育されている二頭（実験開始時に四歳）のパンダで以下の実験を行った。

パンダで実験と聞いただけでノックアウトされたが、図1の実験している後ろ姿、課題で使用された刺激（図2）を眺めたらもう、この論文[1]を読まずにはいられない。写真のパンダは三つの刺激図形の前に座っている。図形とその下の餌台は引き出しのように引くことができ、このパンダは一番右を引き出しているところだ。そして引いた刺激が正解であれば餌が出てくる。

パンダに出された課題は、図2の一番上の簡単なものから下へと徐々に難しくなっていく。まずセッ

図1　実験中のパンダ[1]
（提供：Eveline Dungl）

	刺激のセット	正解の刺激
1	○ △ □	○
2		
3	120° 90° 60°	120°
4	80° 64° 48°	80°
5		
6		

図2　実験に使用された刺激[1]

ト1、○△□を区別できるかだが、最初から三つ使うと難しいので、まずは二つ（○△）を使う。実験者は○を正解と決めているから、パンダが○を引き出したら餌を出す。でもそんなこと、パンダは知らない。

ある日、パンダが装置の前に座ると、三つある引き出しの二カ所に○と△がある。前日までは、三カ所ともただの真っ白でどれでもいいから引き出せば餌がもらえた。でもこの日、真っ白と○と△が目の前に呈示されたのだ。もちろんパンダは○と餌との間に関係があるなんて知らない、知らないから適当に引っ張る。すると餌が出てきたり出てこなかったりする。この場合、適当に引いて正解する確率は三分の一（三三パーセント）だ。真っ白と○と△の位置を毎回変え、これを一日に二一回行った。すると一頭は三日目に、もう一頭は一四日目に八○パーセント以上○を引き出すようになった。つまり、○と餌との関係に気がついたのだ。そこで刺激を増やして、○△□の三つにしたら、二頭とも七日後には○を八○パーセント以上引き出すようになった。パンダは○△□を区別できた。セット2以降も同様の方法で行われた。

徐々に課題は難しくなっていくと同時に、パンダのたれ目模様に近づいていく。セット3と4もクリアした。パンダはたれ目の微妙な角度を区別できたのだ。

セット5と6。これらは本物のパンダの顔写真から目周り部分を切り取り使用している。それにしてもパンダのたれ目型はいろいろあるものだ。セット5までは、不正解図形は毎回同じなのだが、セット6は一問ごとに不正解図形が変化するので、不正解刺激が九種類もある。だからセット5よりも難しい。それでも二頭ともクリアした。微妙に異なるたれ目模様を区別できたということから、たれ目模様は仲間を見分ける手がかりになっているのかもしれない、とDungl たち[1]は考えている。

そうなると、メジロやタヌキやアライグマはどうなのだろう?

引用文献

(1)Dungl. E. *et al.* (2008). Discrimination of face-like patterns in the giant panda (*Ailuropoda melanoleuca*). *Journal of Comparative Psychology, 122,* 335-343.

目を読むのはヒトだけ？

母が「ちょっとそれとって」と言うときは必ず、「それ」の名前が出てこないときだ。だから「それ」とだけ言いながら、眼球や顔や口を「それ」に向けてなんとか私に伝えようとする。そういうときの顔はすごいことになっているけれど、その甲斐もあってか毎回なんとか無事に「それ」を特定できるのだ。あるいは、とある高校の教室で、顔を動かさずに眼球だけを動かしてA君をそっと見ている友人に気づき、もしかしてライバル？と主人公が思うシーンを、学園ドラマなどでよく見る。ヒトは相手の視線をつねに知覚しながら、日常生活を送っている。

互いに相手の眼球方向を知覚し合い、ヒトは生きてきた。そして、そんな視線をやりとりするヒトの社会の中で、ヒトと一緒に暮らしてきた長い歴史を持つイエイヌもまた、ヒトの視線を手がかりに行動することができる[2]。

一方で、ヒトに捕獲されてきた長い歴史を持つ動物もまた、ヒトの視線を読むのではないかと考えた研究者たちがいる。Carterら[3]は、害鳥としてヒトに捕獲され続けたホシムクドリにとってヒトは天敵だから、ホシムクドリはヒトについてあれこれ学習しているのではないかと考えたのだ。そしてその学習はヒトの体や顔の向きといったわかりやすい手がかりだけではなくて、もっと知覚するのに精度を要する、ヒトの眼球方向にまで及んでいるかもしれない。そこで、ホシムクドリがヒトの視線を知覚でき

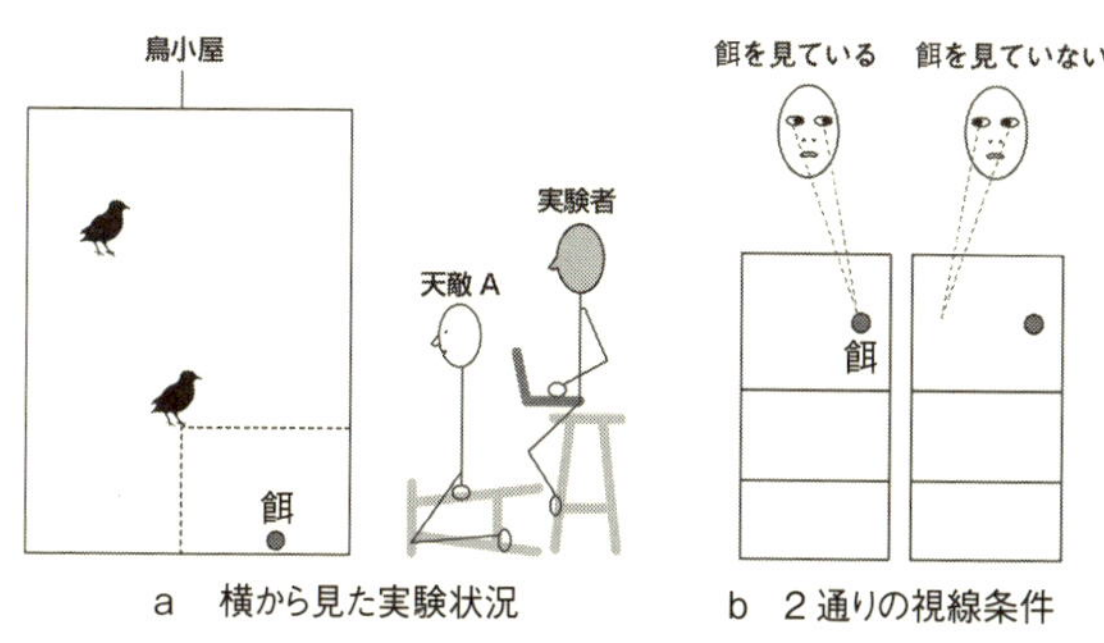

図3　実験の様子[3]

るかどうか、以下の実験によって調べた。

野鳥のホシムクドリを二〇羽捕まえ、二羽ずつ実験を行っている様子が図3aである。天敵Aを演じるヒトは餌から一メートルのところに座り、その後ろに記録を取る実験者が座っている。後ろの実験者の顔や目が実験に影響してはいけないので、実験者はストッキングのようなものをかぶっているのだそうだ。ストッキングをかぶった実験者は鳥を観察できるけど、鳥は実験者の表情や視線方向を見ることはできない。なるほどストッキングは簡単で良い方法だ。けれど、ストッキングをかぶる役をやることになったら、ちょっと嫌だなあ、でもやってみたいかも。二羽の鳥たちはしばらく餌を食べていない。だから目の前に置かれたおいしい餌を食べたい、だけどその餌のすぐそばに顔をこちらに向けた天敵Aがいる、という状況だ。この状況で、天敵Aは二通りのことをする。それが図3bで、視線が餌に向いている／向いていないという二条件。ホシムクドリの行動はこれらの条件間で変化するのだろうか。

餌を置いて実験が開始され、鳥たちに与えられた時間は五分間。鳥たちはいったい何秒で餌場に行くのか、そして五分間で餌をどのくらい食べるのかを測定した。その結果、天敵Aが餌を見ているとき、鳥たちはなかなか餌場に行かなかったのだ。ときには五分間ずっと餌場に行かないこともあったという。さらに、鳥たちが食べた餌の量は、天敵Aが餌を見ているときよりも見ていないときに多かった。つまり、ホシムクドリはその行動をヒトの視線という微妙な手がかりによって変えたのである。

まさか鳥にまで視線を読まれているとは思わなかった。

引用文献

（2）Miklosi, A. *et al.*（1998）. Use of experimenter-given cues in dogs. *Animal Cognition, 1*, 113-121.

（3）Carter, J. *et al.*（2008）. Subtle cues of predation risk: Starlings respond to a predator's direction of eye-gaze. *Proceeding of the Royal Society B, 275*, 1709-1715.

ピンぼけが情報

夜にホッホッホッホッと澄んだ声が聞こえてくると、今年もアオバズクがやってきたなと思う。とはいうものの、いまだアオバズクの明瞭な姿を見てはいないのだ。日暮れに見たシルエット、この季節に聞こえるホッホッ、そして門灯の下に落ちている、カブトムシなどの大型昆虫の羽や足などから推測して、アオバズクだと思っている。季節ごとにいろいろな種類の鳥がやってくる。そうなるとそれらを確認したくなるもので、双眼鏡と野鳥図鑑を購入した。双眼鏡はすごい。肉眼だとはっきりわからない木の上の小鳥も、双眼鏡で見ればまるで目の前にいるかのように大きくはっきりと見えるのだ。けれどそのせいで距離感がなくなる。それもまた面白い。双眼鏡を通して見ているとわかっているのに、大きくはっきり見えるものだから近くにいるのだと勘違いしてしまいそうになる。なんて単純な頭の仕組みかと思う。

しかし、ヒトの奥行き知覚はそう単純なことでできてはいない。両眼視差、レンズ調節のフィードバック情報、運動視差、物体の大きさ、物体の重なり具合、肌理（きめ）などさまざまな手がかりを総合して判断している。しかし、先日読んだ論文(4)によれば、ハエトリグモはジャンプして小さなハエを正確に捕らえるのだが、そのとき餌との距離を測るのに、両眼視差やレンズ調節や運動視差といったヒトが使っているような奥行き情報を使っていないというのだ。八つも目があるのに不思議なことだ。ハエトリグ

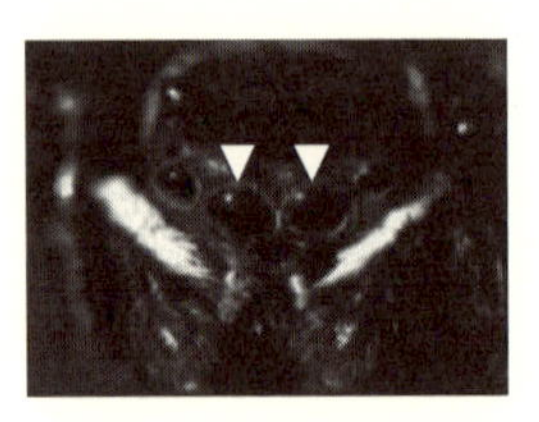

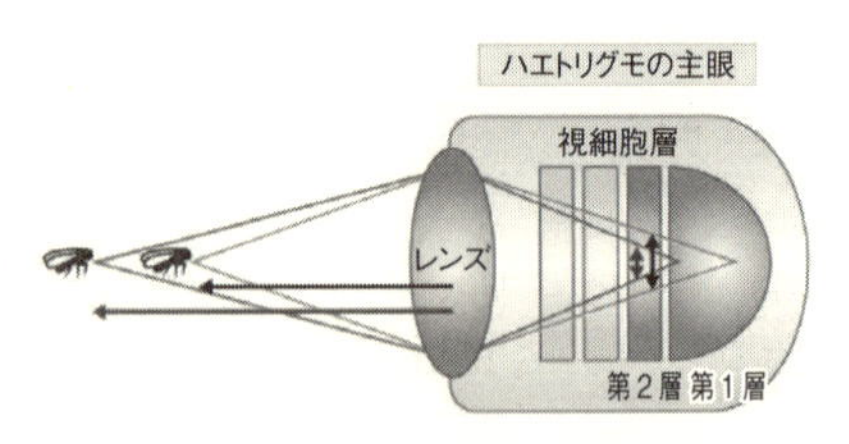

図4　ハエトリグモ（左）とその主眼における奥行きの知覚機構（右）
（提供：寺北明久）
餌との距離が近いほど第2層のピンぼけ度が大きくなる。

モが餌を取るときに使用するのは主眼（図4左：白い三角で示されている）で、視細胞が存在する網膜がなんと四層構造になっている。そして、緑色の五三五ナノメートルに吸収極大のある視細胞のみが、第一層と第二層に存在する。レンズの焦点は第一層に結ばれるので、第二層にはつねにピンぼけ像が投影されることになる。なぜ同じ視細胞からなる層が二層もあるのか、そして、なぜピンぼけ像しか得られない第二層が存在するのか、が謎なのだ。

Nagataら[4]はピンぼけ具合で距離を測っているのではないかという仮説を立てた（図4右）。この仮説を検証するために、赤色光下と緑色光下でハエトリグモの捕食行動を観察したのだ。レンズを通過する際の光の屈折率は波長によって異なり、赤色光は緑色光に比べて屈折率が小さいため、赤色光下では像がレンズから遠くに結ばれる。すると第二層のピンぼけ度が緑色光下よりも大きくなる。ハエトリグモが第二層の緑色光により生じるピンぼけ度で距離を測っているのならば、赤色光下では餌までの距離を実際よりも短く判断してしまうだろうと予想される。結果、赤色光下でジャンプしたハエトリグモは餌の手前に着地してしまったのである。その実験映像をここ（http://www.sciencemag.org/content/suppl/2012/01/26/335.6067.469.DC1/1211667s2.mov）で見ることができる。第二層のピンぼけ度だけでなく、第一層に結ばれる焦点の合った像の位置も距離によって変化する（図4右）ので、その位置情報から距離を判断しているという可能性も残っているようだ。第一層と第二層の両方の情報を使用して、ハエトリグモは距離を正確に測っている。

以前、飼い犬のピンぼけ写真をどこかのブログで見かけた。飼い主のコメントには、イヌがせわしなく動いている様子を想像していただけたら、というようなことが書かれていた。

引用文献

（4）Nagata, T. *et al.*（2012）. Depth perception from image defocus in a jumping spider. *Science, 335(6067)*, 469–471.

ハトは頭でサッケード

ものまね師たちがニワトリやハトの歩いている様子をまねるとき、頭を前後に動かすのが定番だ。この頭の動きはヒトを魅了する。この動きの最初の調査報告は一九三〇年、その後、一九六〇～八〇年に盛んに調べられているところを見ると、そのころの研究者たちにとってもハトの頭部運動は魅力的だったのだろう。

一九七八年のFrostの論文[5]では、当時使用できた一六ミリフィルムを使って一秒間六四コマでハトの歩行を撮影している。その映像から目の位置、胸の位置、足の位置を測定し、頭部が後退していないこと、頭部は前進か停止のどちらかであることを明らかにした。ハトの歩行は、まず頭部を前方に突き出し、頭部はその位置で静止したまま、その頭部を追うように体を前進させるという動きの繰り返しだったのだ。駅のホームや神社でハトを眺めていると、頭が後ろに引き戻されているかのように見えてしまうが、実はそうではなかったのである。

パントマイムで、手のひらを前に突き出し、その手を固定したまま体を動かすというのがある。その動きを見ると、手のひらをついているところに壁があるかのように見える。通常、何もない空間に手を固定して体を動かすという動作をしない。手が固定されて体が動くとき、そこには必ず手を固定する何かがあるものだ。たとえば、テーブルに手をついて立ち上がるとか壁に手をついたまま振り返るとか

だ。だから、手が固定され体のほうが動くというのを見ると、もちろんそれがみごとであるからこそだが、手を固定しているはずの壁があるように見えてしまう。同様に、ハトの頭部が空間に固定されたまま体が動くというのも、ありえない動きだ。しかし、ハトの場合は頭を固定している何かが見えるかというとそうはならない。その代わり、動いているのは体ではなく頭であると間違った処理をしてしまい、ハトの頭が後退していると錯覚するのだろう。

それにしてもハトはなぜこのような歩行をするのか。当初、二足歩行時の体のバランスを取るために頭部が動くのではないかと推測され、研究者らはそれを解明すべく、ベルトコンベアーにハトを乗せ、ハトの歩く速度と同じ速度でベルトコンベアーを逆に動かし歩行動作を観察した。これは、ルームランナーで走るときのようなもので、歩行しているにもかかわらず、一定の場所で観察可能なので都合がよい。[5][6] ベルトコンベアー上でも、ハトは歩いているのだから当然頭部運動が生じるはずだった。しかし頭は動かなかったのである。ということは、頭部運動は歩行のバランスを取るためのものではないということになる。ならば頭部運動の意味はどこにあるのか。ルームランナーでの歩行と通常の歩行との違いは何かと考えてみると、ルームランナーでは周りの景色が変化しないことだ。ハトの頭部運動と視覚との関係が浮かび上がってきた。

ヒトは電車に乗って窓から景色を眺めるとき、どこか一点に焦点を合わせ、しばらくしてまた別のどこかに焦点を合わせるということを繰り返して景色を見る。同様に自ら歩いたり走ったりしているときも、つねにどこか一点に焦点を合わせている。これは眼球が頭部と独立して動かせるからできることだ。ハトも眼球を動かすことはできるらしいのだが、なぜか眼球運動をしないで頭部運動に頼っている。顔の側面に目が付いていて、眼球を動かさないで走ったら、網膜に映る映像は前から後ろへどんどん流れていってしまう。これでは何も見えない。ハトの頭部は体に先行して前方に動き停止する。その後、体が頭部に追いつくまでは頭部は停止しているので、網膜に安定した画像が投影されることになり、「見る」ことができるようだ。歩行時のハトの頭部運動は、ヒトの眼球のサッケード運動の代わりのようなものなのだ。

引用文献

（5）Frost, B. J.（1978）. The optokinetic basis of head-bobbing in the pigeon. *Journal of Experimental Biology*, *74*, 187–195.

（6）Friedman, M. B.（1975）. Visual control of head movements during avian locomotion. *Nature*, *255*(*5503*), 67–69.

のぞく

岐阜県郡上市美並に行った。岐阜県はうなぎがおいしい。岐阜に行ったら必ずうなぎを食べることにしているのだが、この美並町の粥川地区はうなぎを食べることを禁じている。だから、うなぎを食べに粥川に行ったのではなくて、円空ふるさと館の円空仏を見に行ったのだ。と言っても、ここで円空仏が素晴らしいという話を（したいけれど）するのではなく、この円空ふるさと館に隣接した生活資料館で思い出したことがあるので、それを書こうと思う。

資料館は、円空のついでというか、せっかくの機会なので寄ったのだが、そこには昔の農家が復元されていた。昔と言ってもそれはいつのことを指すのかわからないが、当時、資料館の案内をなさっていた年配の男性の話を思い出し、そこから推測すると明治から昭和初期ごろかなと思う。この農家の入り口の戸はかがんで入る高さの障子戸で、それをくぐるとそこは土間だった。「昔は行水（入浴と言っていたかもしれない）をここの土間でしたんですよ。行水は誰もがするので、当然女性もするでしょ。だからそういうとき、男たちは気に入った女性の家の障子戸の前で、こうやって指につばをつけてね、障子にそっと穴を開けてのぞいて見たもんです。ほら、ね」とその男性は障子を指差し、「たくさん穴が開いてるでしょ。私たちが開けたんです、リアルでしょ」とうれしそうに話された。しかし、そんなこととは知らず、入り口の穴だらけの障子戸を見たとき、張り替えればいいのにと思ったのが私にとってのリアリティだった。もう何年も前のことなので、正確な言い回しを覚えているわけではないけれど、まあだいたいこんな内容だったかと思う。さらに付け加えれば、行水する女性ものぞかれていることをちゃんと承知していて、わざと障子戸の近くで行水をしたのだそうだ。障子の穴の数は「いい女」の証だったのだ。

行水するいい女や機を織るツルやお遊戯をするメダカをそっとのぞいているその様子を想像するとき、それは顔をまっすぐ前に向けてのぞいている姿だろう。顔を横に向けてのぞいている姿を想像したりはしない。たとえ穴が小さくて片方の目だけでのぞくときでさえ、顔を前に目も前に向けてのぞく。

図5　のぞく猫

ヒトだけでなく、サルもネコ（図5）もそうやって穴からのぞく。ヒトもサルもネコも両目が顔の正面に位置しているからなのかもしれない。そうだとすると、目が顔の側面に位置しているサカナやウマやハトなどはどうやってのぞくのだろうか。顔を横に向けて片方の目でのぞくのだろうか。いや、たとえ横に目が付いていたとしても前方を見ることができないわけではないのだから、想像しにくいが、やはり顔を前に向けてのぞくのだろうか。

なぜこんなことを考えているのかというと、Troscianko[7]らの論文で、ニューカレドニアガラス（*Corvus moneduloides*）が穴の中をのぞいている写真を見たからだ。その動画（http://www.youtube.com/watch?v=lnBCcZt2q5A）をご覧ください。ニューカレドニアガラスは顔を前に、両目も前に向けて穴の中をのぞいていたのだ。ワシやタカやフクロウのような猛禽類は目が顔の前方にある。そのため両目の視野の重なりが大きく，獲物を狩るのに都合がよい。ニューカレドニアガラスも目が比較的前方にあるのだが，その両目の瞳を前に向け，寄り目のようにしてくちばしで挟んだ棒を器用に動かし餌を穴から引き出している。Troscianko らは，ほかの近縁のカラスと比較し，とくにニューカレドニアガラスの両目の視野の重なりが大きいこと，つまり両眼での奥行き知覚の範囲が広いことを明らかにし，これが映像にあるような，棒を使って餌を引きずり出す独特な捕食行動を可能にしたと考えている。さらに近縁種と比べてくちばしがまっすぐなことも棒の操作に適している。この二点がそろっていないほかのカラスには，このような芸当はできないのだそうだ。こういった行動を眺めると「賢いなあ」と感心してしまうが，賢いだけではだめで，身体に備わった形態的機能があって初めて可能な行動なのだ。

引用文献

（7）Troscianko, J. *et al.*（2012）. Extreme binocular vision and a straight bill facilitate tool use in New Caledonian crows. *Nature Communications*, *3*, 1110. doi: 10.1038/ncomms2111

目が大きくなったり小さくなったり

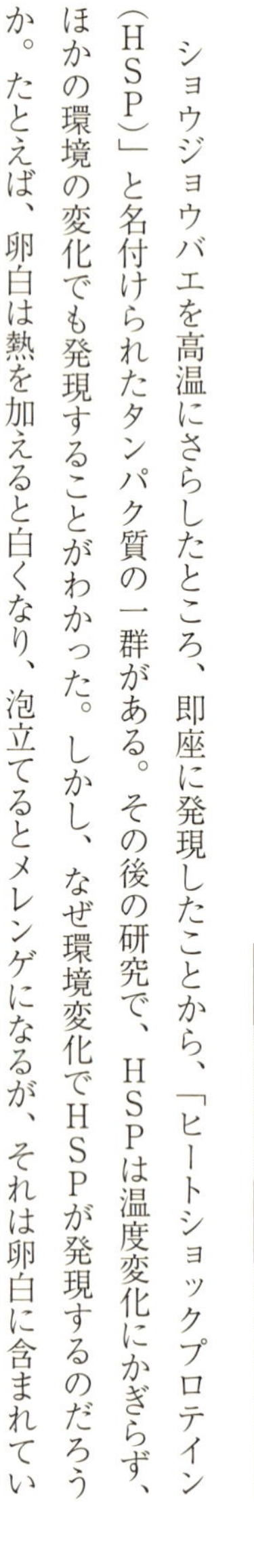

ショウジョウバエを高温にさらしたところ、即座に発現したことから、「ヒートショックプロテイン（HSP）」と名付けられたタンパク質の一群がある。その後の研究で、HSPは温度変化にかぎらず、ほかの環境の変化でも発現することがわかった。しかし、なぜ環境変化でHSPが発現するのだろうか。たとえば、卵白は熱を加えると白くなり、泡立てるとメレンゲになるが、それは卵白に含まれているタンパク質が変性するからで、変性とはタンパク質の高次構造が崩れることだ。タンパク質はアミノ酸がいくつも並んでできているが、一本の長い鎖状ではない。並んだアミノ酸は折り畳まれ、塊状となる。するとその塊には小さな空洞や突起などができる。その空洞や突起に合う物質が連結し、タンパク質としての機能を持つ。この高次構造がさまざまなストレスで破壊されると、タンパク質は正しく働くことができなくなる。HSPはそんなタンパク質の高次構造を正しい状態に保持し、正しく機能するのを助けているのだ。

そこで、もし仮にHSPがなかったら、ストレス下でさまざまなタンパク質の高次構造は維持されず、高次構造の異なるタンパク質が生成されることになる。そうすると、何が起こるのか。簡単に予測はできないが、それをRohnerら[8]は、メキシカンテトラ（*Astyanax mexicanus*）という魚で実験した。メキシカンテトラの河川に住んでいる集団には目があるが、洞窟に生息している集団には目がない。それで

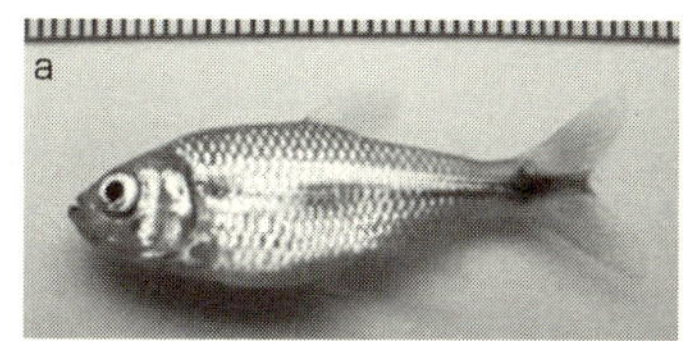

図6　HSP90阻害薬で処理された魚同士を交配して誕生した第二世代：目の大きい個体（a）と小さい個体（b）（提供：Nicolas Rohner）

もこれらは同じ種なのだ。真っ暗な洞窟という環境がメキシカンテトラの目の形態に変化をひき起こしたのだが、Rohnerらは、そこにＨＳＰ90（分子量九万のＨＳＰ）の関与を考えたのだ。

河川の目があるメキシカンテトラのオスメス一対の受精卵を二群に分け、一群はＨＳＰ90阻害薬の入った水槽で七日間、その後阻害薬の入っていない大きな水槽で飼育された。もう一群は対照群として、ＨＳＰ90阻害薬の入っていない水槽で最初から飼育された。三～四カ月後に、二つの群の目と眼窩の大きさを測定したところ平均値に差はなかったが、阻害薬入りの水槽で成長したメキシカンテトラの目や眼窩のサイズは小さいものから大きいものまでバラつきがあり、対照群よりも多様になったのである。さらに多様な目の大きさに成長した魚同士を交配したところ、その次代の魚の目の大きさも多様性を維持していた（図6）。ＨＳＰ90阻害薬にさらされた個体の目の大きさが変化しただけでなく、その性質は遺伝的に子孫へと伝わったのだ。

次にRohnerらは、ＨＳＰ90阻害薬に似た何らかの成分が洞窟の水に存在するのではないかと考え、河川のメキシカンテトラの受精卵を洞窟の水と同様の成分で育てた。するとＨＳＰ90阻害薬を加えたときと同様に、目と眼窩の大きさが多様になったのである。ただし、洞窟の水がＨＳＰ90を阻害するかについては直接検討されてはいない。

Rohner らの一連の研究は、ストレスのない環境では隠蔽されている遺伝的変異がストレスのある環境において出現し、その環境への適応を助けるというメカニズムをＨＳＰ90が担っている可能性を示した。しかし、ＨＳＰはストレス下で発現するのに、そのＨＳＰを除くという実験はなんだか矛盾しているように思える。けれどもストレスが長期間続けば、ＨＳＰは使い果たされると考えているようだ。長期間ストレスが続いたときに新たな遺伝的変異が生じ、その環境に適した形態が出現するというストーリーは、とても美しい。さらに、ストレス環境下で、形態がある一方向、たとえば目が一斉に小さくなるというわけではなく、大小に多様化することが重要だ。仮に洞窟が真っ暗ではなく多少光が射すのであれば、それに適した大きな目にもなれるからだ。形態の多様化は、どちらの方向にも向かうことができるすごい方略なのである。

引用文献

(8) Rohner, N. *et al.* (2013). Cryptic variation in morphological evolution: HSP90 as a capacitor for loss of eyes in cavefish. *Science, 342(6164)*, 1372-1375.

骨まで横長

「肉食動物は目が顔の前面にあり、獲物を狙うのに適している。草食動物は目が顔の横にあり、両眼での視野が広く敵を発見するのに適している」と、どこかで一度は読んだり聞いたりしたことがあるだろう。霊長類はというと、目が顔の前面にあり、前方を立体的に見ることに優れているが、側方は草食動物のように広く見渡せるわけではない。ところがヒトは、ニホンザルやゴリラやチンパンジーなどのほかの霊長類にくらべ、飛び抜けて横に長い眼裂形態を持っている[9]。横に長い眼裂形態のおかげで、顔の前面に目が付いていても、眼球を左右に大きく動かすことができ、側方の視野拡大が可能となるのだ[9]。

このようなヒトの眼裂形態や眼球運動は、軟組織の構造変化によるものだ。進化の過程で体の形態が変化するとき、その変化には軟組織の変化と骨格の変化とが存在する。どちらがより変化しやすいのかはわからないけれど、なんとなく「骨の形態が変わるよりは、軟組織の形態を変えるほうが容易なのかな」と、霊長類の眼裂形態を測定していたころ私は思っていた。だから、まさか頭蓋骨の眼窩形態までヒトが横長であるかなんて、当時はちっとも考えなかったのだ。

Denion らは[10]、ヒトの頭蓋骨（一〇〇人）と類人猿の頭蓋骨（一二〇個体）の眼窩の形態を比較した。その結果、ヒトよりも、チンパンジー、ボノボ、ゴリラ、オランウータンの眼窩のほうが、眼窩の入口

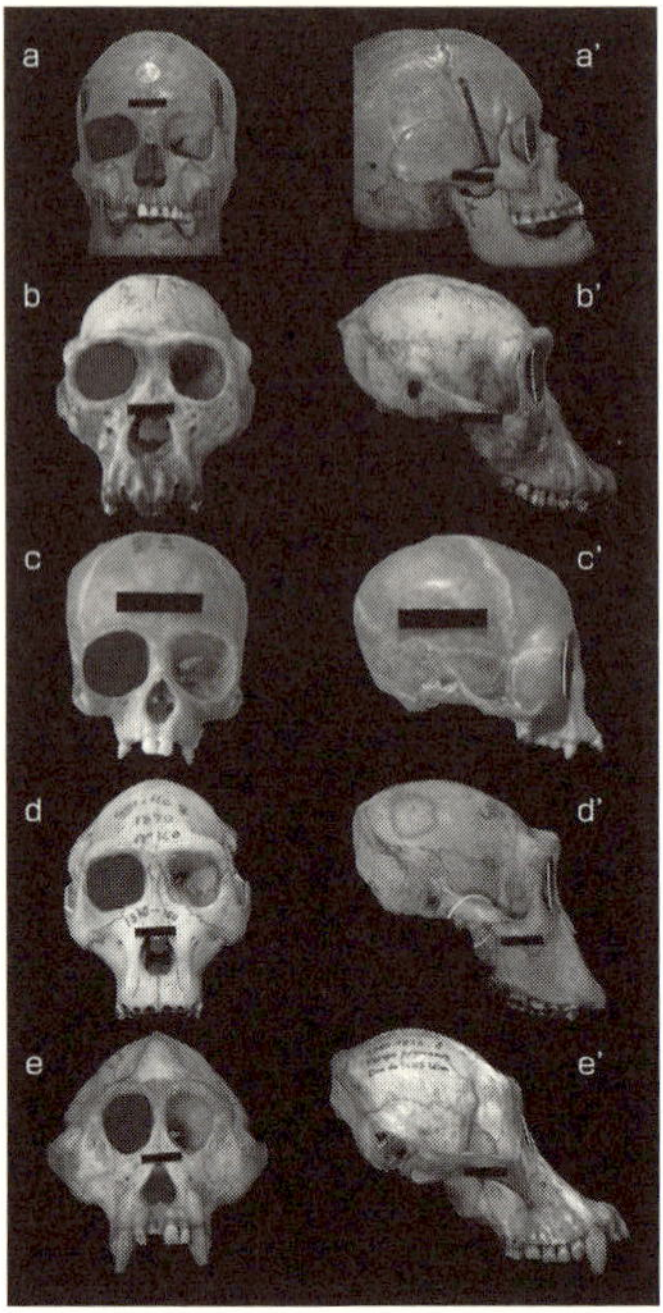

面（図7a'〜e'の眼窩に置かれた黒い紙）がより前方を向いていることを発見した。しかし、眼球の位置は、ほかの大型類人猿よりもヒトのほうがより前方に位置しているのだそうだ。次に、これらの眼窩の横幅と高さを測定したところ、ヒトの眼窩が類人猿の中で最も横長であることが判明した。図7eのオランウータンの眼窩にいたっては、なんと縦長だったのだ。

さらに、図7a'（ヒト）の頭蓋骨をよく見ると、黒い紙の端よりもずっと後方にまで眼窩が大きくくぼんでいるのが見えるだろう。ヒトの眼窩の外縁は、ほかの類人猿より後方に位置しているのだ。この特徴によって、ヒトはほかの類人猿よりも側方視が可能となる。以上のことから、眼裂形態と眼窩形態によって、つまりこれは軟組織と骨組織の両方の形態によって、霊長類の中で、ヒトは眼球による水平

図7　正面と右側面から見た頭蓋骨[10]
頭蓋骨上の黒いラインの幅は3cm。a/a'はヒト、b/b'はチンパンジー、c/c'はミュラーテナガザル、d/d'はニシゴリラ、e/e'はボルネオオランウータン。a'〜e'の眼窩に入っている黒い紙（図7では白い線で表示）は、眼窩入口面の角度を示している。ヒト（a'）では黒い紙よりも後方に眼窩が広がっていることがわかる。

方向を見渡す能力が最も高いことになる。

ヒトの目は顔の前面に位置し、両眼視による視差を使い、前方を広く立体的に見る能力を備えつつ、横長の眼窩と横長の眼裂で眼球運動によって、側方までも広く見渡す能力をも獲得したのだ。

引用文献

(9) Kobayashi, H. *et al.* (1997). Unique morphology of the human eye. *Nature*, 387, 767–768.
(10) Denion, E. *et al.* (2015). Unique human orbital morphology compared with that of apes. *Scientific Reports*, 5, 11528. doi:10.1038/srep11528

ネアンデルタールは Big Eyes

初めて頭部ＭＲＩ検査をした。ＭＲＩ画像の美しさに驚いたが、それ以上に驚いたのがＭＲＩ画像から各部位の実測が可能だということだ。医療に携わっている方には「何を今さら」と思われるかもしれない。しかし、カメラで撮った写真から目の大きさを測定しようと思ったら、目の近傍にメジャーを置いて撮影しなくてはならないだろう。けれどＭＲＩやＣＴ画像は違う。といっても実はどう違うのか、どのような方法で実測値が求められるのか全然知らないのだが、ある程度自動計測できるらしい。今まで測定できなかった部位の測定が可能になったのだ。眼窩や眼球の測定がそれだ。形態学や人類学の分野で、眼球標本を使った眼球の測定や頭蓋骨を使った眼窩の測定は行われていたが、生存した状態で動物の眼窩や眼球を計測することは不可能だった。それが今、可能になったのだ。

ＭＲＩやＣＴ画像から眼窩容量や眼球容量や外眼筋容量などの測定が行われ、ヒトの眼窩や眼球の大きさは年齢や性別や居住地域において異なることがあきらかになった。[11][12] たとえば日本人の成人男性の眼窩容量は平均二三・六立方センチメートル、成人女性は平均二〇・九立方センチメートルで、男性のほうが女性よりも大きいこと、個人内での左右差はほとんどないこと、身長と眼窩容量とは正の相関があることがわかった。[11] さらに、西欧の成人の眼窩容量は三〇立方センチメートル以上で日本人に比べるとずっと大きいのだ。[12]

Pearceら[13]はさまざまな地域で暮らしていた七三人のヒトの頭蓋骨から、眼窩容量を測定した。眼窩部位に直径一ミリメートルのガラス球を流し入れて容量を測定するという、昔ながらの方法を使っている。頭蓋骨の持ち主たちが住んでいた地域を緯度で表し、緯度と眼窩容量とを比較すると高い相関が見られた。緯度の高い地域に住んでいたヒトほど眼窩容量が大きかったのだ。MRIやCT画像からの先行研究[12]で、眼窩容量と眼球容量は相関することが示されていることから、Pearceら[13]は、緯度の高い地域は太陽光の降り注ぐ量が少ないので、十分な光量を取り込むために眼球が大きくなったと考えている。緯度の高い地域のヒトは体や頭部も大きいが、この分析は体の大きさの影響を取り除く処理をしているので、体の大きさ以上に眼球が大きいのだ。けれどヒトの眼窩容量と身長との相関は存在するし、そもそも同じ地域に住む男女の眼窩や眼球の大きさが異なる理由は光量ではない。結局、ヒトの眼窩や眼球容量には緯度と体格の両方が大きく影響しているのだろう。

それにしても、なぜPearceらはMRI画像ではなく頭蓋骨を使って眼窩容量を測定したのだろうか。眼窩容量から眼球の大きさを予測するなどというまどろっこしいことをせずとも、MRI画像から直接眼球を測定するほうがすっきり明快だろうに。そう考えていたら、Pearceらはその後、ネアンデルタールの頭蓋骨から眼窩容量を測定した論文[14]を発表した。そう、彼らの目的はこれだったのだ。ネアンデルタールの眼窩容量はサピエンスよりも大きく、約三四立方センチメートルだった。ネアンデルタールは緯度の高い地域で暮らしていたので、彼らの眼球が大きいのも太陽光を取り込むためと考えられている[14]。

ところで、眼球の大きさは網膜の大きさを反映し、網膜は脳の一次視覚野への投射を反映している。眼球が大きいということは、脳に占める一次視覚野の割合が大きいということだ。その結果、一次視覚野以外の部位、認知処理などに使用できる脳の部位の割合が限られてしまうので、眼球の大きいネアンデルタールの社会的知性はサピエンスに劣り、絶滅したのかもしれないとPearceら[14]は言う。眼球の大きさからネアンデルタールの認知能力を推測しようという斬新で魅力的な方略だが、脳の機能が個々に独立していると考えるよりも、互いにネットワークを形成して入り組んでいるので、一次視覚野の大きさが認知能力に直に関係しているとは考えにくい[15]。今後の議論が楽しみな分野だ。

引用文献

(11) Furuta, M. (2001). Measurement of orbital volume by computed tomography: Especially on the growth of the orbit. *Japanese Journal of Ophthalmology, 45(6)*, 600–606.

(12) Erkoc, M. F. *et al.* (2015). Exploration of orbital and orbital soft-tissue volume changes with gender and body parameters using magnetic resonance imaging. *Experimental and Therapeutic Medicine, 9(5)*, 1991–1997.

(13) Pearce, E. *et al.* (2012). Latitudinal variation in light levels drives human visual system size. *Biology Letters, 8*, 90–93.

(14) Pearce, E. *et al.* (2013). New insights into differences in brain organization between Neanderthals and anatomically modern humans. *Proceedings of the Royal Society B: Biological Sciences, 280(1758)*, 20130168. doi: 10.1098/rspb.2013.0168

(15) Traynor, S. *et al.* (2015). Assessing eye orbits as predictors of Neandertal group size. *American Journal of Physical Anthropology, 157(4)*, 680–683.

睫毛は三分の一

博物館には動物の剝製がある。それらには体毛や睫毛がそのまま残っている。Amador[16]らはそれらの長さを、ハリネズミやカンガルーやキリンなど二二種類の動物について測定した。すると、体毛の長さは体サイズなどとは無関係だったが、睫毛の長さは、眼裂の横幅の約三分の一だったのだ。この三分の一という長さには、何か意味があるのだろうか。

動物は歩く。このとき目の表面は歩行により生じる風にさらされる。すると空中に浮遊している微粒子が眼球表面に付着したり、眼球表面が乾いたりするだろう。睫毛には、眼球表面の水分の蒸発や微粒子の付着を防ぐ機能があり、この機能が睫毛の長さに関係しているのではないか。そう考えたAmadorらは、ハリネズミやカンガルーなどの歩行速度を調べ、流体力学という分野の、レイノルズ数とかいう何やら難しいものなどを使って、眼球表面に生じる気流についてシミュレーションを行ったのだ。するとみごとに、睫毛の長さが眼裂横幅の三分の一のときに、眼球表面の気流が停滞したのである。停滞ということは、歩行によって微風が顔表面には流れても、眼球表面では流れず、眼球表面の空気がそのまま保持されるということだ。そしてこの効果は、睫毛の長さが三分の一より短くても長くても小さくなったという。

そこで、Amadorらは図7のような装置を作成し、シミュレーションの結果を風洞実験によって確か

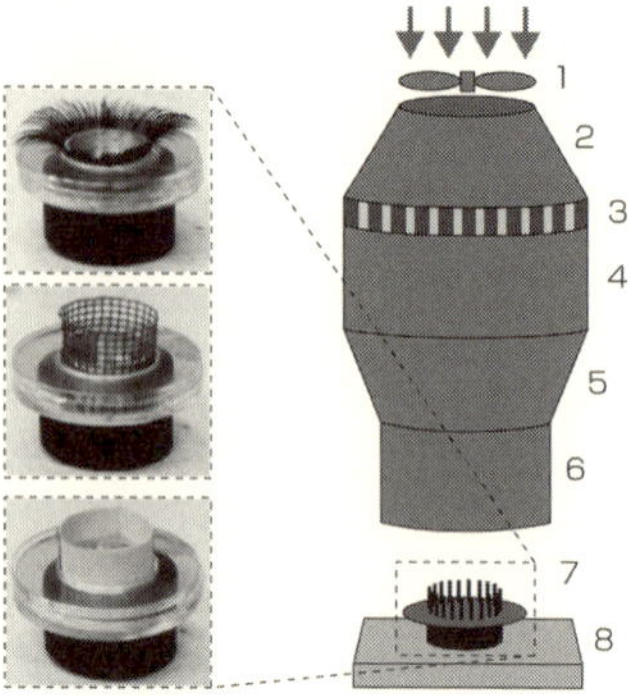

図8　風洞実験の装置[16]（提供：Guillermo J. Amador & David L. Hu）
左は上から、ヒトの睫毛、メッシュ、厚紙で囲んだ目の模型。右の装置の下部に目の模型を置き、上から風を送った。

めた。目の模型は上向きに、底部に置かれ、上部から風が送られる。模型の眼球表面は平面になっている。そこに水を張り、睫毛の長さや密度、風の速度をさまざまに変化させ、水分の蒸発率を測定した。さらに、眼球に送る風に直径一〇マイクロメートルほどの蛍光微粒子を混入し、眼球表面への付着度合いも調べた。

　その結果、睫毛を付けない場合、眼球表面の水分は蒸発しやすく、微粒子の付着も多かった。しかし睫毛を付け、その睫毛を徐々に長くしていったところ、水分蒸発も微粒子の付着も少なくなっていったのだ。そして、睫毛の長さが模型の眼裂直径の約三分の一のときに、水分の蒸発率が最も低く、微粒子の付着が最も少なかったのである。三分の一よりもさらに睫毛を長くすると、この効果は再び小さくなってしまったそうだ。

　また、図8の左下のように、気体を全く通さない厚紙（睫毛のような隙間がない）で眼球の周りをぐるりと覆ったところ、睫毛よりも水分蒸発や微粒子の付着をよく防ぎ、さらに厚紙の高さを高くしても低くしても、その効果は変化せず、つねに大きかったのである。つまり、睫毛よりも厚紙のほうがずっと効果的だったのだ。

以上の結果は、実在する動物種の睫毛の長さが、眼球の保護に最も適した長さであることを示した。けれども風洞実験では、睫毛よりも厚紙のほうが、眼球表面の水分蒸発や微粒子付着をより防いだ。しかし、ヒトを含む動物に、厚紙のような装置は見られない。実在する目は、実験で使用されたような平らな正円ではないし、睫毛がぐるりと一周付いているわけでもない。さらに実在の目はまばたきをしなくてはならない。このような模型との違いが、実在する目にとっては厚紙よりも睫毛のほうが、何かしら都合がよかったのだろう。

付け睫毛や睫毛エクステなどで、睫毛をより長くできる。私も付けたことがあるが、長くなると眼球の乾燥や微粒子の付着を招くことになるとは思わなかった。それでも長くしたいこともある。そのときは、睫毛と睫毛の間に隙間ができないくらいびっしりと、厚紙のようにすれば、眼球表面の乾燥と微粒子の付着を抑えることができるかもしれない。

引用文献

（16）Amador, G. J. *et al.*（2015）. Eyelashes divert airflow to protect the eye. *Journal of the Royal Society Interface*, *12*, 105. doi: 10.1098/rsif.2014.1294

チーターは目が大きい

ネズミの目よりゾウの目は大きい。ニワトリの目よりダチョウの目は大きい。体が大きい動物は目も大きい。夜行性の動物になると目はさらに大きくなる。そしてなんと、速い速度で走る動物の目も大きいのだと一八七六年にLeuckartが提唱しているのだ。一四〇年以上も前のことだが、これを「Leuckartの法則」というらしい。しかし、この法則を検証した結果はまちまちで、法則が存在するのかしないのか、現在もまだ決着はついていない。

たとえば、鳥類八八種を調べたHallら[17]の報告では、鳥の渡りのときの飛行速度と眼球の大きさに正の相関は見られなかった。一方で、Heard-Boothら[18]の報告では、哺乳類五〇種の最高走行速度と眼球の大きさに正の相関が見出された。このように、研究結果は一致しないのだ。

動物が速く走るとき、周りの環境を瞬時に遠くまで広範囲に視知覚し、障害物をよけ、目的物に到達しなくてはならない。それには大きな目が必要だというのがLeuckartの法則だと、Heard-Boothらの論文に記されている。本来であれば、ここでLeuckartの一八七六年[19]の原文を読んできちんと紹介するべきなのだが、手に入らなかったことと、何よりもドイツ語だったため、挫折してしまった。

Leuckartの法則を鳥類で調べたHallらは、渡りのときの飛行速度を使用し、哺乳類で調べたHeard-Boothらは最高走行速度を使用した。使った速度が違う。Leuckartの法則は、どういうときの速度を使用するかが肝なのだろう。たとえば、「餌を見つけて、それをめがけて走るときの速度」や「捕食者から逃げるときの速度」のような、生物にとって生存に重要だと考えられる、ある条件での速度で比較するというのが適当であるように思うが、どうだろう。そういう意味では、最高速度はそれにやや近いような気がしないでもないが、渡りの速度はちょっと違うのではないかと思う。さらに、渡りのときの上空には、障害物などほとんどない。

ところで、Heard-Booth[18]らの論文の哺乳類五〇種のうち、最高走行速度の第一位はチーター（図9）の時速一一〇キロメートルで（チーターの華麗な走りは、https://vimeo.com/53914149 を参照）、チーターの眼球の直径は約三六・七ミリメートルだ。ヒトの眼球は約二三ミリメートルだから、ヒトの目よりもずっと大きいことになる。アフリカゾウの眼球は直径約三九・六ミリメートルであるため、なんとチーターの眼球の大きさはアフリカゾウのそれに匹敵するのだ。アフリカゾウよりもずっと体の小さいチーターが、ほぼ同じ大きさの眼球を持っているということから考えても、チーターの目は体の大きさの割にとても大きいことがわかるだろう。ちなみに、アフリカゾウの最高走行速度は時速三五キロメートルで、五〇種の中くらいの速度に位置する。

図9　チーター

Leuckart[20]の法則の成立条件をコンピュータシミュレーションで解析したSatoiらの報告によると、餌が豊富で、障害物が少なく、衝突時のダメージが小さいときは Leuckart の法則は成立しないという。ということは、障害物のない上空を飛ぶときの鳥類の渡りの速度を使用した場合、この法則は成立しないことになりそうだ。やはりチーターだ。チーターには成立しそうだ。チーターのように速く、障害物の多い地上を走り餌を狩るには大きな目が必要なのかもしれない（図９）。

ヒトはチーターのように速く走れない。その代わりに、ジェット機や新幹線、スポーツカーを発明した。しかし、ヒトは高速に適応した目を持っているわけではない。空や高速道路や線路といった、障害物の少ないかぎられた空間での高速走行は可能かもしれないが、高速に適した目ではないので、大丈夫なのかなあ。

引用文献

(17) Hall, M. *et al.* (2011). Eye size, flight speed and Leuckart's Law in birds. *Journal of Zoology, 283(4)*, 291-297.

(18) Heard-Booth, A. N. *et al.* (2012). The influence of maximum running speed on eye size: A test of Leuckart's Law in mammals. *The Anatomical Record, 295(6)*, 1053-1062.

(19) Leuckart, R. K. G. F. (1876). Organologie des Auges. Vergleichende Anatomie. I. Handbuch der gesamten Augenheilkunde. *Graefe-Saemisch, 2*, 145-301.

(20) Satoi, S. *et al.* (2015). When should faster-moving animals have better visual ability? A computational study of Leuckart's law. *Evolutionary Ecology Research, 16(8)*, 649-661.

待ち伏せ

「待ち伏せ」について考えていたら、かつて「まちぶせ」という歌がはやっていたことを思い出した。調べてみると、石川ひとみさんが歌うその詞は、相手に気づかれないように待ち伏せて襲いかかるというものではもちろんなかった。なぜ待ち伏せて襲いかかるなんていうことを考えていたかというと、動物の狩猟方法について調べていたからだ。待ち伏せて襲いかかるタイプの狩猟をする生物と言えば、クモやカメレオン、ヒト、ヒョウ、ワニなどが思い浮かぶが、中でもワニは水の中で待っている。水面下にじっと身を潜め、潜水艦の潜望鏡のように、目だけ（正確には鼻孔も）水面から出して辺りの様子を窺う。水面というのがとにかく厄介だ。少し動いただけでも波紋が広がり、潜んでいることが相手にばれてしまう。そのため、ワニはできるだけ体を動かさずに周囲を見回さなければならない。だとしたら、眼球だけを動かせばよいのではないか。それなら私にもできる。そこで、試しに浴槽の中で眼球だけを左右に何度も動かして周囲を眺めてみたところ、すぐに目が疲れることがわかった。これでは、ワニはさぞかしたいへんだろう。

ところが、Nagloo らの研究[21]（http://www.youtube.com/watch?v=y4_510dna74）によると、クロコダイルは待ち伏せに都合のよい目を持っているようだ。Nagloo らは、ワニ目クロコダイル科のオーストラリアワニとイリエワニについて、詳細に目の構造を調べた。

図10　クロコダイル

ヒトの目には、網膜に中心窩と呼ばれる直径一ミリメートルの円形部分がある。ここには錐体細胞が高密度で分布しているため、精度の高い視知覚が可能となる。眼球を動かして周囲を見るのは、中心窩で対象を捉えるためだ。中心窩は直径一ミリメートルの小さい円であるため、眼球を動かさなければならない。だから疲れる。もしも中心窩が水平方向にものすごく長く伸びた楕円のような形であれば、眼球を左右に動かさなくても見渡せるだろう。まさにオーストラリアワニやイリエワニの中心窩がそうで、どちらも水平方向に長く伸びていたのだ。[21] 横長の形態なので、もはや正確には〝中心〟窩とは言えないだろうが、この形であれば、眼球を動かさずに水平方向を見渡すことができる。彼らは頭部だけでなく、眼球までも動かさずにじっと身を潜めていられるのだ（図10）。

オーストラリアワニは淡水に、イリエワニは淡水に海水が混ざった汽水域に生息している。淡水表面は海水表面よりも、より長い波長の光が多く存在する。海水が青く見えるのは、長い波長の光が少ないためだ。そしてクロコダイルの色覚も、ヒトと同様に三色性である。淡水に棲むオーストラリアワニの三種の錐体の最大吸収波長は四二六ナノメートル、五一〇ナノメートル、五五四ナノメートルであるのに対し、海水に棲むイリエワニのそれは四二四ナノメートル、五〇二ナノメートル、五四六ナノメートルだった。[21] 淡水に棲むオーストラリアワニの最大吸収波長は、海水に棲むイリエワニのそれよりもそれぞれ長くなっていたのだ。一二〇〇万年前に、オーストラリアワニとイリエワニは分岐した。その後、それぞれの生息域に適した最大吸収波長を持つ錐体に進化したと考えられる。横長の〝中心〟窩に関しては、クロコダイルは八〇〇〇万年前から水際に生息し、待ち伏せタイプの狩りをする王者として君臨していたらしいので、オーストラリアワニとイリエワニに分かれるずっと前から、身を潜めて待つということに適した横長の〝中心〟窩へと進化していたと考えられる。そしてその構造は、現在もオーストラリアワニとイリエワニの両方に、待ち伏せタイプという狩りの方法とともに維持されているのだ。

引用文献

(21) Nagloo, N. *et al.* (2016). Spatial resolving power and spectral sensitivity of the saltwater crocodile, Crocodylus porosus, and the freshwater crocodile, Crocodylus johnstoni. *Journal of Experimental Biology, 219(9)*, 1394-1404.

アリさんがアリさんを抱っこ

アリは行列するものだと思っていた。ところが、行列しないアリもいるのだそうだ。行列するアリは地面におなかの先を着け、ほかのアリの道しるべとなるフェロモンを付けながら歩く。そうして、そこに行列ができる。しかし、そういう方法を持たないアリがいる。たとえば、サバクアリ（*cataglyphis bicolor*）というアリがそうで、名前が示しているように、彼らはサハラ砂漠にすんでいる。砂漠の地表の温度は七〇度にも達するので、もたもたと道しるべフェロモンをたどって歩くということができないらしい。このサバクアリの巣は、サテライトコロニーといって、中央の巣に女王アリがいて、その周りを取り囲むように多数の巣が点在している。これらの巣は地下でつながっていないので、巣から巣へと移動するために地表を歩かなければならない。しかも、巣と巣が一〇メートルも離れていたりするのだ。そこで、サバクアリは、道を知っているアリが知らないアリを抱きかかえるようにして、正確には図11のように顎でくわえて一〇メートル離れた巣まで連れていくという。こんな格好で一〇メートルも歩いて運ぶと聞いて、なんて非効率な方法を使うのかと思ったが、映像（https://www.youtube.com/watch?v=OavY1onkRxA）を見てみると速い。ものすごく速く歩く。高温の地面を歩くには、これくらい速くなければならないのだろうか。

この「抱っこ」行動をみごとに利用し、アリが距離の推定にオプティックフローを使っているかを検

討したのがでPfefferら[22]である。オプティックフローとは、前進するとき、前進の速度に合わせて景色が網膜上（あるいは複眼）を後方に流れるパターンのことだ。たとえばヒトやハチは、この景色の流れる速さから、自らの移動速度を評価して距離を割り出す。車を運転しているときに、速度メーターを見なくても、窓の外を流れる景色の速さから、移動速度を推定できる。そして、推定した速度と運転していた時間から、距離がわかる。ハチも同様の方法で、巣から餌場までの距離を推定しているのだ。

さて、アリはどうか。実は、アリは距離の推定に歩数を使っていることがすでに解明されている。そこで「抱っこ」である。抱っこされて運搬されるアリは、今向かっている巣の場所を知らないし、歩いてもいない。だから歩数という情報で距離を推定することができない。Pfefferら[22]は、図11の状態で、巣から一〇メートルほど運搬されたところで、運搬されたアリを運搬したアリからそっと引き離し、運搬されたアリだけを地面に戻した。すると、アリは最初、周辺を探索し、その後歩き出し、一〇メートルほど歩いたあたりでふたたび付近を探索したのだ。まるで出発した巣を探しているかのように。最初の探索は、運搬していたアリを探していたのだろうと考えられる。そして、一〇メートルほど歩いたあたりで行われた二度目の探索から、抱っこされていたにもかかわらず、一〇メートルという距離を推定していたと解釈できる。つまり、アリは歩数ではない何かを使って距離を推定したことになる。それはオプティックフローかもしれないが、別の方法かもしれない。それを確か

図11 仲間を運搬するサバクアリ（提供：Sarah E. Pfeffer & Matthias Wittlinger）

めるために、Pfefferらは運搬されるアリに目隠しをしたのだ。目隠しをされ、抱っこされて一〇メートル運ばれた後、運搬していたアリからそっと引き離され、目隠しを外され、地面に戻されたアリは、最初の探索をしてから歩き出した。しかし、二度目の探索は行われなかった。つまり迷子になったのだ。これらのことから、アリもオプティックフローを使って距離の推定を行っていることが示された。

アリがアリを抱っこしている写真に引き付けられてこの論文を読み始めたが、「アリに目隠しをした」という一文を目にしたときは衝撃を受けた。あの小さい頭の中にある、さらに小さい複眼に、どうやって目隠しをするのだろうか。調べてみると、ドイツの会社が販売している車用のニスを塗るそうだ。それは乾くと簡単にスルッと取れるそうで、映像にもあるように、Pfefferらは黄色のニスを使っていた。

引用文献

(22) Pfeffer, S. E. *et al.* (2016). Optic flow odometry operates independently of stride integration in carried ants. *Science, 353(6304)*, 1155-1157.

ボノボの老視

針に糸がなかなか通らない。老視が進んでいるようだ。自分の老視の程度はどれくらいかと思い、最も近くで手の平のしわがくっきりと見える位置に手を置き、そこから自分の目までの距離をメジャーでざっと測ってみたところ、三二センチメートルだった。ということは、目の調節力は「1÷0.32＝3.10D」と求められる。目の調節力はぎりぎりといったところだろうか。そろそろ老眼鏡が必要かもしれない。

図12　グルーミングをしているボノボ[23]

ヒトに近縁の種というと、チンパンジー（*Pan troglodytes*）がよく引き合いに出されるが、チンパンジー（*Pan*）属には、図12に写っているボノボ（*Pan paniscus*）という種類もいて、同じくらいヒトに近縁なのだ。図12には、三頭の野生のボノボが写っている。一番右の個体が真ん中の個体のグルーミングをし、真ん中の個体が一番左の個体のグルーミングをしている映像（https://youtu.be/Mw6bYOeML3g）の一コマである。[23] 図12のような霊長類のグルーミングは、「ねえ、ちょっと背中をかいて」と言われて、夫の背中を手でわしゃわしゃとかくのとはわけが違う。彼らのグルーミングは、他個体の毛の中の虫やフケなどをきっちりと見つけて、それらをつまみ取り、食べるのだぞ

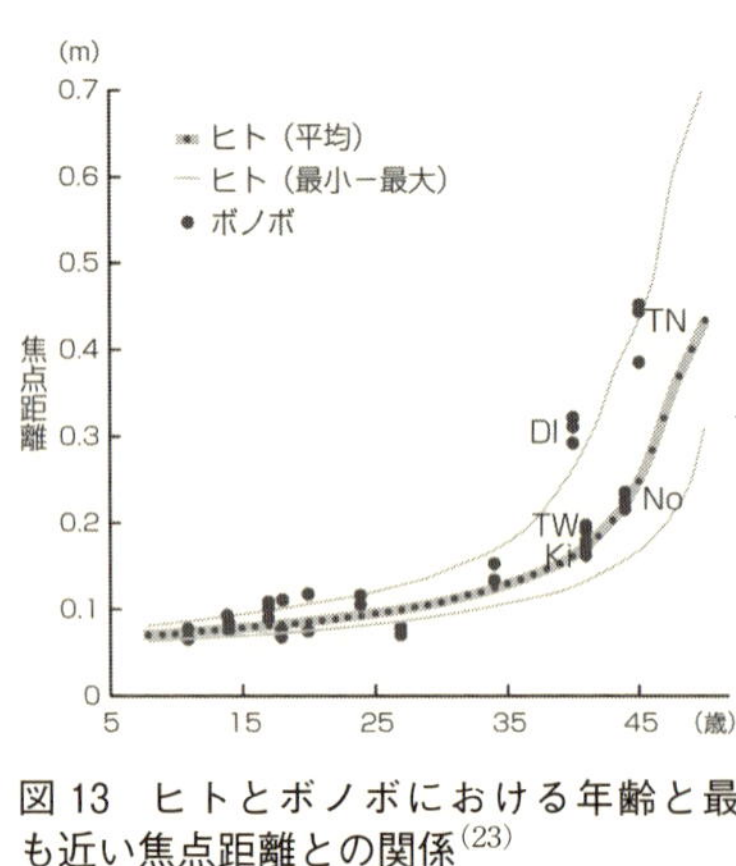

図13　ヒトとボノボにおける年齢と最も近い焦点距離との関係[23]

うだ。だから、しっかりと手元を見て、虫やフケをつままなければならない。これは針に糸を通すようなものだろう。つまり、図12のボノボたちは手元に焦点を合わせている。

そこで、図12のようなグルーミングの映像を使い、Ryuら[23]はボノボの各個体の目から手元までの距離（図12の矢印の長さ）を測定した。この測定には実測値が必要となる。Ryuらは、あらかじめ各個体の耳の長さを測定しておき、それを基準に図12の矢印の長さを算出したそうだ。その結果、ボノボはヒトと同様に、四〇歳前後から目から手元までの距離が長くなることがわかった。Ryuらが調査した群れには、高年齢の個体が五頭（TN四五歳、TW四一歳、No四四歳、Ki四一歳、DI四〇歳）いて、各個体の結果が図12に大きい点で示されている。ボノボの各個体の大きい点は、小さい点のヒトの平均値とほぼ等しいことがわかるだろう。図12の一番右の個体がTN（四五歳）で、真ん中が二七歳だそうだ。確かに四五歳は腕を伸ばしていて、手が顔から遠い。そして二七歳のボノボの顔と手はとても近い。二七歳のボノボのような距離でのグルーミングは、もう今の私にはできないなあ。

図13のヒトのデータ部分は一九二二年の論文[24]のものを使ったそうだ。約一〇〇年前のものではないか。現代のパソコンやスマートフォンを使用する生活で、老視の程度が悪化していたりはしないのだろ

うかと思うが、一方で、そういうものとは全く無縁の野生のボノボでさえ、ヒトと同様に老視が進むのだから、ヒトの老視は近代的な生活によってもたらされたものではないのだろうとRyuらは考えている。

引用文献

(23) Ryu, H. *et al.* (2016). Long-sightedness in old wild bonobos during grooming. *Current Biology, 26* (*21*), R1131-1132.
(24) Duane, A. (1922). Studies in monocular and binocular accommodation, with their clinical application. *Transactions of the American Ophthalmological Society, 20,* 132-157.

赤い唇

二〇年以上使い続けた紅筆が壊れた。新しい紅筆を求めて化粧品売り場に行ったら、紅筆ではなく「リップブラシ」と書いてあった。驚いたけれども、天花粉(てんかふん)という呼び名がベビーパウダーに変わったときほどの驚きではなかった。「リップブラシ」という名前から察するに、口紅用の筆から唇用の筆に変わったということなのだろうか。口紅以外の、リップクリームやリップグロスにも使えるブラシですよということなのかもしれない。使い心地も良いのかもしれないと思いながらも、なんとなく買わずに帰った。めったにしないのだが、珍しく化粧をするときに、集中力が必要となる部位が目と唇だ。この二カ所は、ヒトの顔の中での色彩や、つねに動くことから、他者から注目を集める部位である。そう言えば、ヒト以外の動物の顔では、どこが目立つのだろうかと考えてみた。一番は、やはり目か。ところが、図14のサルの顔では、ひときわ目立っているのは赤い唇なのだ。頭頂部の黒い毛との対比で赤い唇がさらに際立って見えるようだ。ヒト以外の霊長類で赤い唇を見たのは、これが初めてだ。

赤い唇のサルは、中国に生息しているウンナンシシバナザル（*Rhinopithecus bieti*）という。図14のサルはメスではなく、オスだ。このように目立つ赤い唇には何か意味があるのかもしれないと、Grueter[25]らは、ウンナンシシバナザルのオスの唇の赤さの度合いを調査した。

ウンナンシシバナザルは、オス一頭と二～五頭のメスからなるハーレムを最小単位とし、これらがいくつか集まった大きな集団を形成している。とうぜん、オスがあぶれるので、独身のオスのグループも集団内に存在する。Grueter らは[25]、ある集団の、ハーレムを持っているオスと独身のオスの唇の色を比較した。さらに、ウンナンシシバナザルの繁殖期（八〜一〇月）と繁殖期以外での唇の色の変化についても調べるために、各個体の各時期での顔写真を撮影し、図14に囲み線で示された下唇の色と鼻の下の皮膚部分の色とを比べて、どのくらい赤いかを計測した。その結果、繁殖期以外では、ハーレムを持つオスと独身のオスの唇の赤さに差はなかったが、繁殖期では、ハーレムを持つオスの唇は、独身のオスの唇よりも赤かったのである。つまり、ハーレムを持つオスは繁殖期になると唇がより赤くなり、逆に、独身のオスの唇は赤みが薄くなっていたのだ。なぜか。それはまだわからないが、Grueter らの[25]仮説は

図 14　ウンナンシシバナザルのオス[25]

「ハーレムを持つオスの唇が繁殖期に赤くなれば、自分がハーレムの持ち主であることを、ほかのオスやメスたちにアピールできるだろう。独身のオスは唇の赤みを消すことで、ハーレムを持つオスからライバルと見なされない。したがって攻撃されずに、群れの中やメスの近くにいることができるのかもしれない。もしかしたら、唇の赤いオスは、メスにとって魅力的なのかもしれない」というものだ。

オスの唇よりも気になるのはメスの唇だ。メスの唇も赤いのだろうか。答えは「メスの唇も赤い」だ。ヒトの女性の唇

の赤さが男性にとって魅力的であるように、ウンナンシシバナザルのオスにとっても、メスの唇の赤さは魅力的なのだろうか。また、メスの唇も繁殖期に赤みが増すのだろうか。とても気になる。今後の研究が待ち遠しい。

引用文献

(25) Grueter, C. C. *et al.* (2015). Sexually selected lip colour indicates male group-holding status in the mating season in a multilevel primate society. *Royal Society Open Science, 2(12)*, 150490.

クジャクの目玉模様

「peahen」という単語はメスのクジャクという意味だ。よく耳にする「peacock」はオスのクジャクのこと（単にクジャクという意味で使うこともある）で、「peafowl」というと、オス、メス関係なく、クジャクを指すということを、今回の論文[26]で初めて知った。そう言えば、メスのニワトリは「hen」、オスのニワトリが「cock」で、「fowl」がニワトリ全般を指すから、考えてみれば、なるほど同じだ。しかし、そうなると「pea」が気になる。これはエンドウ豆のことだろうか。オスのクジャクの飾り羽に、目玉模様と呼ばれている緑色の丸い模様があるので、それがエンドウ豆のようだから、そこから付いたのだろうか。けれど、メスのクジャクには緑色の丸い模様はないし、そもそも緑色の丸い模様のイメージはインドクジャクで、ほかのクジャクにもそれがあるのかどうか疑わしい。エンドウ豆説は怪しいなあ。

インドクジャクのオスの飾り羽は、驚くほどみごとだ。あれが三〜五月の繁殖期だけに生えるものだと聞けば、その驚きもひとしおだろう。オスは繁殖期になると、緑色の羽を大きく扇子形に広げ、ふるふると揺らして踊り、メスを引き付ける（図15）。Petrieら[27]が一九九一年に、インドクジャクのメスはオスの飾り羽の目玉模様の数が多い個体を配偶相手に選ぶという報告をして以来、オスの飾り羽は性淘汰の産物の例として、とても有名なものとなった。その後、飾り羽の目玉模様の数がある程度以上であれば、オスはメスに選ばれるが、目玉模様がたくさんあるのに選ばれないオスがいることもわかっ

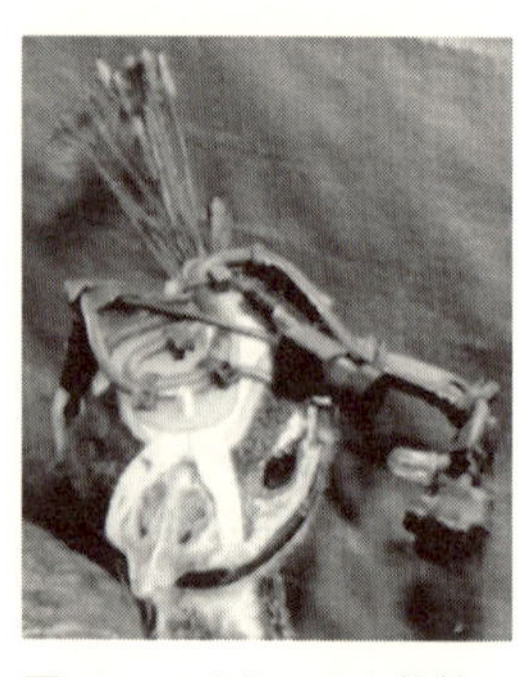

図16　アイカメラを装着したメスのインドクジャク(26)

図15　メスがオスを見ているときの視線の軌跡(26)（図15、16とも、提供：Jessica Yorzinski）

た。研究者らは、目玉模様の数以外の、配偶相手を選ぶ基準を探し始めたのである。

インドクジャクのメスがオスのどこを見ているのかを、アイカメラを使って直接調べてしまおうとYorzinskiら(26)はクジャク用のアイカメラを作製した。メスの頭部に装着されたアイカメラは、重さ三四五グラムだ（図16）。インドクジャクのメスの体重が四キログラムほどだそうだから、五〇キログラムのヒトに換算すると四・三キログラムにもなる。頭に四・三キログラムは相当な重さだ。それに見た目もちょっとどうかと思うが、Yorzinskiらによれば、アイカメラを付けたメスの頭が重みで下に傾き、結果として下だけしか見ることができない、ということはなかったという。さらに、このような奇妙な装置を着けたメスにオスが求愛行動をするのだろうかと心配したそうだが、オスたちは全く気にする様子もなく、求愛行動を示したそうだ。

さて、メスはオスの羽の目玉模様を見ていたのだろうか。図15のラインがメスの視線の軌跡である。メスはオスが広げた羽の下部を左右にスキャンしたが、羽全体を見てはいなかったのだ。だから目玉模様の個数など数えていない。それにしても、なぜ下のほうだけを見るのだろう。広げた羽の底辺の長さを確かめれば、全体の大きさも推定できるし、広げた羽の左右対称性もわかるからだと、Yorzinski らは考えている。それはそうかもしれない。しかし、あんなに綺麗なのだから見ればよいのにと思うのは、ヒトの勝手なのだろうが、全体を眺めても大きさや左右対称性を判断することはできるだろう。メスが見ないにもかかわらず、オスの飾り羽が上部まで美しく飾られていることにも納得できない。ただ、インドクジャクは背丈の高い草が密生した場所に棲んでいるので、少し離れると、互いの姿は草に隠れて見えなくなってしまうそうだ。そんなとき、オスが羽を広げれば、遠くにいるメスからでも、羽の上部が草の上から見える。Yorzinski らが模型のオスの羽を使い、羽の下部を黒い布で覆い上部だけが見える状況と、布で覆わずに羽全体が見える状況を作り、離れたところにいるメスがどのように反応するかを調べたところ、全体が見える羽よりも上部だけが見える羽のほうに、メスは駆け寄っていったという。草の上に羽が見えるほど、体の大きいオスということなのだろう。草むらの中で、オスの羽の上部が見えたら、オスのところへ駆け寄り、近づいた後には、オスの下部を眺めるというちょっと不思議な方法で配偶相手を選択しているようだ。

引用文献

(26) Yorzinski, J. L. *et al.* (2013). Through their eyes: Selective attention in peahens during courtship. *Journal of Experimental Biology, 216*, 3035-3046.
(27) Petrie, M. *et al.* (1991). Peahens prefer peacocks with elaborate trains. *Animal Behaviour, 41(2)*, 323-331.

著者略歴

小林洋美（こばやし・ひろみ）

1963年　千住生まれ

1997年　東京工業大学大学院生命理工学研究科博士後期課程修了，博士（理学）

現　在　九州大学大学院人間環境学研究院学術協力研究員

主　著：『読む目・読まれる目』（分担執筆，東京大学出版会，2005年）

“Primate origin of human cognition and behavior”（分担執筆，Springer Japan，2001年）

モアイの白目

――目と心の気になる関係

2019年8月26日　初　版

［検印廃止］

著　者　小林洋美

発行所　一般財団法人　東京大学出版会

代表者　吉見俊哉

153-0041 東京都目黒区駒場 4-5-29

http://www.utp.or.jp/

電話 03-6407-1069　FAX 03-6407-1991

振替 00160-6-59964

印刷所　株式会社真興社

製本所　牧製本印刷株式会社

ISBN 978-4-13-013313-5　Printed in Japan